지리학자의 국토읽기

지리학자의 국토읽기

초판 1쇄 발행 2018년 3월 9일

지은이 정은혜·손유찬

펴낸이 김선기
펴낸곳 (주)푸른길
출판등록 1996년 4월 12일 제16-1292호
주소 (08377) 서울특별시 구로구 디지털로 33길 48 대륭포스트타워 7차 1008호
전화 02-523-2907, 6942-9570~2
팩스 02-523-2951
이메일 purungilbook@naver.com
홈페이지 www.purungil.co.kr

ISBN 978-89-6291-441-2 93980

• 이 도서의 국립중앙도서관 출판예정도서목록(CIP)은 서지정보유통지원시스템 홈페이지(http://seoji.nl.go.kr)와 국가자료공동목록시스템(http://www.nl.go.kr/kolisnet)에서 이용하실 수 있습니다.(CIP제어번호: CIP2018006260)

지리학자의 국토읽기

정은혜·손유찬 지음

푸른길

‥머리말

필자가 본격적으로 국토지리와 인연을 맺은 것은 2007년부터이다. 지리학이라는 이름으로 학부와 대학원 과정을 거쳤음에도 유독 '우리 국토에 관한 지리'가 어렵게 느껴졌던 것이 당시의 솔직한 심정이다. 아마도 그때부터였을 것이다. 국토에 대한 부족한 지식을 메꾸기 위해서라도 우리나라를 직접 발로 뛰어 봐야겠다는 생각이 든 것이! 그 후로 한국지리, 국토의 이해, 한국의 관광자원과 개발 등의 강의를 맡게 되면서 많은 논문들과 함께 이들 학술적 이론을 뒷받침하는 자료로써 직접 답사한 사진들을 활용하기 시작하였다. 그렇게 한 겹 한 겹 자료들이 쌓였고, 새로운 자료들이 추가되었다. 그러다가 그간의 자료들을 한 권의 책으로 묶고 싶다는 생각이 간절한 소망으로 이어졌고, 마침내 이 책이 나오게 되었다.

이 책은 크게 4부로 구성되었다. 그리고 각 부마다 부록을 작성하여 관련한 주제에 대해 추가적인 이해를 돕고자 하였다. 제1부는 '역사를 통한 국토읽기'로, 두 개의 장으로 구성하였다. 이 중 제1장은 고구려, 백제, 신라의 삼국시대 및 조선시대의 유구한 흔적이 남아 있는 도시들을 사례로 작성하였고, 제2장은 일제강점기의 슬픈 역사적 흔적이 담겨 있는 장소들을 사례로 우리가 기억해야 할 장소들을 새로운 시각으로 조명해 보았다. 한편 우리의 한 많은 역사와 관련해 현재의 소녀상이 위치한 장소들과 그 의미에 대해서는 부록으로 글을 추가하였다.

제2부는 '정치·경제를 통한 국토읽기'로, 제3장은 우리 국토가 가진 반도적 위치성과 분단의 상황을 고려한 정치지리적 장소들로 내용을 구성하였고, 제4~6장은 제1차에서 제4차에 이르기까지 급격한 경제성장을 이루어 낸 경제지리적 장소들로 내용을 구성하였다. 즉, 제4장은 1차 산업과 관련된 장소, 제5장은 2차 산업과 관련된 장소, 마지막 제6장은 3·4차 산업과 관련된 장소들을 내용으로 작성하였다.

제3부는 '관광을 통한 국토읽기'라는 제목 아래 제7장은 현실과 가상의 경계에 놓인 관광 장소들의 내용을, 제8장은 과거와 현재가 공존하며 변화하고 있는 관광 장소들의 내용을, 그리고 제9장은 자연스러운 도시 발전 과정과는 달리 의도적·인위적으로 도시가 형성된 관광 장소들의 내

용을 담았다. 최근 우리나라의 새로운 관광 장소로 부각되고 있는 롯데월드타워의 일부 공간은 한류 문화 관광지로 부록에서 따로 소개하였다.

마지막으로 제4부는 '사회적 쟁점issue을 통한 국토읽기'라는 주제로, 세 개의 장으로 구성하였다. 현재 우리나라는 다문화 사회로 진입하고 있음에도 불구하고 두 가지 상반된 시선(친근감과 거리감)을 가지고 있다는 점에 주목하여, 제10장은 다문화 사회에 대한 수렴적 시선을 가지는 장소들을, 제11장은 다문화 사회에 대한 배타적 시선을 나타내는 장소들을 선정하여 이들 공간을 살펴보고 그 문제점에 주목하였다. 제12장은 소수사회를 향한 단편적 시선이라는 소제목으로, 상대적으로 차별받는 사람들의 공간에 대해 조심스럽게 다루어 보았다.

이렇듯 이 책은 역사, 정치·경제, 관광, 사회 등의 다양한 지식을 지리와 연계해 나감으로써 하나의 통합된 관점을 제시하고자 한다. 이와 동시에 국토의 개별 지역들을 살펴봄으로써 이들 지역이 갖는 장점과 문제점들에 대해 현실적으로 고민해 보는 데 중점을 두고자 한다. 이를 위해 이 책은 가급적 최근의 답사 사진들을 제시하여, 현재 그 지역들이 가진 모습을 보다 생생하게 전달하고자 노력하였다. 또한 참고한 논문들과 문헌들, 그리고 각종 미디어(신문 기사 및 TV 프로그램 등)를 접하는 과정을 통해 이론적인 측면과 더불어 실용적인 측면 역시 간과하지 않고자 고민하는 작업을 거쳤다. 이러한 작업들은 필자뿐만 아니라 독자 역시 우리 국토의 여러 지역들을 보다 쉽게 이해하고 사랑할 수 있는 계기가 될 수 있을 것이다.

따라서 『지리학자의 국토읽기』가 전공 서적으로서의 위상을 유지하면서도 좀 더 대중적으로도 다가갈 수 있기를 희망한다. 아울러 이 책이 우리 국토 공간을 읽는 방법으로써, 그리고 담론으로써 도움이 될 수 있었으면 한다.

이 책이 나오기까지 가장 가까이에서 함께 힘들어해 주고 걱정해 준 부모님, 많은 격려와 조언을 아낌없이 건네 주신 노시학 교수님, 주성재 교수님, 황철수 교수님, 정희선 교수님, 그리고 응원해 준 제자들과 친구들에게도 감사드린다. 또한 바쁜 시간 중에도 함께 고민해 주고, 어려운 상황에서도 끝까지 최선을 다해 작업을 마쳐 준 공동 저자 손유찬 선생과 그 가족분들에게도 진심으로 감사의 마음을 전한다. 마지막으로 출판을 가능하게 만들어 주신 푸른길의 김선기 대표님과 잦은 질문에도 친절히 응해 주신 이선주 편집팀장님께도 감사 인사를 드린다.

2018년 2월

대표 저자, 정은혜

‥차 례

제4부 사회적 쟁점(issue)을 통한 국토읽기

제1부

역사를 통한 국토읽기

제1장 삼국시대와 조선시대의 유구한 흔적

1. 고조선의 고토故土를 관리하다, 고구려의 도시 '평양'

1) 고조선을 계승한 고구려, 고토를 회복하다

"하늘의 신인 환인桓因의 아들 환웅桓雄이 인간 세상을 널리 이롭게 할 목적으로 비, 곡식, 구름의 신 등과 함께 태백산太白山[1] 정상에 있는 신단수神壇樹에 내려오니, 곰과 호랑이가 사람이 되고자 찾아왔다. 이에 환웅은 곰과 호랑이에게 100일간 쑥과 마늘만 먹고 햇빛을 보지 않으면 사람이 될 것이라 하였다. 이 중 금기를 지켜 낸 곰은 여자로 태어나 환웅과 혼인하여 단군왕검檀君王儉을 낳았다."

이는 우리나라 최초의 국가인 고조선古朝鮮을 건국한 단군왕검의 탄생신화이다. 단군은 기원전 2333년, 아사달(현재 평양)에 도읍을 정하고 나라를 열었다.

대개의 신화나 설화가 그렇듯이 단군신화 역시 숨겨진 의미가 많다. 먼저 환웅이 처음으로 인간세계에 발을 들여 놓은 곳이 신단수라는 점은 고조선이 수목숭배樹木崇拜[2] 국가였음을 보여 준다. 또한 곰과 호랑이가 등장한다는 것은 우리 민족에게 토테미즘totemism[3] 신앙이 있었음을 알려 준다. 이후 요동遼東[4]과 한반도를 기반으로 성장한 고조선은 기원전 109년 중국 한漢나라[5]의 공격으로 인해 잠시 역사 속으로 사라졌다가, 5세기 중엽 고구려의 장천1호분長川1号墳 벽화에

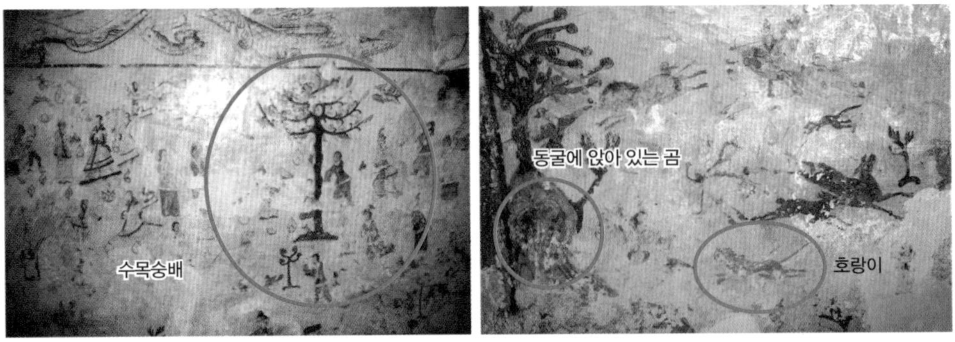

그림 1.1. 장천1호분의 수목숭배를 나타낸 벽화(좌), 곰과 호랑이가 등장한 벽화(우)
출처: 한국콘텐츠진흥원 자료 재구성

서 고조선의 건국신화로 모습을 드러내며 재조명을 받는다(김성환, 2013).

중국 지린성吉林省 지안현集安縣에 있는 장천1호분 벽화 속에는 수목숭배의 모습과 단군왕검의 탄생신화에 나온 곰과 호랑이가 모두 등장한다(그림 1.1). 이는 고조선이 멸망한 지 오랜 시간이 흘렀음에도, 고조선의 고토故土에 사는 고구려인들이 고조선 건국신화의 전통을 이어간 것으로 해석할 수 있다. 더불어 고구려를 세운 동명왕東明王이 단군왕검의 아들이라는 『삼국유사三國遺事』(1281)의 기록은 고구려가 고조선을 계승한 국가임을 뒷받침해 준다(김성환, 2015).

따라서 고구려가 고조선을 계승했다는 점은 분명해 보인다. 더욱이 고구려의 건국이념은 '고조선의 고토 회복'이었다. 이러한 이유로 고구려는 잃어 버린 고조선의 영토를 되찾기 위해 주변 국가들과 끊임없이 정복 전쟁을 펼쳤다. 이러한 고구려의 역사 속에서 가장 넓은 영토를 개척한 왕은 광개토대왕廣開土大王이며, 가장 넓은 영토를 경영했던 왕은 장수왕長壽王이다. 고조선의 세력 범위를 나타낸 지도와 고구려 최대 전성기인 장수왕 말기 고구려의 영역을 살펴보면 고구려가 고조선의 고토를 대부분 회복한 것을 볼 수 있다(그림 1.2).

2) 평양 천도를 통해, 고토를 관리하다.

고구려를 세운 동명왕은 '졸본卒本'을 고구려의 첫 수도로 선택하였다. 졸본은 지금의 만주滿洲 환인桓仁 지역 북쪽에 있는 오녀산성五女山城으로 사방이 절벽인 천혜의 요새였다. 하지만 당시 졸본은 농업 생산성이 낮았으며, 대외정책을 추진하기에는 지형이 험하다는 단점이 있었다. 또한 중국 한나라와 인접해 있어 군사적인 위협도 존재하였다. 이 같은 이유로 유리왕琉璃王은 기원후 3년에 '국내성國內城'으로 수도를 옮겼다. 국내성은 현재 중국 지린성 지안현에 있는 성터로 추정되며, 이후 425년 동안 고구려의 수도였다(그림 1.3).

국내성 지형은 산으로 둘러싸여 있어 적들이 쳐들어 왔을 때 안정적으로 방어할 수 있었고, 졸본보다는 넓은 평야 지대가 있어 국가가 팽창함에 따라 늘어나는 인구를 부양하기에 적합하였다. 하지만 국내성 역시 광개토대왕의 정복 활동으로 영토가 넓어짐에 따라 여러 문제점들이 발생하여 수도의 역할을 제대로 수행할 수 없게 되었고, 세 번째 천도를 할 수밖에 없는 상황이 되었다. 고구려의 세 번째 천도 이유를 보다 구체적으로 언급하면 다음과 같다. 첫째, 고대 도시들은 교통이 발달하지 않아 먼 지역에서 물자들을 수취收取하기보다는 가까운 지역에 위치한 평야를 기반으로 성장해야 하였다. 그러나 국내성 주변의 평야는 국가 팽창에 따른 경제적 수요의 증가를 뒷받침하지 못하였다. 둘째, 국가가 팽창하면 이를 관리할 새로운 관료들과 귀족들이 등장하게 되고 그에 따라 수도의 크기도 함께 커져야 하는데, 국내성은 이주민들의 수요를 충족시킬 만큼 넓지 않았다. 마지막으로, 산으로 둘러싸인 국내성의 지리적 특성은 군사적으로는 방어에 유리한 조건이지만 반대로 타국과의 교류에는 방해 요인이 되었다(임기환, 2000). 따라서 장수

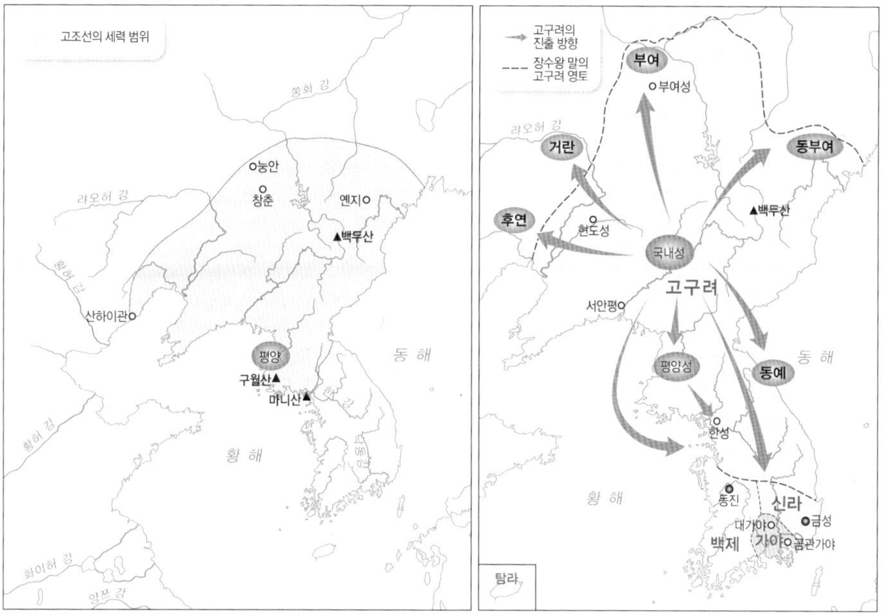

그림 1.2. 고조선의 세력 범위(좌), 고구려의 최대 영토 시기인 장수왕 말의 영토(우)

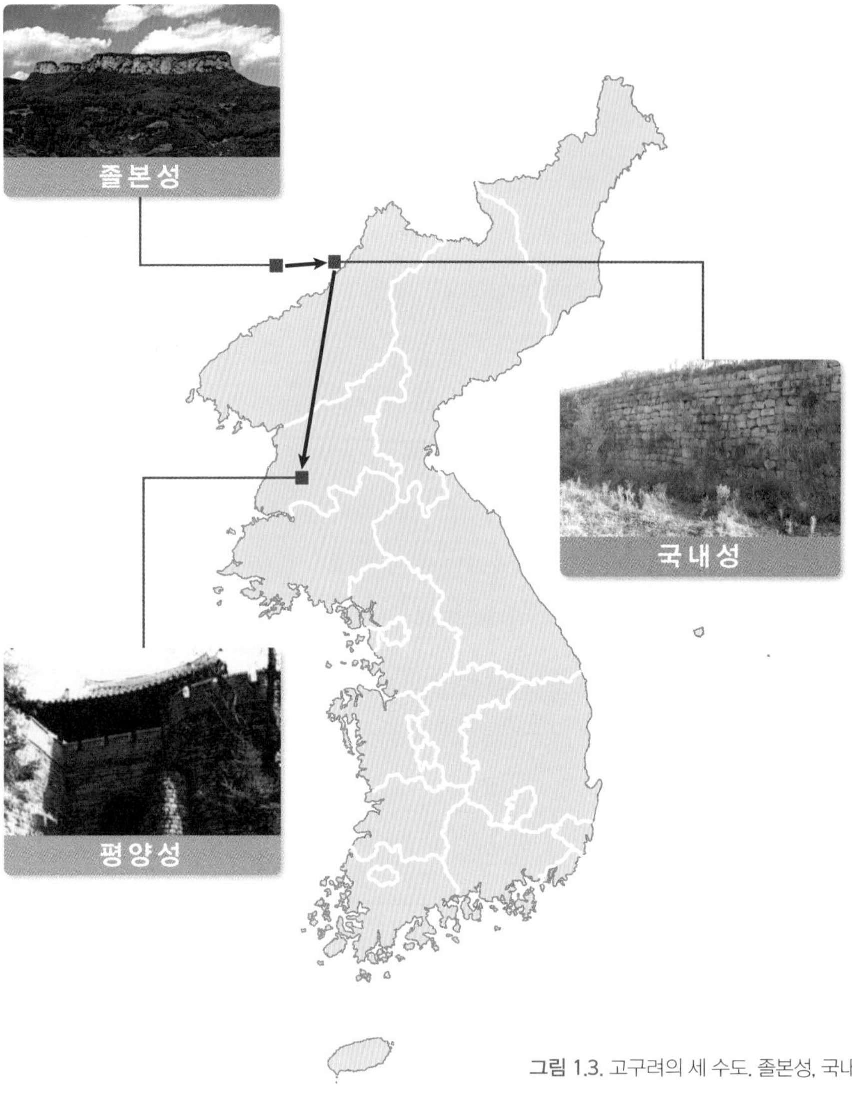

그림 1.3. 고구려의 세 수도. 졸본성, 국내성, 평양성

왕은 이러한 이유들을 극복하고자 고구려의 수도를 국내성에서 '평양平壤'으로 옮겼다(그림 1.3).

평양은 국내성과 달리 대동강 유역과 황해도黃海道 지방의 넓은 평야를 가지고 있어 경제적인 안정을 가져다 주었다(김영하, 2004). 이러한 변화는 고구려의 여러 정책들도 함께 바뀌는 계기가 되었다.

먼저 경제정책의 변화를 들 수 있다. 국내성이 수도였던 당시, 고구려의 경제정책은 반농반렵半農半獵[6]이었다. 국내성 근처의 좁은 평야에서는 많은 사람들의 수요를 충족시킬 만큼의 경제력을 얻을 수 없었기 때문이다. 하지만 평양 근처의 넓은 평야는 굳이 수렵 활동을 하지 않아도 될 만큼의 농산물을 제공했기에 이때부터 고구려는 '농업국가'로 탈바꿈할 수 있었다(양은우, 2015).

둘째, 대외정책의 변화를 들 수 있다. 농업국가로의 전환은 곧 고구려가 경제력을 유지하기 위해 굳이 요서遼西 지방[7]이나 만리장성 이남으로 진출할 필요가 없음을 의미하였다. 따라서 고구려의 대외정책도 전쟁을 통한 수탈에서 '외교 활동을 통한 평화 유지'로 바뀌게 되었다(박성봉, 2009).

셋째, 교통의 요지에 입지함으로써 얻은 국제적 위상의 변화를 들 수 있다. 내륙에 위치해 상대적으로 교통이 발달하지 못했던 국내성과는 달리 평양은 교통이 편리하였다. 평양에서 대동강을 따라 서해로 나가면 중국과 닿았고, 남으로는 신라·백제와, 동해를 건너면 왜倭와 접촉할 수 있었다. 평양은 천도 이전부터 해양과 인접하다는 지리적 이점을 살린 덕분에, 타국과의 교류가 활발한 개방적이고 국제적인 도시였다. 다시 말해, 평양은 당시 동북아시아 교역의 중심지였던 것이다(그림 1.4 좌). 평양은 동북아시아뿐만 아니라 서역인西域人들까지 찾을 정도로 교역이 발달하였는데, 고구려의 고분인 각저총, 무용총, 삼실총, 장천1호분 등의 벽화에 서역인들이 등장하는 것이 그 근거이다(그림 1.4 우). 더욱이 고구려는 평양을 수도로 정한 이후, 대동강을 따라 내륙 지역의 크고 작은 강들을 중심으로 어업, 농업, 무역 등에 유리한 교통로를 형성하였다. 이러한 교통로의 발달과 지리적 이점은 고구려가 '해륙국가海陸國家'의 면모를 갖추는 데 크게 일조하

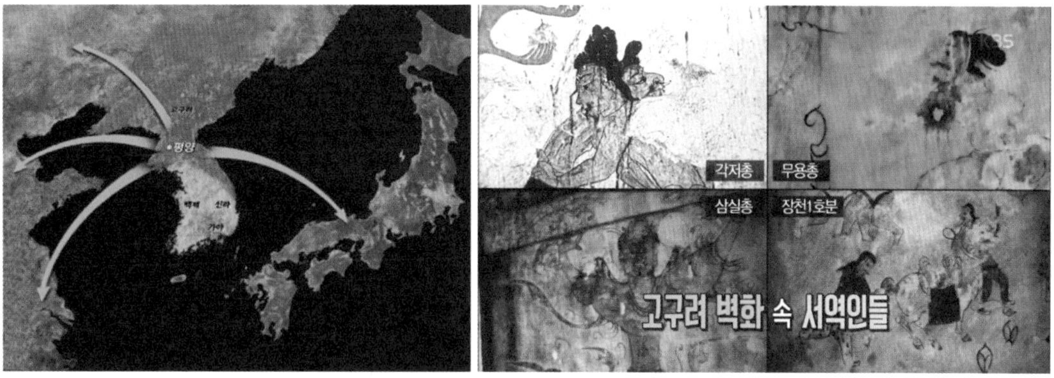

그림 1.4. 동북아시아의 허브 역할을 했던 평양(좌), 고구려 벽화에 나타난 서역인들(우)
출처: KBS, 2015. 9. 20.

였다(윤명철, 2008).

마지막으로 대내정책의 변화를 들 수 있다. 평양은 넓어진 고구려를 관리하기에는 너무 남쪽에 있었다. 이 때문에 고구려는 수도에서 멀리 떨어진 지역에 대해 복속服屬을 통한 직접 지배 대신 정복한 세력의 우두머리를 장長으로 임명하고 자치권을 주는 간접 지배로 지배의 형식을 바꾸었다(장유리, 2015). 이는 고구려가 다양한 민족들을 인정하고, 개방과 포용의 정책을 통해 피정복 세력들을 관리하였음을 보여 준다.

결국 고조선의 계승을 주장한 고구려의 입장에서 평양으로의 천도는 고조선의 고토를 회복하고자 하는 명분에 적합하였을 뿐만 아니라 지리적으로도 교통로의 접점에 위치하여 대·내외적인 정책 변화를 통해 고구려를 크게 성장시켰음을 알 수 있다. 특히 광개토대왕이 확장한 영토를 장수왕이 외교와 내치內治로 관리함으로써 고구려를 유지·발전시킨 것으로 볼 수 있다. 이 시기를 통해 고구려의 수도 평양은 고구려 문화뿐만 아니라 다양한 문화들이 한데 어우러진 동북아시아 문화의 중심지로 크게 발전하였다.

3) 자기만의 역사를 만드는 북한의 고구려사

고구려 멸망 이후 발해, 고려, 조선을 거쳐 일제강점기를 지나 해방은 되었으나 고구려의 마지막 수도인 평양은 아직도 분단된 조국의 북쪽에 있다. 따라서 우리가 고구려 유적들을 직접 답사하는 것은 어려운 일이 되었지만, 북한이 발표하는 자료들을 토대로 간접적이나마 고구려의 평양을 그려볼 수는 있다. 2010년과 2016년에 발표된 북한의 『조선고고연구朝鮮考古硏究』를 살펴보면, 전체 869편 중 258편(약 30%)이 고구려에 관한 내용일 만큼 북한은 고구려를 중시하는 경향을 보인다. 그럼에도 불구하고 이를 근거로 고구려의 실상을 파악하는 것은 무리가 있다. 왜냐하면 이들 연구가 북한 정권이 정치적 목적에 의해 규정해 놓은 고구려의 역사를 뒷받침하는 용도로 사용되고 있어, 고구려의 실상을 파악하기보다는 북한 정권의 체제 유지를 위한 근거 자료에 그치고 있기 때문이다(예를 들어 낙랑군[8]의 부정 등). 즉, 북한의 고구려 연구 중 상당수는 북한의 수도인 평양 지역을 중심으로 고조선에서 고구려로 이어지는 자체적인 발전을 강조하면서 한민족의 우수성과 단일성만을 지나치게 강조하고 있다(양시은, 2016).

따라서 고구려사에 대한 역사 인식의 차이를 좁혀 가기 위해서는 남북한 공동 연구를 통한 동질성 회복이 필요해 보인다. 이미 2000년 6·15 남북공동선언[9]을 계기로 공동의 고구려사 및 발해사 간행, 역사 교육과 공동 역사 교재 발간, 남북 공동 고구려 및 발해 자료 정리, 고구려와 발해 문화유산 보존과 실태 조사 등이 진행된 바 있으나(임상선, 2007), 앞으로 더 많은 객관적인 연구가 이루어져야 할 것이다.

4) 고조선과 고구려의 중심, 평양

고구려는 고조선을 계승한 나라로 고조선이 한나라에 의해 멸망한 후, 동명왕이 '고조선 고토 회복'이라는 건국이념에 따라 세운 나라이다. 이러한 고구려의 건국이념을 가장 훌륭히 수행한 왕이 바로 정복 군주인 광개토대왕과 관리 군주인 장수왕이었다. 그리고 광개토대왕이 물려 준 드넓은 영토를 장수왕이 관리할 수 있게 해 준 것은 바로 평양 천도였다.

당시 고구려는 영토가 확장됨에 따라 수도 내 거주하는 귀족들과 관료들이 늘어나 협소한 국내성으로는 수요를 감당하기 어려웠다. 또한 국내성의 확장력을 뒷받침할 평야가 좁아 경제적 기반이 취약했고, 산지로 둘러싸인 입지 때문에 타국과의 교류에서도 불편을 겪었다. 이러한 이유들로 장수왕은 대동강을 따라 넓은 평야가 있고, 주변 국가와의 교류가 편리하며, 교통의 요지로서 다양한 선진 문화를 접할 수 있는 평양으로의 천도를 결정하고 이곳을 관리하였다. 이를 통해 고구려는 외적 팽창뿐만 아니라 동북아시아 여러 국가들과 교류함으로써 내적 성숙도 이루어 다양한 문화가 공존할 수 있었고, 더욱 큰 국가적 발전을 이룰 수 있었다.

하지만 오늘날의 평양은 북한의 고구려사 연구로 인해 다소 왜곡된 모습으로 남았다. 특히 고조선에서 고구려로 이어지는 평양의 역사를 북한 정권의 체제 유지를 위한 자료로 활용하고 있는 것은 심히 우려되는 바이다. 이에 향후 남북한 공동 연구를 통한 민족 동질성 회복과 정체성 구현에 더 큰 관심을 기울여야 할 것으로 보인다.

2. 찬란함에서 쓸쓸함으로 남다, 백제의 도시 '부여'

1) 백제역사유적지구의 중심, 부여

모든 도시는 기본적으로 역사적이다. 도시의 역사가 길든 짧든 모두 제각각의 역사를 가지고 있고 그 역사는 어떠한 형태로든 현재에 영향을 미친다. 특히 우리나라와 같이 역사가 상대적으로 오래된 국가들은 대부분의 도시들이 자신만의 고유한 역사를 지니고 있다. 이 중 경주역사유적지구, 고창·화순·강화 고인돌 유적, 하회와 양동, 백제역사유적지구 등은 유네스코UNESCO 세계문화유산(이하 세계문화유산)에 등재될 만큼 세계적인 역사도시[10]이다.

유네스코가 지정한 2000년 이전의 세계문화유산들이 주로 해인사 장경판전[11]과 같이 점點적인 유산들이었다면, 2000년 이후부터는 백제역사유적지구와 같이 면面적인 유산들을 채택하는 경향이 있다(유네스코 한국위원회). 이에 따라 지방자치단체(이하 지자체)들은 자신들이 보유한 유산들과 인접한 지역의 유산들을 연계하여 세계문화유산 등재를 신청하고 있다. 2015년 세계문화유산이 된 백제역사유적지구 역시 공주시, 부여군, 익산시에 있는 백제 유산들을 연계해 세계문화유산 등재에 성공한 사례이다. 여기에서는 백제역사유적지구의 세 도시 중 가장 많은 세계문화유산을 보유하고 있으며 123년간 백제 문화를 꽃피운 도시이자 백제의 마지막 도읍지인 부여扶餘를 살펴보고자 한다.

부여는 충청남도 서남부에 위치한 도시로, 백제 26대 성왕聖王이 국가 중흥의 원대한 뜻을 품고 웅진(熊津, 현재 공주)에서 사비(泗沘, 현재 부여)로 도읍을 옮긴 후 123년간 국력 신장과 활발한 외교 활동을 펼쳐 고대 문화를 꽃피운 역사문화의 고장이다(부여군청).

2) 두 번의 천도와 세 곳의 도읍지

백제역사유적지구 내 세계문화유산은 공주의 공산성公山城과 송산리 고분군宋山里 古墳群, 부여의 관북리유적官北里遺蹟 및 부소산성扶蘇山城, 정림사지定林寺址, 능산리 고분군陵山里 古墳群, 부여 나성扶餘 羅城, 그리고 익산의 왕궁리 유적王宮里 遺蹟과 미륵사지彌勒寺址 등이 있다. 특히 사비는 538년 백제가 웅진에서 사비로 천도한 이후, 660년 나당 연합군[12]에 의해 멸망할 때까지

123년 동안 백제의 도읍이었던 곳으로 많은 유적들과 유물들이 남아 있다.

사비에 위치한 세계문화유산들의 의미를 이해하기 위해서는 왜 백제가 한성(漢城, 현재 서울)에서 웅진으로, 다시 웅진에서 사비로 천도했는지를 생각해 볼 필요가 있다. 현재에도 한 나라의 수도를 옮기는 일은 국방·정치·사회적으로 상당히 특별한 경우에 해당하는데, 고대 사회의 천도 또한 이와 다르지 않다. 이러한 맥락에서 백제는 동시대의 고구려나 신라보다 상대적으로 천도를 자주 한 특수성이 있는데, 이러한 천도의 배경으로는 크게 군사적 위협과 같은 대외적 요인과 정치·사회적 요인 등의 대내적 요인이 있다.

백제의 첫 도읍인 한성은 지금의 한강 하류인 위례성慰禮城이었다. 그러나 백제는 475년에 치러진 고구려와의 전투에서 개로왕蓋鹵王이 전사하고, 한강 유역을 상실하는 등의 어려움을 겪자 같은 해 개로왕의 아들인 문주왕文周王이 한성에서 웅진으로 수도를 옮긴다. 즉, 당시 웅진으로의 천도는 계획적이었다기보다는 고구려의 군사적 위협이라는 대외적 요인으로 진행된 것임을 알 수 있다. 하지만 새 도읍지였던 웅진은 잦은 홍수와 가용可用 토지 부족 등의 지리적 문제, 왕의 피살과 반란 등의 정치·사회적 문제가 발생해 도읍으로서 기능을 수행하기 어려워졌다(이남석, 2010). 이와 같은 이유로 백제 성왕은 남쪽으로는 평야가 발달해 있고, 서쪽으로는 바다로 뻗어 나갈 수 있을 뿐만 아니라 적의 침입 시 자연 해자垓字[13]의 역할을 하는 금강이 있는 사비로 수도를 천도한다. 또한 사비로의 천도는 웅진을 거점으로 권세를 누리고 있던 귀족들이 변방으로 밀려나는 효과를 가져와 왕권 강화에도 도움이 되었다. 이는 지리·정치·사회적 문제를 해결하기 위한 것으로써 웅진으로의 천도와는 다르게 대내적 요인이 크게 작용하였다. 즉, 대외적 요인으로 인해 천도가 급하게 진행된 웅진과는 달리, 사비로의 천도는 대내적 요인으로 인한 것이었기에 도시를 계획적으로 만들 수 있었고, 이는 세계문화유산의 흔적으로 남을 수 있었다.

3) 사비에서 꽃피운 백제 문화

처음으로 살펴볼 세계문화유산은 사비의 방어 체계인 부소산성과 나성이다. 사비는 삼면이 강으로 둘러싸여 있고, 북으로는 부소산이 있어 북쪽에서 침입해 오는 고구려 군사들을 막기에 적합한 장소이다. 백제는 이러한 자연 조건 위에 성을 쌓아 사비를 방어하고자 하였다. 우선적으로 왕궁이 있었던 것으로 추정되는 관북리유적 뒤편의 부소산에 부소산성을 쌓아 사비의 방어선을

그림 1.5. 부소산성과 나성 위치(좌), 부소산성 입구(우)
출처: 부여 나성 배치도 재구성

마련하였다. 하지만 사비는 동쪽에 위치한 금성산錦城山이 낮아 동쪽에서 올라오는 신라군을 상대하기에 취약한 점이 있었다. 이를 보완하고자 백제는 부소산성 동쪽에서부터 남쪽 금강까지, 도시 전체를 둘러싼 한반도 최초의 외곽성外廓城인 나성을 구축하였다. 이로써 사비는 북쪽으로는 부소산성, 서남쪽에는 금강, 동쪽은 나성이 지켜 주는 요새도시가 되었다(그림 1.5). 또한 부소산성은 전시에만 사용된 것이 아니라, 정상에 오르면 금강과 함께 넓게 펼쳐진 평야가 내려다보이는 아름다운 경치로 평시에는 왕궁의 후원으로도 사용되었다.

그러나 사비는 백제 멸망 후, 도시 대부분이 파괴되면서 도시 규모가 축소되었고 신라에 예속되어 751년에 부여현으로 개칭되었다. 이후 부여는 고려시대에 공주와 병합되기도 하였으나 조선시대에 독립하여 부여현으로 관리되었다. 일제강점기에는 부여신궁건설계획[14]에 따라 도시계획이 추진되면서 일제에 의해 넓고 직선화된 시가지가 형성되었는데, 이것이 현재 부여의 기초적인 도시 형태가 되었다(정환영 · 정석호, 2012).

다음으로 살펴볼 세계문화유산은 정림사지이다. 이곳에는 유홍준 전 문화재청장이 『나의 문화유산 답사기』에서 "100개의 유물과도 바꿀 수 없는 위대한 명작"이라 칭한 '정림사지 5층 석탑'이 있다(유홍준, 2016, 409). 백제는 대표적인 불교국가로 도시를 건설할 때 도성 안팎에 사찰을 많이 지었으며, 사찰이 도성 내 중요한 위치에 오도록 설계하였다. 특히 사비에는 도성 내부에 15개소, 도성 외부에 10개소의 사찰이 있었는데(탁경백, 2016), 이 중에서도 정림사는 사비성 한가운데 위치한 사찰로, 백제시대 세워진 정림사지 5층 석탑뿐만 아니라 고려시대 석불좌상石佛坐像이 함께 남아 있는 사찰 유적이다(그림 1.6).

그림 1.6. 정림사지 5층 석탑(좌), 석불좌상(우)

한편 사찰과 같은 국가의 주요 시설을 건립하는 데 있어 입지 선정은 매우 중요하다. 입지 선정에는 인문적 입지 조건과 자연적 입지 조건을 고려하는데, 정림사지는 두 입지 조건을 모두 만족하는 곳에 위치한다. 인문적 입지 조건으로는 정림사지가 관북리 유적과 부소산성을 잇는 일직선상에 위치하고 있어, 사찰-왕궁-산성으로 이어지는 강력한 힘의 경관을 형성하고 있다는 것이고, 자연적 입지 조건으로는 동쪽의 금성산과 서남쪽의 금강 사이에 위치해 지형적인 보호를 받을 수 있다는 점이다. 보통 국가의 주요한 시설을 수도 중앙에 위치시키는 것을 생각하면, 수도인 사비의 중앙에 위치한 정림사는 가장 중요한 사찰 중 한 곳이었음을 알 수 있다. 또한 이렇듯 치밀한 계획하에 이루어진 정림사의 건립은 웅진과는 다르게 사비가 계획도시였음을 보여 주는 증거이기도 하다.

마지막으로 살펴볼 능산리 고분군은 백제가 사비로 도읍을 옮긴 시기의 왕릉으로 추정되는 곳이다. 능산리 고분군은 규모와 입지 등으로 보아 왕릉으로 볼 수 있지만 아직까지 전체적인 양상을 이해하기에는 자료가 부족하다. 능산리 고분군에 대한 조사가 일제강점기 일본인들에 의한 것 이외에, 우리 손으로 조사한 것이 거의 없기 때문이다. 심지어 7호분까지 발굴된 고분군에 대해 각각의 고분들이 몇 호인지 문헌마다 다르게 나타나고 있다(김규운·양숙자, 2016). 그럼에도 불구하고 괄목할 만한 점은 1993년 나성과 고분군 사이의 능사 터를 발굴할 때, 백제금동대향로가 출토되었다는 점이다(그림 1.7). 백제금동대향로의 발굴은 백제뿐만 아니라 우리 고대의 공예사를 다시 쓰게 만든 세기의 발견이라고 일컬어진다.

그림 1.7. 능산리 고분군(좌), 백제금동대향로(우)

4) 백제역사관광과 연꽃축제

이렇듯 부여는 유네스코 세계문화유산으로 지정된 백제 관련 유적지가 있는 지역이다. 이에 부여군은 지역 정체성을 '백제'에 두고 부여군의 심벌과 도로명, 도로 주변 경관, 전통시장 이름 등에 백제와 연관된 콘텐츠들을 넣어, 부여를 찾는 사람들에게 이곳이 백제의 도시라는 것을 알리고자 노력하고 있다. 이러한 부여군의 노력에 시민들도 부응해, 부여 시내의 각종 간판과 상호명 등에서 '백제'라는 이름을 쉽게 찾아볼 수 있다(그림 1.8).

그림 1.8. 금동대향로 상단 부분 봉황을 형상화한 부여군 심벌과 백제를 상징하는 경관들

표 1.1. 부여군 내 주요 관광지 관람객 수와 비율

단위: 명(%)

장소	2012	2013	2014	2015	2016	합계
국립부여백제박물관	456,905 (22)	432,087 (17)	257,855 (11)	491,272 (15)	664,840 (18)	2,302,959 (16)
능산리 고분군	62,439 (3)	67,478 (3)	50,101 (2)	58,276 (2)	56,291 (2)	294,585 (2)
부소산성	357,164 (17)	447,931 (18)	476,603 (20)	693,296 (21)	545,916 (14)	2,520,910 (18)
정림사지	137,985 (6)	177,663 (7)	154,985 (7)	203,225 (6)	203,841 (5)	877,699 (6)
궁남지	1,086,742 (52)	1,404,445 (55)	1,444,563 (60)	1,881,754 (56)	2,324,112 (61)	8,141,616 (58)
합계	2,101,235 (100)	2,529,604 (100)	2,384,107 (100)	3,327,823 (100)	3,795,000 (100)	14,137,769 (100)

출처: 한국관광지식정보시스템

그림 1.9. 궁남지와 연꽃축제 때 핀 연꽃들
출처: 부여군청

같은 맥락에서 부여군은 유홍준 전 문화재청장과 함께하는 '백제역사문화탐방', 그리고 공주시와 함께 개최되는 '백제문화제' 등을 통해 부여를 찾는 방문객들이 백제역사관광을 즐길 수 있도록 다양한 콘텐츠들을 제공하고 있다.

하지만 방문객들은 이러한 지자체의 노력과는 다르게, 백제 문화를 느끼기 위해 부여에 오기보다는 연꽃축제를 보기 위해 방문하는 경우가 많다. 매년 7월이면 우리나라에서 가장 오래된 인공 정원인 궁남지宮南池에서 '부여 서동 연꽃축제'가 열리는데, 여기에 매년 100만 명 이상의 방문객이 몰리는 것이다(그림 1.9). 이는 국립부여백제박물관, 능산리 고분군, 부소산성, 정림사지를 찾아오는 방문객 수를 모두 합한 것보다 많다. 또한 2012년부터 2016년까지 대체적으로 부여를 찾는 방문객이 꾸준히 증가하는데, 이는 백제 유적지를 찾는 방문객이 늘어서가 아니라 궁남지를 찾는 방문객이 증가했기 때문임을 알 수 있다(표 1.1). 부여 답사 시 탑승한 택시에서 기사분이 "연꽃축제가 열리는 기간에는 골목골목이 다 주차장이 된다. 사실상 관광 특수를 누리는 것은 연꽃축제 기간 딱 한 달이다."라고 했는데, 그 말은 틀린 게 아니라고 생각되었다.

5) 백제의 쓸쓸함과 찬란함이 남아 있는 부여

우리나라는 고조선부터 내려온 반만년의 역사로 인해 유서 깊은 도시들이 많다. 그중에서도 세계문화유산으로 등록된 백제역사유적지구는 과거 치열했던 삼국의 역사 속에서 백제가 자신들의 역사를 어떻게 풀어 나갔는지 알 수 있는 유적과 유물들이 상당수 남아 있는 곳이다.

앞서 보았듯 백제는 동시대 다른 국가와는 달리 천도를 많이 한 국가였다. 한성에서 웅진으로의 천도는 주로 대외적인 요인에 의해 급하게 진행된 반면, 웅진에서 사비로의 천도는 대내적 요인에 의한 계획된 천도였다. 앞서 언급한 부소산성과 나성, 정림사지 등은 사비로의 천도가 웅진으로의 천도보다 계획적이었음을 보여 준다.

백제 멸망 이후 사비는 751년 신라에 의해 부여현으로 개칭되었고, 조선시대까지 부여현 단위 행정구역으로 관리되었다. 그러다가 일제강점기, 일제의 내선일체정책에 의해 도시를 개발하면서 현재 도시 구역의 기초가 만들어졌다. 해방 이후 부여는 백제의 마지막 도읍이라는 이미지로 인해 관광 산업이 잠시 부흥하였으나, 대부분 터만 남은 유적들은 방문객들의 호기심을 자극하지 못하였다. 실제로 부여의 유적들이 세계문화유산에 등록된 이후에도, 유적을 방문하는 것보다 연꽃축제 기간 동안 궁남지를 방문하는 방문객의 비중이 높았다. 물론 부여군은 백제 유산들을 활용한 부여 지역경제의 활성화를 기대하고 있지만, 유적들을 찾아오는 방문객 수를 보면 이는 아직 요원해 보인다. 터만 남은 백제의 유적들이 방문객들의 흥미를 끌어 지역경제에 도움이 되게 하려면, 그 터마저도 의미가 있는 곳임을 교육해야 한다. 그럼으로써 부여가 망국의 한이 서린 쓸쓸한 도시가 아니라 백제금동대향로처럼 찬란한 백제 문화를 체험할 수 있는 곳이라는 점을 주지시켜야 할 것이다.

3. 천년의 역사가 살아 숨 쉬다, 신라의 도시 '경주'

1) 철기의 나라, 서라벌

경주慶州는 유네스코에서 도시 전체를 세계문화유산으로 인정해 경주역사유적지구로 등재할 만큼 수많은 유적지들로 가득 차 있다. 특히 7세기부터 10세기 사이의 신라 유적들이 많아 천년을 이어 온 신라의 아름다움을 몸소 느낄 수 있다. 기와를 얹어 마치 신라시대로 들어가는 느낌을 주는 경주 요금소를 지나면 건국 시조始祖인 박혁거세朴赫居世와 그의 가족들의 능陵인 오릉五陵을 만날 수 있다(그림 1.10 상좌). 이곳에는 박혁거세와 그의 비妃 알영부인閼英夫人, 아들 남해왕南解王과 손자 유리왕琉璃王, 유리왕의 아들 파사왕婆娑王이 묻혀 있다. 기원전부터 시작된 신라의 역사를 생각해 보면 시조의 능이 아직까지 존재한다는 것은 우리에게는 큰 축복이다. 여기서 신라 시조인 박혁거세의 탄생신화를 살펴보자.

> "그때 어디선가 말 울음소리가 들렸다. 촌장들 모두가 전망 좋은 곳에 올라가 살펴보니 이곳 우물가에 붉은 빛이 서려 있었다. 모두들 내려가 보니 백마가 알을 향해 무릎을 꿇고 절을 하는 듯하였다. … 이윽고 알이 깨어지면서 사내아이가 태어났다. 소중하게 데려다 남산 자락에서 키웠는데 아주 총명하게 자랐다. 그래서 13세가 되던 기원전 57년, 나라를 세워 '서라벌徐羅伐'이라 이름하고 왕으로 추대하였다(윤영희, 2017, 21)."

알에서 사람이 태어나고 백마가 무릎을 꿇었다는 허무맹랑한 이야기 뒤에는 역사적 사실이 숨겨져 있다. 고대 사람들은 사철沙鐵을 '알'이라고 불렀는데, 알은 불에 녹여 무쇠를 만들 수 있었기에 매우 중요하였다. 박혁거세가 알에서 태어났다는 것은 그가 철기를 다루던 사람임을 암시한다. 또한 백마가 알을 향해 절을 했다는 것은 박혁거세가 말도 다룰 줄 아는 사람임을 뜻한다. 종합해 보면 당시 말을 타며 철기를 소유한 박혁거세 집단이 청동기를 사용하는 촌장들이 다스리던 사로국斯盧国國[15]으로 들어와 그들을 정복하고 나라를 세웠다는 뜻이다. 박혁거세가 태어난 장소가 나정蘿井이라 칭하는 우물이라는 점도 이를 뒷받침한다(그림 1.10 상우). 철을 생산하기 위해서는 많은 양의 물이 필요하기 때문이다. 알영부인 역시 알영정閼英井이라는 우물가에서 태어났다고 전해진다. 이들은 모두 철을 다룰 줄 아는 집단이었던 것이다. 마지막으로 나라 이름을 서라벌이라 한 것도 초기 신라가 제철국가임을 보여 주는 증거이다. 서라벌은 '무쇠 나라 벌판'이라는 뜻을 가진 말이기 때문이다(이영희, 2009).

이렇듯 철기 문화를 바탕으로 신라를 건국한 박혁거세의 가족묘가 있는 오릉에서 남산 방향으로 조금 올라가면 양산재楊山齋가 있다(그림 1.10 하좌). 이곳은 박혁거세가 정복한 사로국의 6부 시조들의 위패가 모셔진 사당으로 제례(음력 8월 23일)가 있는 날에만 문을 연다. 6개 성씨(이씨, 최씨, 손씨, 정씨, 배씨, 설씨)를 가진 6부 사람들은 신라 초기부터 멸망에 이르기까지 신라의 근본을 구성한 귀족 집단으로, 아직까지도 까마득히 먼 후손들이 찾아와 매년 제사를 지내고 있다.

양산재에서 남산쪽을 바라보면 저 멀리 창림사 3층 석탑이 위치한 것을 볼 수 있다(그림 1.10 하우). 이곳은 신라 최초의 궁궐이 있던 곳인데 5대 파사왕이 월성月城으로 궁궐을 옮기기 전까지 사용하다가 통일 이후 사찰로 사용하였다. 창림사는 당시 남산에 위치한 사찰 중 가장 규모가 컸다. 하지만 지금은 사찰 터와 탑만 덩그러니 남아 있고 접근하기도 어려워 신라 초기의 영광을 찾아보기 힘들다.

그림 1.10. 신라 건국초기의 유적지들. 오릉(상좌), 나정(상우), 양산재(하좌), 창림사 3층 석탑(하우)

2) 고분을 통해 본 신라의 흥망성쇠

신라는 두 번째 김씨 왕인 17대 내물왕奈勿王이 왕좌에 오르기 전까지 박씨와 석씨가 돌아가며 왕이 되었고 김씨 왕은 13대 미추왕味鄒王뿐이었다. 신라의 시조는 박씨인 박혁거세이지만, 남해왕의 맏사위인 석탈해昔脫解가 즉위하면서부터, 박씨와 석씨가 번갈아 가며 왕위에 오른 것이다. 특히 탈해왕은 계림鷄林에서 김알지金閼智[16]를 거두는데, 후에 김알지의 후손인 내물왕부터 김씨만이 독점적으로 왕위를 세습한다. 그러한 의미에서 볼 때, 김씨의 시조가 태어난 계림 옆에 김씨 왕조의 첫 삽을 뜬 내물왕릉을 조성한 것은 지극히 당연해 보인다(그림 1.11).

경주에는 앞서 언급한 오릉과 내물왕릉을 포함해 총 155기의 고분古墳이 있다. 경주 황남동과 황오동에 110기의 능이 밀집해 있고, 나머지는 조금 떨어진 곳에 흩어져 있다(김성용, 2011). 이 중 불국사佛國寺 아래 위치한 원성왕元聖王 능에는 아주 재미있는 것이 있다. 바로 양 옆에서 능을 지키고 서 있는 무인상武人像이 그것인데 얼굴이 매우 특이하다(그림 1.12 좌). 쌍꺼풀이 진 눈에 숱이 많은 눈썹, 우뚝하고 큰 매부리코와 팔자로 올라간 콧수염을 가진 무인상의 얼굴을 보면 우리나라 사람이라고 생각하기 힘들다. 심지어 머리에는 터번까지 썼는데, 생김새와 복장 등을 미루어 볼 때 이는 서역西域 사람이 분명하다. 그런데 왜 서역 사람이 신라왕의 무덤을 지키고 서 있는 것일까?

당시는 신라가 삼국 통일의 과업을 완성하고 전성기에 접어든 시점이었다. 신라의 전성기는 8세기 무렵인데, 이때의 경주는 바그다드, 장안, 콘스탄티노플과 더불어 세계 4대 도시로 손꼽혔다. 특히 로마에서 시작한 실크로드[17]는 콘스탄티노플과 바그다드를 거쳐 장안을 지나 경주에서

그림 1.11. 김알지 설화의 배경인 계림(좌), 김씨 독점 왕위 계승을 시작한 내물왕릉(우)

끝났는데, 이로 인해 세계 각지의 진귀한 물건들과 상인들이 경주로 모여들었다(최준식, 2010).

하지만 영원할 것 같았던 신라도 시간이 지나며 점점 쇠락해지고, 제55대 왕인 경애왕景哀王에 이르러서는 사실상 멸망의 길에 접어든다. 북으로는 왕건王建이 고려를 건국해 세를 떨치고, 서로는 견훤甄萱이 후백제를 건국해 시시탐탐 신라를 노리고 있었다. 결국 견훤은 신라의 수도까지 단숨에 쳐들어와 경주 남산에 있는 포석정鮑石亭에 다다르게 된다(그림 1.12 중). 포석정은 유상곡수연流觴曲水宴[18]을 즐기던 곳으로, 이곳에서 경애왕은 유상곡수연을 즐기다 견훤에게 사로잡혀 자살을 강요받고 죽게 된다. 신라의 성산聖山인 남산에는 과거 제단과 신궁이 있었고 제사를 지내기 위한 별궁도 있었다. 또한 존경받던 화랑들의 위패를 모신 포석사鮑石祠라는 사당도 있었으며, 포석정 주변에는 군사시설도 위치해 있었다. 하지만 이러한 점으로 미루어 볼 때, 포석정은 선대왕들에게 술과 노래, 춤 등을 바치며 나라를 보호해 달라고 제사를 지내는 곳이었음을 알 수 있다. 이러한 포석정의 신성한 장소적 의미도 견훤으로부터 경애왕을 지켜 주지는 못하였다. 그 안타까움 때문일까? 경애왕릉은 포석정으로부터 얼마 떨어져 있지 않은 남산의 한자락에 위치해 있다(그림 1.12 우).

그림 1.12. 원성왕릉을 지키는 무인상(좌), 신라의 멸망을 알린 포석정(중), 경애왕릉(우)

3) 불국토佛國土에서 일어난 사찰의 수난시대

경주하면 고분군과 함께 빼놓을 수 없는 것이 바로 사찰이다. 527년 법흥왕法興王이 불교를 공인한 이후 신라는 대표적인 불교국가로 거듭났다. 신라의 성산인 남산에는 무려 150여 개의 절터가 남아 있으며, 구석구석에 탑과 불상 등이 넘쳐 날 만큼 경주는 불교의 도시로 남아 있다. 경주하면 처음으로 생각나는 불국사와 석굴암石窟庵도 신라가 얼마나 불교를 중요하게 생각했는지를 말해 준다. 특히 불국사는 국보와 보물을 총 12개나 보유하고 있는데,[19] 이는 국립경주박물관 다음으로 많은 것이다(그림 1.13 우). 우리에게 친숙한 불국사라는 이름은 사실 사찰의 이름으로는 상당히 특이한 경우에 해당한다. 아시아를 통틀어 불국사라는 이름을 가진 사찰은 경주 불국사가 유일하기 때문이다(윤영희, 2017). '부처의 나라'라는 불국사 의미 그대로 불국사의 배치 또한 부처의 나라를 그대로 반영하고 있는데, 그중 청운교와 백운교는 일반인의 세계에서 부처님의 세계로 이어 주는 역할을 한다.[20] 이렇듯 불국사는 공간의 의미 하나까지 되새겨 볼 만하다.

하지만 아쉽게도 신라시대 화려했던 사찰들은 신라의 멸망과 몽골의 침입, 조선의 억불정책,[21] 임진왜란, 일제강점기 등을 거치며 많이 사라졌다. 대표적으로 신라에서 가장 큰 절이었던 황룡사皇龍寺를 꼽을 수 있다. 지금은 터만 남은 황룡사는 무려 2만 5,000평의 대지에 세워진 거대한 사찰이었다. 건축만 93년이 걸렸으며 황룡사 안에는 높이가 80m, 아파트 25층 높이인 황룡사 9층 목탑이 있었다니 그 규모가 얼마나 컸을지 짐작도 되지 않을 정도다(그림 1.13 좌·중). 당시 진흥왕眞興王은 원래 황룡사 자리에 궁궐을 짓고자 하였으나, 꿈에 황룡이 나타나 사찰로 바꾸어 지었다는 기록이 있다. 이는 당시 귀족들과 왕의 권력 다툼을 엿볼 수 있는 대목이다. 황룡사의 위치는 당시 신라에서 가장 번화한 곳 중 하나로 귀족들이 모여 살던 곳이다. 번화가 한복판에 왕의 위용을 드러낼 수 있는 궁궐을 지어 왕권을 강화하고 싶었던 진흥왕의 생각은 이를 견제하려는 귀족들의 반발을 불러왔다. 여기에 전대 왕인 법흥왕이 불교를 공인한 지 얼마 되지 않았기 때문에 불교를 알릴 필요성도 있었다. 그리고 주변에 거주하고 있는 귀족들에게 당시 가장 발전된 문화인 불교문화를 안내해야 했다. 이러한 이유들이 모여, 경주에서 가장 좋고 넓은 땅에 황룡사라는 거대한 절이 들어서게 되었다. 그러나 고려 고종 25년(1238년), 몽골의 침입으로 황룡사는 잿더미가 되었고 지금은 당간지주幢竿支柱[22]만이 넓은 벌판 위에 외로이 서 있다.

그림 1.13. 드넓은 황룡사지터(좌), 황룡사지 9층 목탑 1/10모형(중), 불국사(우)

황룡사지 바로 앞에는 한국 불교의 중심이 되었던 원효元曉, 자장慈藏 등이 거쳐 간 분황사가 자리한다. 분황사 안에는 신라시대 최초의 석탑인 분황사 모전석탑模塼石塔이 남아 있다(그림 1.14 좌). 원래는 7층에서 9층 정도였을 것으로 추정되는 이 석탑은 임진왜란을 겪으며 심하게 훼손되었는데 당시 수리를 잘못하여 현재 3층밖에 남아 있지 않다. 일제강점기에는 붕괴 위험이 있던 탑을 수리하는 과정에서 시멘트를 사용함으로써 현재의 모전석탑에는 희끗희끗한 흔적이 남게 되었다(그림 1.14 중).

일제강점기에 시멘트를 사용해 보수한 곳은 모전석탑 말고도 또 있다. 바로 석굴암이다. 심지어 석굴암은 내부에 있던 유물을 도난당하기까지 하였다. 1900년대 초, 대리석으로 만들어진 5층 소형 석탑을 일본 고관이 가져갔을 뿐만 아니라, 굴속 감실龕室[23]에 모셔져 있던 불상 2구도 도난을 당한 것이다. 하지만 석굴암의 수난은 여기서 그치지 않는다. 일제가 석굴암의 둘레를 시멘트로 포장해 버린 것이다. 이 또한 당시 최고 기술로 석굴암을 보호한다는 명분이었지만 자연적으로 습기를 제거하도록 설계되어 있는 석굴암의 구조를 완전히 무시한 결과를 낳았다. 때문에 석굴암의 결로 현상[24]이 심해져 암석의 풍화작용이 가속화되었다(최용주, 2005). 또한 전실 앞에는 나무집을 지어 관람객을 통제하는 용도로 사용했는데, 그러다보니 자연광이 들어오지 않아 인공 조명을 설치하였다(그림 1.14 우). 신라의 건축 기술은 천년을 버텼지만 훼손은 너무도 빨리 진행된 것이다.

그림 1.14. 분황사 모전석탑(좌), 시멘트로 인해 훼손된 부분(중), 석굴암 앞 복원 당시 지은 나무집(우)

4) 천년의 역사가 살아 숨 쉬는 경주

경주는 말 그대로 유적들로 둘러싸인 보물과 같은 도시이다. 어디를 가나 능 하나쯤은 있고, 어디를 둘러봐도 사찰터, 탑, 불상이 보인다. 그중에는 천년을 넘게 버텨 온 유적들도 많다. 똑같이 생긴 능들에는 저마다의 역사가 잠들어 있고, 터만 남아 똑같아 보이는 사찰들 역시 제각기 아픈 흔적을 품고 있다.

2,000년 전 철기와 말로 무장한 박혁거세 집단이 철이 많이 나는 고장, 서라벌에 당도해 국가를 세우고 1,000년간 수많은 역사를 그 땅 위에 새겼다. 신라의 흥망성쇠가 155기의 고분에 그대로 담겨 있고, 고분에서 쏟아져 나오는 유물들은 신라가 세계 4대도시로서 가지고 있던 위용을 드러낸다. 또한 불교국가 신라의 전성기였던 8세기에는 경주 내에 사찰만 200여 개가 있었다고 하니(최준식, 2010), 그 장관을 짐작할 수조차 없다. 하지만 이러한 장관도 신라의 멸망과 함께 하나둘 폐허가 되고, 조선의 억불정책과 임진왜란, 일제강점기를 거치며 대부분 터만 남게 되어 현 시점에서는 매우 아쉽다.

하지만 다시 천년이 지난 지금, 신라의 역사를 자랑스럽게 생각하는 경주 시민들은 능과 절터들을 벗 삼으며 살아 있는 역사와 어우러져 자부심을 가지고 살아가고 있다. 따라서 경주를 찾는 우리들 역시 조금 더 경건한 마음으로 경주를 여행해야 할 것이다. 그럼으로써 뒤이은 천년, 이천년 후에도 여전히 많은 보물을 간직한 아름다운 경주를 만나게 될 것이니 말이다.

4. 계층을 반영한 수도를 건설하다, 조선의 도시 '서울'

1) 조선의 수도로 거듭난 서울

'서울'은 우리에게 보통명사인 수도首都 또는 도읍都邑이자 고유명사인 서울로 통한다. 이처럼 서울은 우리에게 특별한 도시인 것이다. 이와 같이 서울이 이중적 의미를 갖기 전 평양이나 부여, 경주, 개성이 수도였던 시절로 거슬러 올라가면, 한강과 북한산으로 둘러싸인 서울의 중요성에 대해 많은 사람이 알고 있었음을 알 수 있다. 한강을 지배하는 자가 한반도의 패권을 장악했다는 사실은 삼국 항쟁 시대사의 상식이었고, 삼각산(북한산)[25] 일대를 정복한 신라인들이 이에 대한 감격을 돌에 새겼다는 진흥왕순수비는 이 지역의 지정학적 중요성에 대한 당대인들의 인식을 대변한다. 서울은 개성, 즉 개경開京 일대에 근거지를 둔 고려의 지배층들이 남경南京이라 부른 곳으로, 이미 고려 문종이 궁궐을 짓고(1067) 숙종(1054~1105)이 서울로의 천도 계획을 세웠던 곳이다. 입지상 국가의 중심에 위치하고, 수륙 교통이 발달하여 조세를 거두기에 편리하며, 삼각산과 한강을 끼고 있어 경관이 좋을 뿐만 아니라 이곳을 둘러싼 지세가 방어에 유리한 조건을 지녔으니, 1392년 7월 17일 조선왕조를 개창한 태조 이성계(1335 ~1408)가 8월 13일 한양漢陽[26]으로 도읍을 정한 것은 어쩌면 당연한 결과라고 할 수 있을 것이다. 여기에 새 나라를 세움에 따라 도읍도 새로이 정해야 한다는 명분, 개경은 고려의 도읍지로서 이미 500년이 지나 지덕地德이 다하였다는 점, 우왕과 창왕을 폐하고 최영, 정몽주와 같은 명망 높은 중신들을 살해한 곳이라는 심리적 압박감 등은 서울이 새로운 도읍지로 결정된 추가적인 이유라고 할 수 있을 것이다(서울역사편찬원, 2016).

조선이 개국한 지 2년 만인 1394년 8월 13일 태조는 도성都城 건설 사업을 시작한다. 그로부터 두 달이 지난 10월 25일에 태조가 개경을 출발, 28일 한양에 도착하여 한양부의 객사를 이궁離宮으로 삼으면서 한양이 공식적인 수도로서 출범하게 되고, 1395년 12월 28일에 태조가 경복궁景福宮에 들어가 정무를 보기 시작하면서 한양, 즉 서울은 조선왕조의 명백한 수도가 된다(이준선 외, 2011).

2) 풍수지리사상과 유교적 이념이 반영된 서울

한양은 고려시대의 풍수지리사상과 유교적 이념에 따라 조성되었다(장지연, 2015). 우선 남경의 옛 궁궐터를 확장하여 법궁法宮인 경복궁을 세워 그 앞으로 남대로를 내고 의정부와 육조를 세워 수도 경영을 본격화하였다. 이후 2대 왕인 정종이 다시 개경으로 돌아갔다가 태종이 창덕궁昌德宮을 세웠고, 성종은 고려 때의 수강궁 자리에 삼대비三大妃[27]를 위해 창경궁昌慶宮을 세웠다. 그중 조선의 중심 궁궐인 경복궁은 주산인 백악산, 좌청룡인 타락산, 우백호인 인왕산, 안산인 남산 등의 산줄기와 물줄기가 자연스럽게 형성된 최고의 명당에 건설되었다.

즉, 자연과의 관계 속에서 북좌남향北坐南向하고 배산임수背山臨水하여 북고남저北高南低한 곳에 경복궁이 건설되었는데, 그 위치는 마치 남산을 비롯한 전방의 여러 산봉우리가 이곳을 향해 배례拜禮하듯 엎드린 형상을 취하고 있는 것 같다(그림 1.15). 풍수지리학적으로 이러한 공간은 사람의 마음을 편안하게 하고 정치·군사적으로도 안정을 유지하게 만들어 주므로 삶터로 매우 양호하다고 한다(최창조, 1984). 이렇듯 경복궁은 수도 한양의 상징 경관과 기본 구조의 중심이 바로 왕의 권위라는 것을 핵심적으로 표현하고 계획한 공간으로, 하늘과 왕을 연결해 주는 매개체인 주산과의 관계를 풍수지리적으로 고려하여 결정된 장소이다.

한편 경복궁과 거의 동일한 시기에 『주례周禮』[28]에 근거한 좌묘우사左廟右社의 원칙대로 왼쪽에는 왕의 조상들에게 제사 지내는 종묘宗廟, 오른쪽에는 토지신과 곡식신에게 제사 지내는 사직社稷[29]이 지어졌는데, 종묘단과 사직단은 최고 지배자로서 왕의 정통성과 대표성을 상징한다. 특히 종묘는 정전正殿, 전사청典祀廳, 재궁齋宮, 향관청享官廳 외에 별묘인 영녕전永寧殿으로 구성되어 있다.[30] 현재의 종묘 건물은 시기에 따라 증축되며 계속 이어 지은 건물이지만 전혀 손상 없이 장엄한 형태로 남

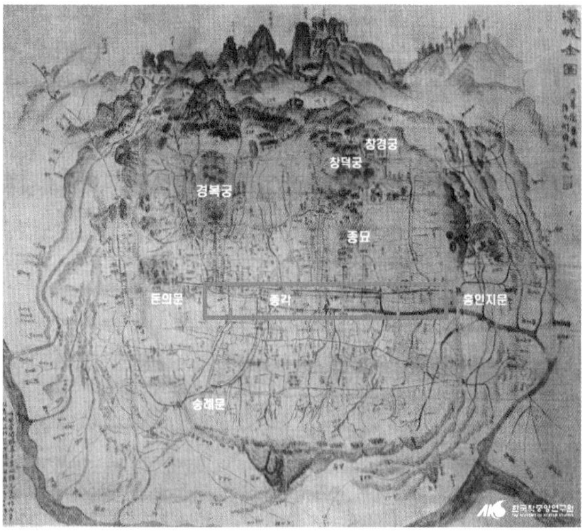

그림 1.15. 한양전도
출처: 한국학중앙연구원 자료 재구성

그림 1.16. 종묘

그림 1.17. 한양성곽 야경

아 있어, 1997년 세계문화유산으로 지정되었다(그림 1.16).

1396년에는 군사적 필요와 치안을 위하여 성벽을 쌓았다.[31] 한양성곽은 외사산外四山으로 먼 경계를 두르고, 내사산內四山의 능선을 따라 쌓은 타원형 성곽으로(그림 1.17), 성 안팎의 공간을 구분했으며,[32] 도성에는 모두 8개의 문을 내었다. 동서남북 사방에 각각 흥인지문興仁之門, 돈의문敦義門, 숭례문崇禮門, 숙청문肅淸門의 사대문을 두었고, 그 사이에 광희문光熙門, 소의문昭義門, 창의문彰義門, 혜화문惠化門의 사소문을 두어 도성 내부와 외부를 연결하는 통로로 삼았다. 사대문과 중앙의 보신각普信閣까지 인·의·예·지·신의 유교적 덕목을 각 방위의 결절점에 새긴 도성 공간은 유교적 이상주의의 산물로서, 군자들이 사는 유토피아를 구현한 이상향적 공간이었다(최호근 외, 2011).

따라서 수도로서 한양의 입지 선정은 국토 전체를 대상으로 풍수라는 구체적 논리를 가지고 왕의 권위를 가장 잘 표현할 수 있는 땅을 계획적으로 선정한 것이다. 그리고 역성혁명에 의해 건국된 조선은 수도에서 하늘과 왕의 권위를 연결시키는 논리인 풍수를 받아들였고, 최고 지배자인 왕의 권위가 하늘과 연결되어 있다는 논리를 수도에 적용시킨 것으로 볼 수 있다.

3) 5대 궁궐을 중심으로 성장한 정치 · 경제도시로서의 서울

서울에는 조선시대에 시기를 달리하여 건설된 5대 궁궐(경복궁, 창덕궁, 창경궁, 경희궁, 경운궁)이 남아 있다. 이들 궁궐은 국왕의 생활공간이자 통치공간으로 권력의 중심지였다.

현재 종로구 세종로에 위치한 경복궁은 조선왕조 500년의 도읍을 상징하는 건물로 정궁이자 법궁이었다. 경복궁은 1394년에 기공식을 하여 1395년에 완공되었다. 경복궁의 정문은 광화문光化門이다. 광화문을 통해 안으로 들어가면 흥례문이 나오고, 영제교를 지나 근정문을 통과하면 궁궐의 중심 건물인 근정전이 있다(그림 1.18). 근정전은 조회 등 국가의 중요한 의식을 행하는 곳으로, 왕의 즉위식이나 혼례식, 외국 사신 접견 등이 이루어졌다. 근정전 뒤에는 왕이 공식적으로 국가 업무를 보는 사정전이 있고, 바로 뒤에 왕비가 머무는 교태전이 있다. 이들 건물은 모두 일직선으로 남쪽을 향해 있다. 정전의 동쪽에는 세자가 머무는 동궁이, 서쪽에는 왕과 왕비가 산책하는 정원과 경회루가 있다. 경회루에서는 국가에 경사가 있을 때나 외국 사신 접대할 때 잔치를 베푸는 곳이기도 하다. 그 외의 공간에는 궁궐에서 업무를 보는 내시와 궁녀들이 머무는 곳과 왕과 왕비의 가족, 후궁들이 머무르는 공간들로 구성되어 있다. 1592년 임진왜란으로 폐허가 되었다가 1865년 흥선대원군이 중건하여 1868년 완공하고 고종이 다시 경복궁에 머물게 되면서 조선왕조의 상징으로 그 면모를 되찾게 되었다.

그림 1.18. 경복궁의 정문인 광화문(좌), 경복궁의 중심 건물인 근정전(우)

종로구 율곡로에 위치한 창덕궁은 덕을 크게 쌓아 덕을 이루라는 이름으로 1405년에 완공되었다. 창덕궁은 동쪽의 창경궁과 붙어 있어서 이 두 궁궐을 합쳐 동궐東闕이라고도 부른다. 창덕궁은 임진왜란 때 경복궁이 불탄 이후로 경복궁을 대신하여 정궁의 구실을 하였다. 창덕궁에는 정전인 인정전, 왕의 집무 공간인 선정전, 왕의 침실인 희정당과 왕비의 침실인 대조전 등이 있다. 경복궁이 남북의 직선축에 놓여서 질서 정연한 대칭 구조를 보이는 것과는 달리 창덕궁은 자연적인 지형 조건에 맞추어 자연스럽게 배치되어 있다. 특히 지형을 변화시키지 않기 위해 건물을 수림 속에 자리 잡도록 하였다. 이러한 이유로 창덕궁은 자연과 잘 어우러진 건축적 가치를 인정받아 1997년 세계문화유산으로 지정되었다.

종로구 창경궁로의 창경궁은 태조 때 별궁으로 불리다가 세종 때 수강궁壽康宮이라 했으며, 성종 때 창경궁이 되었다. 창덕궁과 창경궁은 서로 통해 왕래할 수 있었으며, 남쪽으로 종묘와도 통해 있다(그림 1.19). 창경궁도 임진왜란 때 완전히 불탔다가 광해군 때 중건되었고, 순조 때 모두 불탔던 것을 다시 중건하였다. 이후 일제에 의해 많은 전각이 헐리면서 이곳에 동식물들을 놓아 한때 창경원으로 격하되기도 하였다(그림 1.20). 창경궁의 원래 이름을 되찾은 것은 1984년이다.

종로구 신문로에 위치한 경희궁慶熙宮은 1617년 인조의 아버지 정원군의 집터에 짓기 시작하

그림 1.19. 종묘에서 창경궁으로 통하는 길목

그림 1.20. 1980년대의 옛 창경원 풍경

여 3년 만에 완공하였다. 당시에는 경덕궁敬德宮으로 불렸으며, 서쪽에 위치하고 있어 서궐西闕이라고도 하였다. 인조반정으로 창덕궁이 불타고 이듬해에는 창경궁마저 이괄의 난으로 재난을 입음에 따라 인조는 경덕궁으로 거처를 옮겼다. 1760년에는 '경덕'이 원종의 시호와 같은 음이라 하여 경희로 이름을 바꾸었다. 이후 일제에 의해 경희궁 전체가 해체되었다가 1985년 발굴을 실시하여 정전인 숭정전 등 일부가 복원되어 현재에 이른다.

중구 정동에 있는 경운궁慶運宮은 덕수궁德壽宮으로 더 잘 알려진 궁이다(그림 1.21). 성종의 형인 월산대군이 살던 집을 임시 거처로 하면서 이 집을 정릉동 행궁이라고 했는데, 이곳에서 선조가 서거하고 1608년 광해군이 즉위하면서 이후 1611년 경운궁이라 칭하였다. 광해군이 1615년 창덕궁으로 옮길 때까지 이곳이 왕궁으로 사용되다가 1618년 광해군이 인목대비를 이곳에 유폐시키면서 궁궐 이름도 서궁西宮으로 격하시켰다. 그러나 반정으로 왕위에 오른 인조가 경운궁에서 인목대비로부터 옥새를 받고 즉위식을 거행했으며, 이후 1896년 아관파천俄館播遷[33]으로 정동 러시아 공사관에 가 있던 고종이 1897년 경운궁으로 거처를 옮기면서 다시 이곳은 국가 통치의 중심이 되었다. 경운궁은 대한제국의 역사 현장으로서의 의미뿐만 아니라 전통 목조 건축물과 석조전, 정관헌, 중명전 등 서양식 건축물이 함께 남아 있는 건축사의 보고이기도 하다. 고종은 퇴위 후 태황제가 되어 경운궁에 그대로 머물렀는데, 이때부터 경운궁은 상왕의 장수를 비는 뜻으로 덕수궁으로 개칭되었다.

이렇듯 서울에는 왕이 머무르는 5대 궁궐을 비롯하여, 국가통치기구인 의정부와 육조(이조, 호조, 예조, 병조, 형조, 공조), 그리고 특수 시관인 사헌부, 사간원 등 주요 관청들이 모여 있었다. 그래서 오늘날도 광화문 앞 세종로를 육조거리라고 부르는 것이다. 이처럼 국가의 중대한 의사결정권자인 왕과 실무를 담당하는 고위관리들이 집중적으로 거주하였던 서울은 자연스럽게 조선시대 최고의 정치도시로 성장하였다. 또한 시전市廛을 배치한 종로대로는 경복궁과 연결된 육조거리, 창덕궁과 이어진 돈화문로를 통해 도성 경제의 중심지가 되었다. 시전 상인들은 독점적인 특혜[34]를 누렸고 국가는 이들로부터 막대한 세금을 거두어 국가 재정을 확보할 수 있었다.

그림 1.21. 덕수궁 입구의 수문장 교대식(좌), 석조전(중), 정관헌(우)

그림 1.22. 탑골공원의 육의전 터 표지석(좌), 육의전의 흔적인 주단(중), 운종가의 흔적인 청진상점가(우)

특히 종로에서 가장 중심을 이루었던 점포는 육의전六矣廛으로, 이들 상점에서는 비단, 무명, 명주, 종이, 모시, 어물 등 6종을 판매하였다(그림 1.22). 이렇듯 서울이 정치·경제의 중심지가 되면서 조선시대에는 이곳으로 전국의 인물과 산물이 집중되었고, 사람이 구름처럼 많다고 하여 종로 일대를 운종가雲從街라고도 불렀다(최완기, 1998).

4) 계급성이 반영된 서울 – 종로의 큰길과 뒷길

서울 종로에는 조선시대에 형성된 큰길 '종로대로'와 뒷길 '피맛골'이 있다. (33쪽 그림 1.15의 중앙을 지나는 붉은색 굵은 선이 바로 큰길이며, 이 선은 각각 경복궁, 종묘 등 왕권적 공간과 이어져 있다.) 보다 정확히 말하면, 종로대로는 세종로 사거리에서 동대문(흥인지문)에 이르는 간선도로를 의미한다. 행정구역명으로서의 종로는 간선도로를 중심으로 그 양쪽에 전개된 시가지

구역을 포함한다. 반면 피맛골避馬-골은 종로대로와 평행을 이루면서 그 배후에 뻗어 있는 이면도로로서, 종로의 뒷길이자 뒷골목을 의미하는 공간이다(그림 1.23 상좌). 종로대로는 가마나 말을 탄 고관대작의 왕래가 잦았다. 당시에는 하급 관료나 서민들이 큰길을 가다가 고관대작을 만나면 길가에 엎드려 예의를 표해야만 했는데, 이러한 일이 빈번하자 번거로웠던 서민들이 아예 양쪽 뒤편의 좁은 골목길(겨우 말 한 마리가 지나다닐 만한 약 3척[35] 정도의 골목길)을 이용하면서 피맛골이 형성되었다. 여기서 피마避馬는 '하관下官이 말을 타고 큰길을 가다가 고관高官을 만났을 때 자신의 말을 돌려 그를 피하다'라는 뜻이다(전종한, 2009). 피맛골이 주로 하관의 통행로였던 까닭에 조선시대를 지나면서 이 일대는 하관들을 상대로 한, 저렴한 가격과 신속성을 갖춘 음식점(목로주점, 선술집, 장국밥집 등)이 들어섰고, 뒤이어 이곳을 보부상, 상인, 일반 서민들이 이용하면서 이들의 주된 통행로로 발달하였다. 오늘날 피맛골을 대표하는 해장국, 생선구이, 막걸리, 빈대떡, 낙지 등의 점포들은 과거의 경관과 흔적이 이어져 내려온 것이다.

하지만 아쉽게도 피맛골은 1980년대 초 도심재개발지역으로 지정된 뒤, 2003년 서울특별시 건축위원회에서 재개발을 허가함에 따라 공사가 시작되어 과거의 자연스러운 모습은 많이 퇴색되었다. 현재 피맛골은 빌딩 안의 아케이드처럼 형성되어 있다. 피맛골에서 가장 유명하다는 식

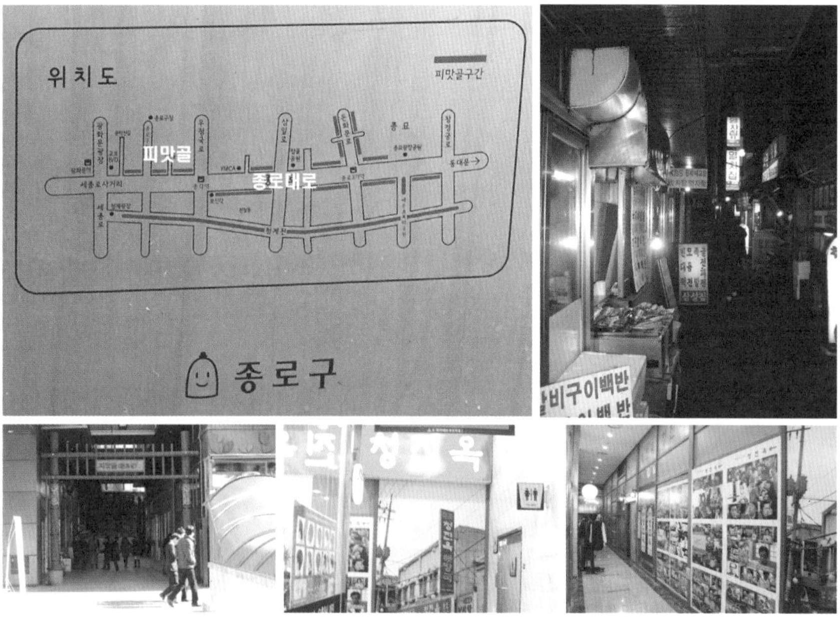

그림 1.23. 종로구가 제작한 피맛골 안내도(상좌), 피맛골의 재개발 전(상우)과 후(하)

그림 1.24. 세종로(좌), 종로대로(우)

당도 빌딩 내부에 있다. 600년간 서민의 애한哀恨이 서린 피맛골이 추억 속으로 사라진다는 비판과 서울의 전통 거리가 사라진다는 비판으로 그나마 유지된 것이라고는 하지만, 이전과 비교하면 지금의 모습은 낯설기만 하다(그림 1.23 상우·하). 장소의 기억은 이렇게 충돌한다.

정리하면, 종로의 큰길과 뒷길은 서로 상반된 계급성이 반영된 것으로 볼 수 있다. 먼저 큰길 종로대로는 과거에는 왕이라는 권력이 서려 있던 곳이고, 지금도 그 권력은 이어져 빌딩, 넓은 도로, 자동차 등 경제적 힘이 드러나는 공간으로서 존재한다(그림 1.24, 1.25). 역으로 피맛골은 과거에도 서민들의 공간이었고—재개발로 피맛골의 일부 구간이 빌딩과 아케이드로 연결됨으로써 자본의 힘을 막아 내기는 무리였지만 그럼에도—현재에도 서민들이 애용하는 공간이다. 이러한 의미에서 뒷길 피맛골은 지배 담론에 대한 '저항'의 공간이요, 억압적 일상으로부터의 '탈주'의 공간으로서 지리적 관성을 가진다. 현재 종로는 고층 빌딩과 대로大路로 표상되는 대도시 서울의 이미지를 대표하고 있지만, 피맛골은 이곳을 오가는 수많은 서민들에게 여전히 고단한 하루의 피로를 풀어주는 해방구이자 권력의 시야로부터 자신을 온전히 숨길 수 있는 은신처로서의 역할을 수행하고 있다.

그림 1.25. 종로타워(옛 화신백화점 터)

5) 중층적 장소 기억이 남아 있는 서울

에드워드 렐프Edward Relph는 "물리적 구조, 활동, 그리고 의미와 같은 맥락으로 장소성을 이해할 수 있다."고 하였다(Relph, 1976, 26). 그러한 의미에서 서울 종로의 장소성은 조선 초 한양의 수도 건설 속에서 그 틀이 확고히 마련된 것으로 볼 수 있다.

따라서 서울 종로가 지니는 다음과 같은 특징, 즉 첫째, 한양 천도의 과정에서 풍수지리적 사상과 유교적 이념을 반영하여 외사산과 내사산의 산세로 위요圍繞되고 수계의 지류와 청계천의 입지에 의해 중심과 통로를 형성한 독특한 지리적 체계를 구축한 점, 둘째, 이러한 지형적 특성에 맞추어 수도로서의 권위와 도시 기능을 갖추기 위해 도성 건설과 사대문, 그리고 경복궁과 종묘, 사직, 창덕궁, 창경궁, 경희궁 등을 물리적으로 건축하여 경관상 중심점들을 형성한 점, 또한 이를 향한 주요 통로로서 행정기관이 집결한 육조거리, 도성의 중심부를 동에서 서로 가르며 시전이 활동하는 운종가를 형성한 점은 조선의 역사를 바탕으로 한 장소성을 보다 명백히 해 주는 요소이다.

여기에 계급성을 반영한 큰길과 뒷길의 형성은 현재까지도 종로대로와 피맛골의 형태로 남아 여전히 우리에게 역사적·정서적 의미와 함께 한국적 공간의 특징을 연구할 수 있는 자료가 되고 있다. 특히 종로대로의 끄트머리에는 경복궁, 창덕궁, 종묘 같은 건물이 들어서 있어 도로의 기능이 그와 맞닿는 건물의 상징성과 권위를 높이는 데 있다는 것을 알 수 있다. 현재에도 종로대로는 커다랗고 높고 세련된 빌딩들과 자동차들로 꽉 차 있어 경제적인 권력으로 이어져 오고 있다. 반면 피맛골은 고관의 말을 피해 편하게 길을 이용하고자 했던 과거 서민들의 애환이 서려 있는 공간으로, 최근 재개발로 인해 거대 자본(빌딩) 속에 잠식당하고 있지만 그럼에도 불구하고 여전히 남아 있는 해장국, 순대국, 빈대떡 등과 같은 서민들의 먹을거리와 부분적으로나마 남아 있는 좁은 골목길은 지배 담론에 저항하고, 사회적 갈등·억제된 행위·긴장 등에서 분출되는 행위들이 자유롭게 발산되는 장소로서 그 의미를 이어 가고 있다. 한편 이러한 전면의 큰길과 이면의 뒷길은 나름의 조화를 이루며 공존하고 있다는 것도 기억해야 할 것이다.

변화하는 서울의 모습 속에서 역사적 경관들에 대한 장소적 정체성이나 진정성은 매우 아쉬운 부분이다. 하지만 조선시대부터 이어져 내려온 수도 서울의 선정 내용에서부터 주요 궁궐 및 건물들, 그리고 길의 변화에 이르기까지의 과정을 추적해 나가면서 다시금 당시를 기억해 내고, 장소를 추억하고, 현재 공간상에서 나타나는 의미와 문제점들을 바라볼 수 있다는 점은 분명 가치 있는 일이라고 생각한다. “지리학자로서 장소를 연구하는 것이 단순히 대상으로서의 장소나 한 개념으로서의 장소를 연구하는 것이 아니라 철학으로서의 지리학을 만나는 것이다.”라는 말을 떠올리면서(Cresswell, 2004, 132), 과거와 현재, 지배와 종속 등을 아우르는 중층적 장소의 기억이 남아 있는 서울(한양)을 다시금 되돌아본다.

제2장 일제강점기의 슬픈 투영

1. 미쓰비시의 상징, 인천 부평 '삼릉마을'

1) 인천 부평구 삼릉마을

인천광역시 부평구의 지명들은 일제강점기에 생성된 병참기지 및 군수공장과 밀접한 관련이 있다. 1899년 경인선이 개통되고, 1900년에 부평역이 만들어지면서 차츰 중심지 이동이 일어났고, 1934년경 부평역과 주변에 전기가 들어오면서 부평역 일대는 토지이용에 변화가 나타났다. 이후 1940년 부평 일대는 제2차 인천부역 확장으로 인천부에 편입되었다(임동윤, 2008). 이러한 일련의 과정과 토지구획정리가 이루어지면서 시가지가 형성되었고, 새로운 지명이 생겨났다. 이렇게 생긴 부평구 내의 지명들은 주민들의 교체에도 큰 영향을 받지 않고 세대를 이어 오면서 사용되고 있다. 그중에서도 부평구 부평2동에 위치한 삼릉마을은 일제강점기에 형성되어 현재까지 왜색 지명이 남아 있는 곳으로 알려져 있다. 여기서 '삼릉三菱'이라는 말은 미쓰비시三菱, みつびし, Mitsubishi를 한자 음으로 읽은 것으로, 현재에도 삼릉마을을 미쓰비시마을로 부르고 있으며, 사택社宅들이 줄지어 있다고 하여 삼릉 줄사택 혹은 미쓰비시 줄사택으로도 알려져 있다.

삼릉마을은 1937년 중일전쟁이 발발한 이듬해, 군수물자 반출이 한창이던 1938년 조성되어 일본군 군수물자 보급 공장인 육군 조병창으로 쓰였다. 즉, 삼릉마을은 군사 무기를 제조하는 일본 육군 조병창의 부품 하청 업체인 미쓰비시사가 공장 노동자들의 기숙사 단지를 조성한 곳으

그림 2.1. 삼릉마을 위치(상), 줄사택 전경(하)

로, 미쓰비시 공장의 노동자들이 집단 거주했던 사택들이 줄지어 모여 있다. 줄사택 대다수가 노후되어 폐·공가로 방치되고 있고, 이곳 거주민 대부분이 취약 계층으로 구성되어 있다는 이유로 '새뜰마을 사업(주거환경 개선사업)'이라는 재개발이 추진 중에 있다(인천in, 2015. 3. 30.).

2) 경관 보존의 문제

현재 우리나라에 남아 있는 근대문화유산의 대부분은 조선 말기를 거쳐 일제강점기에 걸쳐 있는 것들이다. 그러나 특정 문화유산들은 일본의 흔적이라는 이유로 문화재로서의 가치를 인정받지 못하고 있다. 특히 식민권력이 드러나 있는 일제강점기의 문화유산 경관은 "자주적인 수용 태세를 갖추지 못한 시대적 상황에서 타율적인 이식移植이 적용된 것"이라는 부정적 인식 때문에 그동안 그 역사적 가치를 제대로 인정받지 못하였다(이완건·박언곤, 2005, 64-65). 그러다 보니 경제성의 논리에 의해 쉽게 철거되거나 훼손되는 전철을 밟아와 근대 경관의 보존성 문제가 야기되고 있다.

경관은 진정성authenticity을 잃지 않고 가지고 있어야 하는 보존성의 문제를 지닌다(Jokilehto, 1999). 그런데 우리나라는 근대의 식민 경관을 과거의 암울했던 시기의 공간이라고 여겨 모든 것을 없애 버리거나 기존의 역사적 의미를 지닌 공간을 헐어 최신식 공간으로 바꾸어 버리는 상황이 계속되고 있다. 삼릉마을도 이러한 상황에 직면해 있는 곳이다.

3) 폐·공가로 방치되고 있는 줄사택 경관

"삼릉 근처 소화여학교에 다니던 조선인 여학생들은 1940년부터는 위안부에 끌려가지 않기 위해 미쓰비시나 조병창에 취업하곤 했어요." (부평역사박물관 해설사, 전부자 선생님 인터뷰, 2016년 2월 21일)

중국과 인접한 데다 항만시설까지 갖춘 인천은 남한 최대 군수공장인 인천육군조병창이 들어선 곳으로, 식민지 조선 청년들은 이곳으로 끌려와 군수물자 생산에 동원되었다. 이러한 상황과 밀접한 연관이 있는 삼릉 줄사택 지역은 당시 일제가 자행한 전쟁에 수반되는 군수물자를 생산하기 위해 강제적으로 국내에서 동원된 조선인 노동자들의 집단 수용을 목적으로 미쓰비시가 지은 일종의 '강제 노역자 숙소'이다. 당시 이곳에 거주한 약 천 명의 조선인들은 일본군 위안부나 해외 강제징용을 피하기 위해 어쩔 수 없는 선택을 한 사람들로, 12살 어린이부터 환갑이 넘은 노인들까지 강제로 끌려와 팔과 손이 잘려 나가는 살인적인 노동을 견뎌야만 했다(SBS, 2016. 2. 18.).

현재 삼릉 줄사택은 거의 폐허처럼 방치되었지만 아직도 일부 남은 경관은 우리나라의 아픈 역사를 대변한다. 삼릉 줄사택 단지의 규모는 호당 33m^2, 전체 7,659m^{2}로 추정되는데, 현재는 총 87채가 남아 있으며 이 중 70여 채가 비어 있는 상태이다.

삼릉마을에 가면 마을 초입부터 상점의 간판을 통해 '삼릉'이라는 글자를 쉽게 만날 수 있다. 현재까지도 삼릉이라는 지역명은 이처럼 상점의 간판을 통해서도 쉽게 볼 수 있어 일제강점기의 지울 수 없는 아픔과 권력의 역사가 전달된다(그림 2.2).

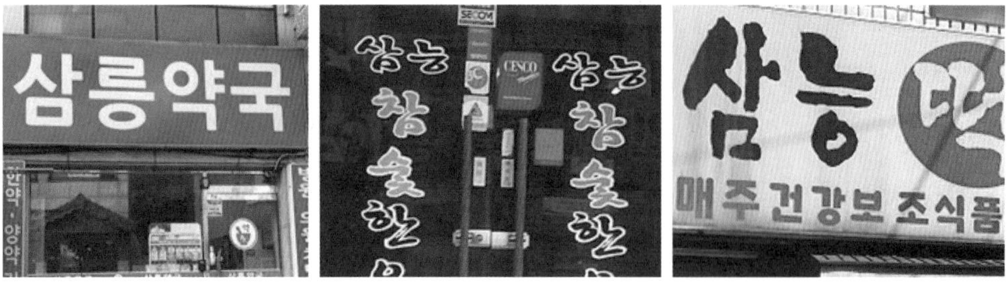

그림 2.2. '삼릉' 지역명이 들어간 상점 간판

지금까지 이어지고 있는 지명과 함께 줄줄이 늘어선 사택은 삼릉마을을 대표하는 경관이다. 삼릉마을의 사택들은 한 채 한 채 독립적으로 지은 것이 아니라 기다란 모양의 일곱 채가 나란히 벽을 맞대고 있는 구조로 한 개의 지붕이 일곱 채 위에 얹혀 있는 형태이다. 이러한 형태로 늘어서 있는 줄사택과 함께 이곳의 좁은 골목과 협소한 계단 역시 삼릉마을을 대표하는 경관이다. 성인 한 명이 들어서기에도 비좁은 골목이 연속적인 선의 형태로 늘어서 있으며, 또한 삼릉마을로 가기 위해 만들어진 작은 계단들 역시 골목과 마찬가지로 가파르고 협소해 보행하기가 쉽지 않다(그림 2.3). 이렇게 획일적으로 형성된 줄사택 쪽방과 그 사이의 비좁은 골목과 계단을 통해 식민 권력에 의해 통제되었던 조선인들의 고달픈 삶을 엿볼 수 있다.

현재 이곳은 마치 쓰레기 더미처럼 방치된 채 폐·공가가 줄지어 있다. 폐가 내부에는 일제강점기 당시 약 7~8명 정도가 함께 기거한, 5평도 채 되지 않는 좁은 방이 있다. 네모난 세포처럼 칸칸이 이어진 방과 줄지어 늘어선 사택의 경관은 폐·공가와 아직 남아 있는 거주민들의 공간과 뒤섞여 과거에서 현재로 이어지는 무질서한 역사의 참상을 그대로 재현하고 있다(그림 2.4). 이렇게 일제의 강압적 역사의 흔적이 아직도 남아 있는 공간임에도 불구하고 현재 이곳은 역사적 무관심 속에 철거될 상황에 처해 있다. 과거에는 일제의 강압적 권력이 장악했던 공간이라면 현재는 우리의 무관심으로 인해 가난과 차별의 시선으로 장악되는 공간이 되고 있는 것이다(정은혜, 2016).

4) 현재, 가난과 소외의 상징이 되어 버린 삼릉마을

외면받은 역사로 인해 삼릉 줄사택은 낡고 허름한 모습으로 남았다. 이제 이곳은 쓰레기 더미

그림 2.3. 줄사택의 협소한 골목과 가파른 계단

그림 2.4. 쓰레기더미로 장악된 폐·공가

그림 2.5. 삼릉마을의 일상적 경관

로 인식되고 있으며, 그로 인해 인천의 대표적인 슬럼가가 되었다. 과거 강제 노역에 동원된 노동자들의 설움이 담긴 공간이었던 이곳은 현재 가난한 서민들의 공간으로 여전히 차별받는 경관으로 남아 있다. 현재 남아 있는 87채 중 이용되는 사택은 17채 정도이며, 이곳의 거주 인구는 약 20명으로 주로 장애인과 기초생활수급자이다. 삼릉마을의 좁은 골목길 사이사이 주차된 장애인용 사륜 전동 스쿠터, 곳곳에 쌓인 연탄 등의 경관을 통해 이곳 주민들의 녹록치 않은 생활상을 짐작해 볼 수 있다. 또한 돌로 눌러놓은 허름한 판자 지붕, 관리되지 않는 공용 화장실도 이곳의 열악한 환경을 잘 반영한다(그림 2.5).

이렇듯 거주민의 일상적 경관을 통해 드러나는 그들의 빈한한 삶은 상대적으로 주변 경관과 큰 대조를 이룬다. 주변의 빌라나 아파트와는 대조적으로 낡고 허름한 형태의 삼릉마을 줄사택의 경관은 이제 슬럼화를 넘어 인근 지역주민들도 기피하는 환경이 되고 있다. 결국 삼릉마을은 부평동의 외딴 지구로서 철저히 분리된 공간으로 존재한다. 이곳의 거주민들은 가난이라는 이유로 차별받고 있으며, 대문 밖을 나섦과 동시에 상대적 박탈감을 느끼고 있다. 이러한 상황은 이 지역의 재개발 계획이 역사적 사실과는 별도로 설득력을 지니고 있다는 모순으로 남아 있다.

5) 재개발 문제

오랫동안 방치된 이 공간의 문제를 해결하기 위한 방법으로 결국 재개발이 선택되었고, 2015년 2월, 삼릉마을은 부평구 주거 개선 프로젝트 대상으로 선정되었다. 대통령 직속 지역발전위원회가 지자체를 대상으로 공모한 도시취약지역 주거환경 개선사업(새뜰마을 사업)에 이곳이 포함된 것이다. 향후 부평구는 2018년까지 국·시비 45억 원을 지원받아 줄사택 일대 7,659m^{2}의

폐·공가를 사들여 이곳을 모두 허물고 여기에 소규모 임대주택 등을 지을 계획이라고 밝혔다(인천in, 2015. 3. 30.). 그동안 가난이라는 편견과 시선에 시달린 지역 주민 상당수는 재개발에 동의하고 있으나, 아직 이주 합의금 문제로 인한 갈등이 남아 있어 충분한 합의에 이르지 못해 개발에 반대하는 주민들도 많다.

여기서 주목해야 할 것은 시가 추진하는 개발 계획에 있어 역사적 가치에 대한 내용은 찾아볼 수 없다는 점이다. 물론 주거환경 개선을 위해 낡고 방치된 삼릉마을의 개발 계획을 아예 무시할 수는 없다. 하지만 국내 강제 동원 피해 현장의 교훈을 되새기기 위해서라도 삼릉마을에 대한 역사적 인식이 우선해야 한다. 보존할 가치가 있는 역사 경관에 무조건적인 개발의 논리를 적용해서는 안 될 것이다.

2. 아픈자들의 아우슈비츠 수용소, 고흥 '소록도'

1) 멀게만 느껴지는 섬

우리나라는 빠른 근대화를 통해 도시의 문화를 형성하는 데 있어, 제대로 된 역사적 절차나 검증 없이 경제적 이익을 위한 무질서한 개발에 둔감해진 지 오래이다. 즉, 끊임없이 요구되는 개발의 논리 속에서 과거 경관들은 제대로 된 역사적 맥락과 이해가 이루어지지 않은 채 점차 그 의미가 퇴색되어 가고 있다. 특히 일제강점기를 통해 경관이 급격히 변화한 우리나라는 이 시기에 형성된 경관에 대해 보존보다는 이익을 우선시한 개발지향적인 성향을 보이고 있다. 실제로 일제강점기에 형성된 건물이나 마을 등 근대문화유산에 대한 전반적인 세부 조사도 제대로 이루어지지 않고 있을 뿐만 아니라, 정작 등록문화재로 지정되더라도 소홀한 관리로 인해 문제가 되고 있다. 그중 하나가 전라남도 고흥군의 소록도이다.

전라남도 고흥군 도양읍 소록리, 녹동항에서 약 1km 거리에 있는 약 4.4km^2 규모의 작은 섬인 소록도小鹿島는 하늘에서 본 섬의 모습이 작은 사슴의 형상을 닮았다고 하여 붙여진 이름이다(그림 2.6). 그러나 어여쁜 이름과는 달리 소록도는 나병(한센병) 환자들이 군집을 이루고 있는 거주지로, 그리고 국립소록도병원이 있는 곳으로 더 잘 알려져 있다.

소록도의 역사적 가치는 1916년 일제강점기의 '나환자 격리수용정책'에서 그 연원을 찾을 수 있다. 섬이라서 자연적인 격리가 가능하다는 점과 기후가 온화하고 수량이 풍부하다는 점, 마지막으로 육지와 가까워 물자의 운반에 용이하다는 이유로 소록도는 일제에 의해 나병 집단촌으로 지정되어 전국의 나환자들이 이곳에 격리·수용되었다. 일제는 소록도로 송치된 나환자들에게 신사참배 등 일본식 생활양식을 강요했고, 빈틈없이 짜인 일과표에 따라 하루 두 차례의 인원 점호, 야간 통행 금지, 그리고 요양소 내에서 환자들이 지켜야 할 27개 사항을 적은 심독서를 암송하도록 강요하였다. 그뿐만 아니라 나환자들은 생체 실험, 굴 채취 및 굴 까기 등에 강제 동

그림 2.6. 소록도 위치도

원되었고, 일제의 나환자 정책 중 하나인 '평생 격리 원칙'에 근거해, 한번 소록도에 오면 영원히 퇴원이 불가능하였다. 이에 따라 이곳 환자들의 일상생활은 외지와 엄격히 차단된 채 일본에 의해 철저히 통제되고 관리·감독되었다(안길원·서학조, 2002).

그림 2.7. 소록도 입구

이렇게 일제강점기에 강압적으로 형성된 소록도는 국내 나병 환자들의 한 서린 역사가 경관으로 남아 있는 곳으로, 현재에도 750여 명의 나병 환자와 100여 명의 직원들이 이 역사적 경관에서 생활하고 있다(최승훈, 2005). 그러나 이곳은 나병 환자에 대한 오해와 편견이 이어져 내려와 현재에도 차별적 공간으로 인식되고 있다. 심지어 이곳에 남아 있는 문화유산마저 소홀이 관리되어 낡고 허름한 상태로 노출되어 있다.

2) 식민주의 권력이 경관에 내재된 섬

식민지 경관은 지배자들이 권력적 은유로서 기능할 수 있도록, 그리고 의도적으로 새로운 신민臣民·피지배자들을 위압할 수 있도록 만들어진다. 즉, 식민지의 공공건물이나 주요 건물들은 지배자의 입장에서 강한 인상을 주도록 만듦으로써 피지배자들이 경관에 내재된 권력의 기호를 바라보도록 하고, 그로 인해 새로운 통치자들의 권력을 확고하게 각인시키려는 의도를 함축한다. 결국 식민지 경관은 식민지 사회를 특징짓는 불평등한 권력 관계의 효과를 반영하는, 즉 지배자와 피지배자 간 권력의 강압적 협상을 구체화시킨 공간이기도 하다(Yeoh, 1996).

한편 공간의 생산에 대한 통제는 곧 사회적 생산과 재생산에 대한 통제를 만든다(Lefebvre, 1991). 이러한 측면에서 식민권력의 영향으로 형성된 경관의 한 형태로서 병원, 수용소(감옥) 등의 경관은 감시가 정당화되는 통제의 공간으로 변모한다. 지배자들은 민족, 도덕적 타락, 질병, 물질적 누추함, 정치적 무질서와 같은 담론을 통해 식민지인들의 분리segregation를 정당화하며 그들에게 육체적 노동과 처벌을 행하였다. 즉, 문화적으로 이질적인 인구를 하나로 모아 그들을 예전의 사회적 관습으로부터 벗어나게 하고, 감독과 통제의 시·공간적 전략을 사용하여 그들을 차별받는 환자와 노동자로 재구성하였다(Duncan, 2002). 이와 관련하여 일제는 조선의 민족성을 빈곤, 불결, 태만, 교활 등으로 강조하는 반면 일본의 민족성은 청결, 근면 등으로 만드는 담론을 형성하였다(미즈노 나오키 외, 2007). 이러한 상황에서 소록도는 전염병이라는 멍에를 씌워 평생을 감금시킬 수 있는 장치로 이용한 공간으로, 병원과 수용소가 분리되지 못하고 오히려 두 성격을 모두 갖춘 시설로 볼 수 있다. 즉, 일제강점기의 소록도는 조선인이라는 약자의 테두리에서 더 나아가, 환자라는 이름으로 차별화된 약자의 공간으로서 형성된 지역이다.

소록도에 도착하면 가장 먼저 국립소록도병원(구 자혜의원)이라는 간판을 볼 수 있다(그림 2.8 좌). 마치 섬 전체를 하나의 병원처럼 여기게 하지만, 섬 전체가 병원은 아니다. 이 병원의 기원은 일제강점기 직전으로 거슬러 올라간다. 1907년 일제가 '나 예방에 관한 건'을 제정하여 부랑자, 걸식 환자 등을 격리 수용하기로 하고, 1910년 구한말 개신교 선교사들이 '시립 나 요양원'을 만들었다. 이후 1917년, 조선총독부가 일본 메이지 천황이 1916년에 낸 기금으로 당시 '자혜의원'이라는 이름으로 정식 개원하여 전국의 나환자들을 강제 수용하기 시작하였다(한순미, 2010).

일제 식민지하에서 나병 환자는 공포감을 주는 사람들, 즉 부랑자, 걸인, 범죄자 등으로 이미지화되고, 그들은 우선적으로 처결處決해야 할 관리 대상으로 자리하게 된다. 나병이 주는 전염의 공포는 계몽적인 위생 담론과 결합하며 일상을 지배하는 논리적 토대를 뒷받침하게 되고, 나병 환자들을 비위생적인 몸과 범죄자로 낙인 찍는 것을 정당화하면서 동시에 규율적인 지배의 필요성을 더욱 강화시키는 작용을 하게 된다. 결국 일제강점기하에 소록도는 과학과 집단의 생명을 내세우며 식민지 권력을 통해 상대적으로 보호해야 할 조선인 약자들의 몸과 생활을 통제하는 억압적 공간의 상징이 된다.

실제로 일제강점기 동안 나병 환자들은 도시 발전을 저해하고 도시 경관을 해치는 사람들로 규정되고, 건강한 사람들이 처한 위생적 위기를 벗어나기 위해 적절한 수용이 필요한 위험한 사람들로 간주되었다. 이처럼 일제강점기 식민지정책하에서 나병 환자의 격리 수용은 소록도의 공간적 의미를 바꾸어 놓았다. 다시 말해 소록도는 나병 환자의 병을 고치고 전염을 막기 위함이 아니라 도시와 사회와 일반인의 위생적 안전을 위해 그들을 쫓아내야 한다는 '추방'의 의미를 담아 전략적으로 창출된 공간이었다. 결국 소록도는 환자 구제가 아닌 식민 지배의 정당성을 선전하려는 맥락으로 형성되었다.

그림 2.8. 소록도 입구의 국립소록도병원 간판(좌), 감시탑(중), 수용소(우)

이러한 의미에서 소록도는 추방된 사람들의 거대한 병원이자 또 다른 수용소로서 판옵티콘 panopticon[1]이 적용되는 공간이다(정은혜, 2016). 현재에도 남아 있는 이 수용소 건물들은 폴란드의 아우슈비츠 수용소처럼 붉은 벽돌로 지은 가옥, 병원, 공장 등으로 이루어져 있으며, 수용소의 중앙에는 감시탑이 있어 당시 공리주의의 원칙이 적용된 하나의 거대한 감옥과 같았다(그림 2.8 중·우).

당시 나병 환자들은 가혹한 학대를 당했으며, 강제 노동과 일본식 생활 강요, 불임 시술 등의 인권 침해와 부당한 처우를 받았다. 이러한 환자들의 고통과 아픔을 간직한 대표적인 근대문화유산으로 수탄장, 신사, 중앙공원, 감금실, 검시실 등이 있는데, 이들 경관의 대부분은 낡고 허름하다. 특히 감금실과 검시실 등은 등록문화재로 지정되었음에도 불구하고 어떠한 보호 장치나 제재 없이 관광객들에게 그대로 노출되어 이곳에 대한 관리가 더욱 요구된다.

먼저 수탄장愁嘆場은 관사 지대(소록리 1번지)와 병사 지대(소록리 2번지)로 나뉘는 경계선으로, 전염병을 우려해 환자와 환자의 자녀가 도로 양 옆으로 갈라선 채 일정한 거리를 두고 눈으로만 혈육을 만나야 하는 장소였다. 이 광경이 탄식을 자아낼 만하다고 하여 이곳을 수탄장이라고 불렀다. 하지만 이러한 사연은 현재 낡고 녹슨 간판 하나로만 소개되고 있다(그림 2.9 좌).

두 번째 소록도 갱생원 신사는 1935년 5월 28일 제4대 원장 슈호 마사토周防正秀의 재임 당시 철근 콘크리트와 벽돌로 만들어진 건축물로서, 천조대신天照大神을 모셔 놓고 참배를 강요한 곳이다. 매월 1일과 15일을 신사참배일로 정하고, 환자들에게 의무적으로 참배를 강요한 우리 민족의 아픈 역사를 간직하고 있는 곳이다(그림 2.9 중).

세 번째 중앙공원은 1936년 12월부터 3년 4개월 동안 6만여 명의 환자들이 강제 동원돼 조성

그림 2.9. 수탄장(좌), 신사(중), 중앙공원의 구라탑(우)

한 6천 평 규모의 공원으로, 현재에도 환자들이 직접 가꾸어 놓은 갖가지 모양의 나무들로 인해 빼어난 조경이 돋보이는 곳이다. 공원 내에는 '한센병은 낫는다'라는 문구가 새겨진 구라탑救癩塔과 일제강점기 당시 벽돌을 만들었던 공장 자리에 세워진 예수상이 있어, 나병 환자들의 애환과 간절한 마음을 담고 있다(그림 2.9 우).

마지막으로 일제강점기 자혜의원 원장이 이곳에 수용된 나병 환자들을 불법으로 감금했던 감금실과 출감하는 날에는 예외 없이 강제로 정관 수술을 시행했던 검시실이 있다(그림 2.10). 당시 환자들은 정신적·신체적·사상적으로 검열을 받아야 할 대상이었는데 감금실과 검시실은 바로 이러한 사실을 증명하는 장소이다. 감금실은 일제강점기 인권 탄압의 상징물로, 붉은 벽돌과 육중한 담으로 둘러싸여 있으며, 남과 북의 두 건물이 회랑으로 연결된 H자 형태로 만들어져 있다. 방에는 철창이 설치되어 있고, 각 방의 한쪽 마룻바닥을 들어올리면 변기가 나오는 구조로 형무소와 유사하다. 수용된 환자들은 원장의 자의적인 판단에 따라 변론의 기회조차 없이 이곳에서 감금, 감식減食, 금식, 체벌 등의 징벌을 받았다. 또한 강제 노역이나 온갖 가학에도 굴종케 하고, 부당한 요양소 운영에 대한 저항을 미연에 방지하기 위한 장소로도 활용되었다. 한편 검시실 건물은 두 칸으로 나뉘어져 있는데 앞쪽 방은 주로 사망한 환자의 검시를 위한 해부실과 환자들의 생체 실험실로 사용되었으며(瀧尾英二, 2004, 78), 뒤쪽 방은 정관 절제를 집행했던 곳이다(그림 2.10). 그러나 이들 문화유산은 어떠한 안내문 없이 방치된 채 관광객들에게 직접적으로 개방되어 있다. 그러다 보니 이러한 역사적 경관을 만지고, 낙서하고, 훼손하더라도 이를 관리할 요원이나 제한할 방법이 마련되어 있지 않아 고스란히 망가지고 허물어져 가고 있다.

그림 2.10. 감금실(좌)과 검시실(우)

3) 현재의 소록도

현재 소록도는 섬 전체가 국유지로, 섬 주민들은 국립소록도병원의 직원 및 이미 전염력이 없는 음성 나병 환자들로 대부분 65세를 넘긴 고령자이다. 환자들의 주거 구역은 외부인이 접근할 수 없도록 제한되어 있는데, 환자들은 병사 지대에 거주하고 있으며, 병원 직원 등 환자가 아닌 사람들은 관사 지대에 거주하고 있다. 이는 일제강점기에 소록도의 공간을 건강 지대와 환자 지대로 구분하고 무독 지대와 유독 지대로 분리하여 공간 배치를 계획한 것이 현재에도 남아 있는 것으로 볼 수 있다.

여전히 소록도는 그 자체로 일반인들과 분리되어 외부와 더욱 차별되고 고립된 공간으로 남아 있다. 아름답게 드리워진 소나무 숲 해변과는 대조적으로, 곳곳에 방치되어 있는 벙커 내부의 허름한 일상 경관과 외부와의 경계를 선명히 드러내는 간판들은 이러한 상황을 대변한다.

이러한 차별적 시선과 행태, 그리고 낡고 방치된 경관은 소록도 지역주민들의 삶을 더욱 힘들게 하고 있다. 그러다 보니 현재 소록도에는 상처받은 지역주민들의 마음을 치유하기 위한 다양한 종교시설(천주교회, 개신교회, 원불교당 등)이 입지해 있고, 지역이미지 개선을 위해 소록도의 아픈 역사와 지난 생활상을 보여 주는 자료관이 조성되어 있다(그림 2.11).

이러한 소록도의 경관 속에서 국립소록도병원은 여전히 이 지역의 중심에 있는 상징적 경관이다. 강압적 분리와 실험 및 치료가 반복되던 과거의 병원은 이후 현대식 건물로 바뀌었다(그림

그림 2.11. 소록도의 종교시설들

그림 2.12. 국립소록도병원과 그 옆에 위치한 노인요양전문병원

2.12). 최근에는 이곳이 치매 환자들을 위한 노인요양전문병원으로 전문화되고 있는데, 그 이유는 아이러니하게도 일제강점기 소록도에 나병 환자를 격리시킨 이유와 같다. 즉, 섬이라서 자연적인 격리가 가능하다는 점, 기후가 온화하다는 점, 마지막으로 육지로의 접근성이 용이하다는 점 등의 이유로 현재에도 환자의 격리 수용 및 치료 공간으로 활용되고 있다.

지금까지 살펴본 바와 같이 소록도는 일제강점기 당시의 경관들이 상대적으로 많이 남아 있는 곳이지만 이들 경관에 대한 관리는 소홀한 편이다. 따라서 소록도는 더 이상 과거에 자행된 억울함의 역사가 현재까지 이어지는 공간이 되어서는 안 된다. 또한 제대로 된 관리가 이루어지지 않아 낡고 허름한 모습으로 남은 문화유산 경관들이 더 이상 손상되어서도 안 된다. 그러므로 이러한 경관이 제대로 인지되고 보존될 수 있도록 현재 추진되고 있는 여가와 위락을 위한 관광지 개발은 지양하고, 폴란드의 아우슈비츠처럼 역사적 교육이 뒷받침된 다크투어리즘(Dark Tourism) 장소로서 보존되고 활용되어야 한다. 이는 또한 지역주민들이 관광객들의 편견 어린 시각에서 조금은 벗어날 수 있는 방법이기도 할 것이다.

3. 권력의 힘겨루기 투영 공간, 서울 '서대문형무소'

1) 경관을 차지하기 위한 힘겨루기의 역사, 현저동 101번지

"경관은 세 가지 요소들, 즉 물리적 형상, 사회적 역할, 상징적 의미로 구성되는 것이며, 장소는 이러한 세 가지 요소들의 공간적 복합체"라고 할 수 있다(최병두, 2012, 92). 이러한 의미에서 경관은 단순히 아무 의미 없는 물리적 형상으로 만들어진 것이 아니라 그 경관을 '생산produce'하고, 이를 통해 특정 의미를 전달하려는 '저자writer'가 있으며, 경관을 소비하는 '독자reader'가 있다고 할 수 있다. 독자가 경관을 하나의 텍스트로서 이해한다면 저자의 가치나 신념 등을 경관에서 읽을 수 있다. 따라서 우리가 경관을 독자의 눈으로 바라본다면, 저자의 정체성이나 신념, 또한 어떤 계급이나 집단의 집합성이 그러한 경관 및 장소 만들기의 특정한 방식과 실행에 지배적 영향을 미쳤는지를 알 수 있다. 그러한 의미에서 서대문형무소와 독립공원이 위치한 현저동 101번지는 지배자들(즉 저자들)의 권위와 권력의 표현, 그리고 정통성 강화 및 특정 이데올로기를 다수의 대중들에게 주입시키려는 힘겨루기가 강하게 드러나는 공간이다. 이에 한 명의 독자로서 현저동 101번지에서 나타나는 힘겨루기의 역사와 그곳에 위치한 서대문형무소를 텍스트로 읽어보고자 한다.

현재 서대문형무소가 위치한 현저동 101번지의 경관을 가장 먼저 차지한 세력은 중국이었다. 이는 근대 초 조선이 중국과의 사대외교를 중시했기 때문으로, 그만큼 조선과 중국을 잇는 길인 의주로와 그 끝에 위치한 현저동은 중요하였다. 일반적으로 사신 행렬은 의주를 출발해 경복궁에 이르기까지 15일이 걸렸는데 마지막 날인 14일째, 사신들이 머무르며 대접받았던 곳이 현저동 101번지의 모화관慕華館이었고, 영은문迎恩門은 이 모화관의 정문이었다. 이렇게 형성된 경관은 근대 초 조선에서 가장 큰 영향력을 행사하는 세력이 중국이었음을 보여 주는 상징이었다. 이후 현저동 101번지의 경관이 사대외교 청산과 조선의 근대화를 바라던 사람들로 구성된 독립협회를 중심으로 바뀌면서, 모화관은 독립관獨立館으로 개칭되었고, 영은문은 헐리게 되었다. 경관을 생산하는 세력이 중국에서 독립협회로 바뀐 것이다.

서재필을 중심으로 이루어진 독립협회는 조선이 중국과의 사대외교에서 벗어나 근대적 자주독립국가가 되기를 염원하였다. 따라서 이들은 정부의 외세의존정책에 대한 반대 집회 등을 열

그림 2.13. 서재필 동상이 서 있는 독립공원과 독립관(좌), 독립문과 영은문 초석(우)

었는데, 이 장소가 바로 독립관 앞이었다. 중국 사신을 영접하기 위해 사용되던 건축물이 자주독립국가를 꿈꾸는 상징으로 바뀐 것이다. 모화관이 독립관이 되면서 정문이었던 영은문 자리에는 독립문이 세워졌다(그림 2.13). 이로써 사대주의의 상징이었던 경관은 중국과의 단절과 근대성을 표현하는 경관으로 탈바꿈하게 되었다. 즉, 현저동 101번지는 중국이라는 저자에서 독립협회라는 저자로, 정반대의 정체성이 주입된 경관으로 바뀐 것이다. 그러나 얼마 지나지 않은 1908년 10월, 독립문 뒤에 일본 통감부가 경성감옥을 신축하면서, 일제가 새로운 경관의 저자가 되었다. 이렇게 현저동 101번지는 중국의 권력을 상징하는 공간에서 자주독립국가를 꿈꾸는 세력의 경관으로, 마지막에는 일제의 한반도 지배를 알리는 상징적 경관으로 변화하였다. 이처럼 현저동 101번지는 '권력의 힘겨루기'가 나타나는 서울의 대표적인 장소가 되었다.

2) 한반도의 감옥화, 서대문형무소의 상징성

일제의 초기 원칙은 의병장들을 현장에서 참혹하게 학살하는 것이었다. 따라서 딱히 감옥이 필요하지 않았지만, 국제사회의 비난과 반일 감정이 커지자 형식적이나마 재판 제도를 실시하기

표 2.1. 서대문형무소 변천사

시기	1908. 10.21	1912. 9.3	1923. 5.5	1945. 11.21	1961. 12.23	1967. 7.7	1987. 11.15	1992. 8.15	1998. 11.5
내용	경성 감옥	서대문 감옥	서대문 형무소	서울 형무소	서울 교도소	서울 구치소	의왕시 이전	서대문 독립공원	서대문 형무소 역사관

출처: 김삼웅, 2000

위해 감옥을 짓기 시작하였다. 이전에는 불법적이었던 독립운동가들에 대한 탄압이 합법적인 빙법으로 전환된 셈이다. 그 첫 단추가 바로 현저동 101번지에 세운 경성감옥(현재 서대문형무소)이었다. 경성감옥은 480평 규모로 500명을 수용할 수 있었는데, 전국 감옥 총 수용 인원이 300여 명인 점을 감안하면 그 크기가 얼마나 컸는지 짐작해 볼 수 있다(문화재청 근대문화재과, 2003). 이후 일제는 경성감옥을 서대문감옥으로, 다시 서대문형무소로 개명하고(표 2.1), 수용 인원을 6배나 늘려 3,000명을 수용할 수 있을 정도로 규모를 확장시켰다.

그런데 당시 경성감옥의 위치를 현재 교도소들과 비교해 보면 특이한 점을 발견할 수 있다. 보통 감금시설의 경우 주민들의 반대나 수감자 탈주 시 도주로 차단 등의 문제로 인구밀도가 높은 지역이나 주요 교통망 근처에는 짓지 않는다. 하지만 현저동 101번지에 위치한 경성감옥은 인구밀도가 높은 주요 교통로상에 입지한다. 또한 경성감옥은 경복궁과 경희궁을 지척에 둔 곳으로, 당시 조선에서 가장 번화한 도시인 경성 한복판이므로 혹시 탈주자가 발생한다면 군중 속에 자신을 숨기기에 어려움이 없었다. 더욱이 경성역(현재 서울역)과 가까워 기차를 통해 지방이나 해외로 도피할 위험성도 매우 높은 곳이었다. 그러나 일제는 이 모든 악조건을 무시하고 현저동 101번지에 경성감옥을 세웠다. 그 이유는 경성감옥이 가지는 사회적 역할, 즉 일제의 입장에서 범죄자들을 민중들로부터 격리시키는 역할뿐만 아니라 경성감옥이라는 물리적 형상이 주는 '상징적 의미'를 중요하게 생각했기 때문이다. 이러한 논리는 일제가 건설한 전국의 모든 형무소에 적용되었다. 일제강점기에 만들어진 대부분의 형무소들은 사람들이 많이 오가는 기차역 주변에 세워졌는데, 이는 최대한 많은 사람들이 형무소의 긴 벽돌담을 보며 일제에 저항하면 자신도 형무소에 들어갈 수 있다는 자기 검열을 하도록 하기 위함이었다. 이처럼 일제는 한반도를 하나의 커다란 감옥으로 만들고자 한 것이다(그림 2.14).

그림 2.14. 전국 형무소 배치도(좌), 서대문형무소의 벽돌담(우)

3) 시각의 비대칭이 만들어 낸 자기 검열의 결정판, 서대문형무소

서대문형무소는 그 장소와 외형이 가진 상징적 의미뿐만 아니라 내부도 수감자들이 자기 검열에 빠질 수밖에 없는 구조로 만들어졌다. 가장 대표적인 시설은 서대문형무소 정문 좌측에 있는 망루이다. 이 망루는 서대문형무소 기념품인 책갈피에도 형상화되어 있는데, 망루 안에는 (마치 해변의 안전 요원들이 앉는 의자처럼) 다리가 무척 긴 의자가 있다(그림 2.15). 감시자는 이처럼 높은 위치에 올라가 형무소 내 수감자들을 감시했는데, 이로 인해 망루 밑의 수감자와 망루 안을 감시자 사이에는 극명한 시각적 비대칭이 발생하였다. 즉, 망루 밑의 수감자는 망루 안을 전혀 볼 수 없었지만, 망루 안의 감시자는 망루 밑의 상황을 낱낱이 관찰할 수 있기 때문에, 수감자들은 망루 밑이나 감시자의 시선이 닿을 만한 곳을 지나칠 때 그들 스스로 자신의 행동에 대한 자기 검열을 하게 된다. 심지어 망루 안에 감시자가 없을 경우에도 수감자들은 이를 인지하기 매우 어려웠기 때문에 수감자들의 자기 검열은 끊임없이 계속된다.

시각의 비대칭은 옥사에서 가장 많이 나타난다. 특히 지금도 남아 있는 옥사의 일부[2]는 판옵티콘 구조로 되어 있어 시각의 비대칭으로 인한 수감자의 자기 검열을 극대화시킨다(그림 2.16 우). 즉, 옥사들이 만나는 지점에 위치한 감시대에서는 감시자가 모든 옥사들의 상황을 관찰할 수 있지만 서로 마주보도록 설계된 옥사 내 감방들에서는 감시자가 전혀 보이지 않는다. 더욱이

그림 2.15. 기념품 책갈피(좌), 망루의자(중), 형무소 입구의 망루(우)

그림 2.16. 옥사 내부 구조(좌), 판옵티콘 구조의 옥사(우)

밤낮을 가리지 않고 옥사 측 전등은 항상 켜 놓았던 반면, 감시대의 전등은 언제나 꺼 놓았다. 이러한 서대문형무소의 판옵티콘 구조는 지속적인 감시 형태를 극대화하기 위한 것이었다.

이러한 상황에 놓인 수감자 수는 1930년 기준 연 인원수가 전국적으로 약 609만여 명 이었다

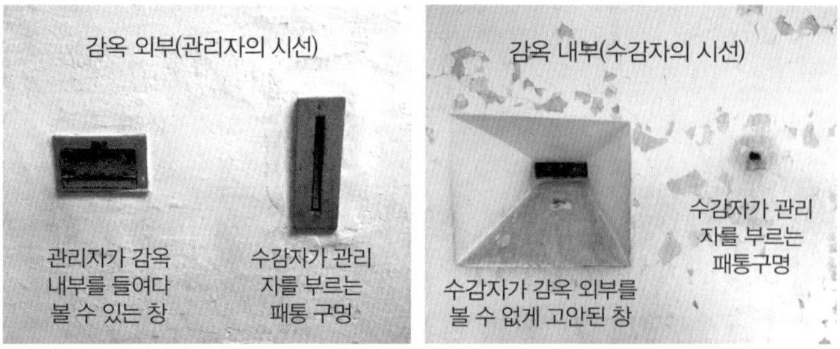

그림 2.17. 패통과 감시창의 외부와 내부

(김삼웅, 2000). 1930년 조선인 총인구가 1,878만여 명임을 감안한다면 일제강점이 시작된 지 20년 만에 조선 인구의 약 1/3이 형무소에 수감되었던 것이다. 이렇게 많은 사람들이 전국 곳곳의 형무소로 쏟아져 들어오면서 최대 50명이 3.5평 남짓한 감방에서 생활하였다. 상황이 이렇게 되자 감방 내 수감자들은 잠을 자기 위한 공간도 없어 3교대나 4교대로 칼잠을 잘 수밖에 없었다. 또한 옥사는 냉난방 시설도 전혀 없어서 수감자들은 여름의 더위와 겨울의 추위와도 싸워야 하였다.더욱이 화장실도 따로 없어서 옥사 내 비치된 나무통에 대소변을 볼 수밖에 없었는데, 이로 인해 수감자들은 매우 비위생적인 환경에서 힘겨운 옥고를 치러야만 하였다.

이렇게 열악한 환경으로 인해 사망자가 속출했는데, 사망자가 발생할 경우 감방 내 수감자는 패통 구멍으로 손가락을 집어 넣어 우측 막대기를 떨어뜨리는 방식으로 감시대의 감시자를 부를 수 있었다. 일종의 초인종인 셈이었다. 한편 패통 구멍 옆의 네모난 창으로 감시자가 감방 내부를 들여다볼 때에는 감방 전체를 볼 수 있었지만 감방 안의 수감자는 감시창 사이로 감시자의 눈밖에 볼 수 없었다(그림 2.17). 이 또한 시각의 비대칭성을 이용해 감시자가 수감자들을 더욱 쉽게 통제할 수 있도록 설계된 것으로 볼 수 있다.

4) '京경'이 새겨진 붉은 벽돌이 남아 있는 서대문형무소

옥사에서 나와 추모비로 가는 길을 걷다 보면 벽돌 중앙에 '京경'이 새겨진 것을 볼 수 있다(그림 2.18 좌). 이 벽돌은 일제가 마포형무소 수감자들에게 강제 노역을 시켜 만든 것이다. 많은 수감자들이 독립운동이라는 명목으로 수감되었음을 감안한다면 결국 독립운동가들의 손을 통해 일제의 형무소가 만들어진 것이라고 할 수 있겠다. 독립운동가의 입장에서 동료들을 가두는 용

그림 2.18. '京'이 새겨진 벽돌(좌), 6·25전쟁 시 생긴 총탄 자국(우)

도로 쓰이게 될 벽돌을 만드는 일은 육체적·정신적으로 상당히 힘든 노역이었을 것이다. 즉, 벽돌 한 장, 한 장에는 독립운동가들의 한이 서려 있다고 할 수 있다. 하지만 아쉽게도 서대문형무소의 자료들과 건축물 일부는 일제가 물러나면서 대부분 소각되거나 파괴·훼손되어 남아 있는 사료들이 많지 않다. 그나마 남아 있던 건축물들 또한 6·25전쟁으로 인해 상당 부분 파손되었다(그림 2.18 우).

현재 보존되어 있는 서대문형무소는 1930년 당시 면적의 약 57%밖에 되지 않는다. 형무소 건물도 일제강점기에는 51개동이 있었으나 현재는 16개 동밖에 남지 않은 상태이다. 또한 1987년 서대문형무소(당시 서울구치소)가 의왕시로 이전함에 따라 서대문형무소를 도시 내 혐오 시설로 인식하고 철거·이전하자는 여론이 조성되었기 때문에 규모는 더욱 축소되었다. 당시 독립운동가 유족들과 시민들이 역사의 현장을 보존해 후세에 교훈으로 삼아야 한다며 철거 반대에 나섰지만, 결국 역사성이 있다고 판단된 일부 건물만 남겨 두고 철거되었고, 그 자리에는 독립공원과 서대문형무소 역사관이 조성되었다. 현재 서대문형무소 역사관은 서대문구 도시관리공단에서 관리하고 있으며, 2014년 기준 연 60만 명, 외국인 관광객 6만 3,000명이 찾는 대중적인 역사박물관이 되었다(박경목, 2016).

5) 서대문형무소가 현저동 101번지에 있어야 하는 이유

인공적인 경관은 필연적으로 경관을 생산하는 저자와 경관을 소비하는 독자가 있다. 특히 현

그림 2.19. 추모비

저동 101번지의 경우 그곳이 지니는 상징적 중요성 때문에 경관을 지배함으로써 자신의 정체성이나 이데올로기를 주입하려는 중국과 독립협회, 일제의 경관 주도권 싸움이 벌어졌던 곳이다. 이 싸움에서 승리한 일제는 조선을 식민지로 만들기 위해 이곳에 경성감옥을 지었다. 일제강점기가 끝날 때까지 서대문형무소는 상징적 경관으로서 내외적인 자기 검열을 유도하며 일제의 통치를 견고하게 만드는 데 큰 역할을 하였다.

지금은 비록 원형에서 많은 부분이 훼손·파괴되었지만 현재 남아 있는 서대문형무소의 보존과 복원은 중요하다. 그 이유는 첫째, 교육적인 목적을 가지기 때문이다. 오늘날 대한민국이 처한 가장 큰 문제점 중 하나는 역사적 가치보다 자본을 우선시한다는 데 있다. 이는 역사적 경관의 파괴에서 잘 드러나는데, 이렇게 역사적인 장소들을 파괴해 만들어진 경관은 후세에 역사보다 자본이 더 우선시한다는 이데올로기를 주입할 수 있다. 굳이 "영토를 잃은 민족은 재생할 수 있어도, 역사를 잃은 민족은 재생할 수 없다."는 신채호 선생의 말을 되새기지 않더라도 역사는 민족적 정체성을 유지하는 데 있어 필수적인 요소이다. 이 역사를 체험하며 민족적 정체성을 확립할 수 있는 곳이 바로 실질적으로 존재하는 '역사적 장소'이기 때문에 보존은 중요하다. 둘째, 역사적 장소는 훌륭한 관광자원이기 때문에 보존되어야 한다. 앞서 언급했듯이 서대문형무소의 경우만 하더라도 2014년 한 해 동안 내·외국인 포함 약 66만여 명의 관광객이 다녀갔다. 특히 서대문형무소가 가지는 역사성을 생각해 볼 때, 독일의 홀로코스트 추모공원이나 미국의 9·11 추모공원만큼 좋은 콘텐츠가 될 수 있다고 사료된다. 하지만 어떠한 이유보다도 더 중요한 것은 우리가 서대문형무소를 방문함으로써 아픈 과거를 딛고 더 나은 미래로 나아가기 위해서이다. 서대문형무소의 장소성과 상징적 의미를 잘 보존함으로써 독립운동가들의 뜻을 기리고, 과거의 역사를 되풀이하지 않는 교훈적 장소로서 재주목받을 수 있기를 바라는 바이다.

부록 1 상처 입은 나비로 돌아오다, '소녀상'

나비로 상징되는 위안부

위안부 문제를 다룬 영화 <귀향>은 2016년 개봉해 약 359만여 명의 관객을 동원하며 큰 인기를 끌었다. 특히 이 영화는 시민 75,270명이 출연한 후원금으로 만들어졌다는 점에서 큰 이슈가 되었다. 그만큼 우리 사회에서 위안부 문제에 대한 관심이 높다는 뜻으로 풀이되었기 때문이다. 1991년 8월 14일, 위안부 피해자였던 김학순 할머니의 증언이 있기 전까지 모르고 지냈거나, 알면서도 모른 척하고 지나갔던 우리의 아픈 역사에 대해 시민들이 정면으로 응시하고 함께 공감하기 시작한 것이다. 이러한 결과로 위안부 문제를 알리고, 해결하려는 다양한 콘텐츠들과 시민단체들이 등장하였다. 영화 <귀향>의 개봉은 물론 『나비의 노래』(2014), 『일본군 '위안부'가 된 소녀들』(2014), 『25년간의 수요일』(2016)과 같은 도서의 출판과 한국정신대문제대책협의회(이하 정대협) 등의 단체 조직이 그것이다. 이들 작품이 위안부 역사를 표현하는 방식은 각기 다르지만 위안부 할머니들을 '나비'로 형상화했다는 공통점이 있다. 우리나라 전통 사상이 담긴 다수의 고전 동화, 전래 동요 등에 나타난 나비는 주로 영혼, 평화 등을 상징하는데, 이를 위안부 할머니들

그림 1. 위안부를 나비로 형상화한 영화
출처: 영화 〈귀향〉

그림 2. 위안부를 나비로 나타낸 서적과 유인물들

과 동일시한 것이다. 영화 <귀향>에서 일본군에 의해 무참히 살해된 위안부들이 나비가 되어 고향으로 돌아오는 장면, 나비를 수집하는 일본군의 모습 역시 이 영화에서 나비의 상징적 의미가 위안부임을 보여 준다(그림 1, 2).

위안부가 된 '소녀'들

제2차 세계대전이 한창이던 1931년, 만주로 진격해 들어간 일본군은 약탈과 방화, 강간 등을 서슴지 않았다. 특히 무차별적인 강간으로 인해 중국인들의 반일 감정은 더욱 거세졌고, 다수의 일본군이 성병에 걸려 죽거나 전투에 참여할 수 없게 되었다. 이에 일본군 수뇌부는 위안부들을 성노예로 만들어 가두는 시설인 위안소를 세워 성병 예방과 무차별적인 강간을 막고자 하였다. 또한 언제 죽을지 모르는 불안감과 전쟁에 대한 혐오, 상명하복上命下服에서 오는 불만과 분노 등이 국가로 향하지 않도록 하려는 이유도 있었다. 이러한 이유로 위안소는 1932년 중국 상하이를 시작으로 일제가 태평양전쟁을 치르는 모든 장소에 걸쳐 확대되었다(손지연 역, 2014).
위안소에 강제로 끌려간 여성들은 주로 나이 어린 소녀들이었다. 위안부 할머니들의 증언을 살펴보면, 공장에 가면 돈도 많이 벌고 공부도 시켜준다는 꼬임에 넘어갔다는 사례가 대부분이다. 이러한 유괴 및 납치는 전국적으로 행해졌는데, 이는 조선뿐만 아니라 그 당시 일제의 손길이 닿는 아시아·태평양의 거의 모든 지역에서 일어났다. 이렇게 끌려간 위안부가 무려 20만 명에 달한다(중앙일보, 2017. 3. 15.).

최초의 위안부 증언자 김학순 할머니, 그 후

위안부 피해자 김학순 할머니의 아버지는 만주에서 활동하던 독립운동가였다. 그곳에서 배필을 만나 김학순 할머니를 낳았지만, 할머니의 아버지는 딸의 백일잔치를 보기도 전에 돌아가셨다. 그 후 어머니와 함께 평양으로 왔으나 어머니는 곧 재혼하시고, 김학순 할머니는 김태원이라는 사람의 양녀로 들어갔다. 하지만 김태원은 양녀를 데리고 돈을 벌기 위해 중국으로 가다가 일본군을 만나 생사를 알 수 없게 되었고, 김학순 할머니는 그 자리에서 위안소로 끌려갔다.

위안소에서 할머니는 더 이상 김학순이 아니었다. 일본인들은 위안소로 끌고 온 소녀들에게 일본식 이름을 지어 주었고, 김학순 할머니는 '아이코'가 되었다. 위안소 생활은 끔찍하였다. 밤낮을 가리지 않고 하루에 15명 정도의 병사들을 상대해야 했는데, 다행히 부대 안으로 들어온 조선 상인을 만나 탈출할 수 있었다. 이후 자신을 탈출시켜 준 상인과 결혼했지만 남편은 술만 마시면 할머니에게 위안부 출신이라며 폭력을 행사하였다. 해방 후에도 제대로 된 보상은커녕 위안부였음을 부끄러워하며 살아야 하는 삶을 강요당한 것이다. 증언 당시, 가족 없이 홀로 살아 계셨던 할머니는 자신의 인생이 이리 된 것은 모두 일본 때문이라며 "우리가 강요에 못 이겨 했던 그 일을 역사에 남겨 두어야 한다."고 주장하였다(오마이뉴스, 2003. 8. 18.).

1991년 10월 21일, 김학순 할머니의 용기 있는 증언이 있은 후, 남한뿐만 아니라 일제의 손이 뻗쳤던 북한, 대만, 필리핀, 중국, 인도네시아, 말레이시아 등지에서 약 2만 명이 넘는 할머니들의 증언이 쏟아져 나왔다(안해룡·이은 역, 2017).

상처 입은 나비가 되어 돌아온 소녀상

김학순 할머니의 증언 이후, 위안부 할머니들을 돕고, 위안부 문제를 해결하기 위해 정대협이 만들어졌다. 매주 수요일 12시가 되면 정대협은 위안부 할머니들과 함께 주한 일본 대사관 앞에서 일본의 전쟁범죄 인정과 진상 규명, 공식 사죄, 법적 배상, 역사 교과서 기록 등을 주장하는 '수요시위'를 연다. 1992년에 시작된 이 시위는 단일 주제로 세계 최장 시위 기록을 매회 경신하고 있다. 그러던 2011년 말, 1,000차 수요시위를 맞아 위안부로 끌려간 소녀의 모습을 하고 있는 '평화비(이하 소녀상[1])'를 주한 일본 대사관 앞에 세우기에 이른다.

이 소녀상은 수요시위가 없을 때에도 일본 대사관 직원들에게 끊임없이 메시지를 전달할 수 있다는 점에서 큰 의미가 있다. 정대협은 일본 대사관 앞에 소녀상을 세운 것에 대해 "그곳이 일본과 가장 가까운 곳"이어서라 했고, 소녀상을 제작한 김운성 작가는 "불편하라고 거기에 세운 것"이라고 하였다(김진령, 2015, 189). 이처럼 일본 대사관 앞의 소녀상은 일본의 범죄에 대한 강력한 저항의 의미로 해석할 수 있다.

소녀상에 대해서 좀 더 자세히 들여다보면 여러 가지 상징들을 발견할 수 있다. 우선 짧게 잘린 머리는 가족과 고향을 떠나 단절된 아픔을 상징하며, 소녀 어깨의 새는 일본의 사죄를 기다리다 먼저 돌아가신 할머니들과 함께 한다는 뜻을 지니고 있다. 움켜쥔 두 손은 일본에 대한 분노이자 우리가 위안부 할머니들과 함께 하겠다는 의지의 표현이고, 맨발로 땅을 완전히 딛지 못하고 있는 모습은 위안부가 겪어야 했던 고난과 죄인처럼 살아야 했던 시간들, 그리고 사회적 편견을 나타낸다. 바닥의 그림자는 어느새 할머니가 된 위안부 피해자들의 모습이고 그림자 가운데 새겨진 나비는 먼저 돌아가신 할머니들의 영혼이자 진정한 해방, 그리고 '평화'의 상징이다. 마지막으로 소녀 옆의 빈 의자는 누구든 함께 할 수 있다는 뜻과 함께 이미 돌아가신 분들의 자리를 표현한 것이다(그림 3).

위안부 할머니들의 아픔을 함께 하려는 사람이 늘어날수록 소녀상도 함께 늘어나고 있다. 국내에서는 위안부 할머니들이 모여 사시는 나눔의 집에 1997년 최초의 소녀상이 세워졌고, 앞서 언급한 대로 일본 대사관 앞 소녀상은 2011년 건립되었다. 그 후 전국 각지에서 총 73개의 소녀상들이 다양한 단체의 이름으로 각자의 성격에 맞게 조금씩 변형되어 세워졌다(표 1). 하지만 가장 중요한 공통점은 위안부 할머니들과 끝까지 함께 하겠다는 연대의식이다.

이러한 연대의식은 국내뿐만 아니라 해외에서도 계속되었다. 일본에서도 조선의 위안부에 대한

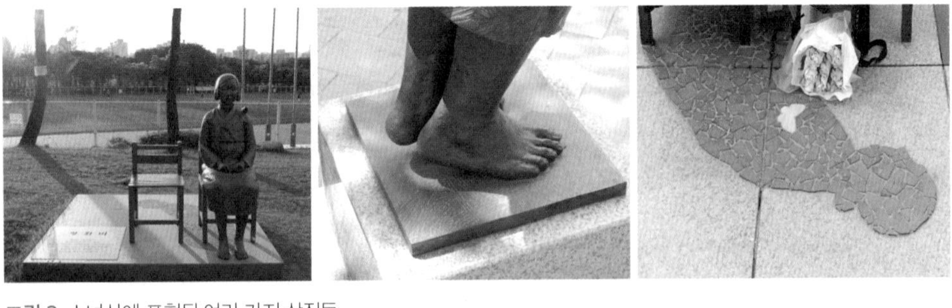

그림 3. 소녀상에 표현된 여러 가지 상징들

표 1. 연도별 평화의 소녀상 건립 현황 (2017년 3월 기준)

년도	1997	2011	2012	2013	2014	2015	2016	2017	합
개수	1	1	1	3	8	27	24	8	73

출처: KBS, 2017. 3. 3.

표 2. 해외 평화비 건립 현황, 2017년 3월 기준

국가	건립장소	평화비	소녀상	건립년도
일본	오사카부 노자키관음	○		1977
일본	지바현 다테야마시 가니타부인마을	○		1985
일본	오키나와현 도카시키섬	○		1997
일본	오키나와현 미야코섬	○		2008
미국	뉴저지주 팰리세이즈파크 공공도서관 옆	○		2010
미국	뉴욕주 아이젠하워공원 베테란스메모리얼	○		2012
미국	캘리포니아주 가든그로브 AR갤러리아 쇼핑몰 앞	○		2012
미국	뉴저지주 버겐카운티 법원 앞	○		2013
미국	캘리포니아주 글렌데일시립공원 공립도서관 앞		○	2013
미국	뉴욕주 아이젠하워공원 베테란스메모리얼	○		2014
미국	버지니아주 페어팩스카운티 청사 뒤	○		2014
미국	뉴저지주 유니온시티 리버티플라자	○		2014
미국	미시간주 사우스필드 한인문화회관 앞		○	2014
캐나다	토론토시 한인회관 앞		○	2015
미국	워싱턴 D.C. 내셔널몰 내 실번 시어터(야외 공연장)		○	2016
중국	상하이사범대학(文苑楼 앞)		○	2016
호주	시드니 애시필드 교회		○	2016
독일	바이에른주 네팔-히말라야 파빌리온 공원		○	2017

출처: KBS, 2017. 3. 9.

인식을 공감해 평화비[2]를 건립했는데, 이는 무려 김학순 할머니의 증언이 있기 전이다. 일본 내에서도 위안부로 끌려간 일본인들이 있었고, 또 위안부로 끌려가지 않더라도 전시에 "낳아라, 늘려라!"라는 일제의 정책으로 '아이를 낳는 도구'로 활용된 여성들이 많았기 때문이다. 이렇듯 전시의 여성 인권은 너무도 쉽게 무시당했기에 가해 국가와 피해 국가를 넘어 같은 여성으로서의 공감대가 형성된 것이다(안해룡·이은 역, 2017).

이렇듯 2011년 일본대사관 앞 소녀상이 세워지기 전부터 일본뿐만 아니라 전 세계적으로 위안부 문제에 공감한 나라들이 평화비와 소녀상을 세우고 있다. 하지만 일본 정부는 일본 시민단체들

의 반응과는 달리 문제를 회피하며 소극적으로 대응하고 있다. 이에 우리나라뿐만 아니라 미국, 네덜란드, 캐나다, 유럽연합, 대만 등의 의회에서 피해 여성들에 대한 사죄와 보상을 요구하는 결의를 통해 일본 정부를 압박하고 있으며, 미국, 캐나다 등지에서도 현지 정부의 도움으로 한국 교민들이 위안부 소녀상 및 평화비를 세우고 있다(표 2).

전국 곳곳의 광장으로 나온 소녀상

이러한 움직임이 뜻깊은 이유는 소녀상 건립이 정부 주도하에 이루어진 행정 집행이 아니라 시민단체가 뜻을 모아 시작한 활동이라는 점이다. 2017년 3월 기준, 전국에 세워진 73개의 소녀상 중 고양시청, 서울 노원구, 광명시, 성남시청, 남해군, 강릉시 등 총 6곳을 제외한 67곳이 시민단체의 주도로 이루어졌다. 지자체는 단지 장소를 제공해 주었을 뿐, 모금 활동에서부터 소녀상 건립까지 시민단체가 자발적으로 추진하였다. 소녀상 건립 주관 기관을 살펴보면 주민모임, 범시민추진위원회, 시민모임 등의 이름을 쓰는 곳이 18곳이나 된다. 그 외에도 건립추진위원회라는 이름의 시민단체가 27곳, 대학생이 세우는 평화비건립위원회 등 학생이나 학교 이름으로 세운 소녀상이 5곳이다. 소녀상 건립은 지자체, 시민단체, 학생의 구분 없이 하나된 마음으로 참여한 활동인 것이다. 이러한 소녀상 건립 열풍은 전국적인 것으로 볼 수 있다(표 3). 이를 통해 소녀상 건립으로 대변되는 위안부 문제에 대한 인식이 전 국민적 공감대를 형성하고 있음을 알 수 있다. 마치 전국 곳곳에서 끌려가야만 했던 소녀들이 상처 입은 나비가 되어 소녀상의 모습으로 환생

표 3. 지역별 소녀상 건립 장소

강원	강릉시 경포 3·1운동 기념공원 외 1곳	세종	세종호수공원 푸른들판
경기	성남시 성남시청 앞 광장 외 20곳	울산	남구 울산대공원
경남	통영시 남망산공원 외 6곳	인천	부평구 부평공원
경북	상주시 왕산역사공원 외 2곳	전남	나주시 나주학생독립운동기념관 광장 외 6곳
광주	서구 광주광역시청 앞 광장	전북	전주시 기억의 광장 외 3곳
대구	중구 2.28기념중앙공원 앞 인도 외 1곳	제주	제주시 방일리공원
대전	서구 보라매공원	충남	논산시 시민공원 외 6곳
부산	동구 일본 총영사관 후문 앞 외 1곳	충북	제천시 의병광장 외 1곳
서울	종로구 일본 대사관 평화로 외 9곳		

출처: KBS, 2017. 3. 3.

한 듯하다.

또한 소녀상을 건립한 주체들은 의도적으로 유동 인구가 많은 곳에 소녀상을 세웠다. 이는 73개의 소녀상 중 무려 42개의 소녀상이 세워진 장소가 공원 또는 광장임을 봐도 알 수 있는데, 이렇게 함으로써 사람들에게 위안부 문제에 대한 연대의식을 고취시키고 교육적인 효과를 주기 위함으로 볼 수 있다.

상처 입은 나비가 치유되기를 바라며

최근 한일 위안부 합의와 관련하여 전 국민적인 반대 여론이 거세다. 2015년 12월 28일에 발표된 위안부 합의에는 일본 정부가 소녀상을 "공관의 안녕, 위험의 유지라는 관념에서 우려하고 있음을 인지"한다며 소녀상 철거를 요구하고 있다(국민일보, 2018. 1. 24.). 어떻게 보면 이는 소녀상이 갖는 저항의 의미가 일본 정부에 제대로 전달되었다고 볼 수 있다. 이러한 움직임에 시민사회 단체들은 더 많은 소녀상으로 응수하고 있다. 상처 입은 나비가 되어 돌아온 소녀들을 더 이상 모른 척하지 않겠다는 것이다. 돈도 벌고 공부도 시켜 주며 밥도 배불리 먹을 수 있다는 꼬임에 넘어가 위안소로 끌려간 세계 20만 위안부들을 이제 우리 손으로 지키겠다며 우리나라를 비롯한 많은 나라들이 힘을 합치고 있다.

이제 일본 정부도 더 이상 역사를 왜곡하지 말고 하루빨리 전쟁범죄를 인정하며 진상 규명에 힘써야 한다. 나아가 법적 배상과 함께 해당 사실을 역사 교과서에 기록해 후세에는 이러한 범죄가 재발하지 않도록 교육해야 할 것이다. 아울러 우리 정부와 학계도 국제사회에 일제의 만행을 알리고 국내외 위안부 할머니들의 잃어버린 삶을 되찾아 드릴 수 있도록 노력해야 할 것이다.

제1부 주석

••제1장

1. 태백산은 환웅이 무리 3,000을 이끌고 신단수라는 나무 아래 내려와 국가를 세웠다는 산으로, 현재 정확한 위치는 알 수 없으나 우리 민족문화의 시원지이다.
2. 수목에 신령 또는 정령이 깃들어 있다고 믿고 이를 신성시하여 숭배하는 것이다.
3. 특정 동물이나 식물을 신성시하여 자신이 속해 있는 집단과 특수한 관계가 있다고 믿는 것이다.
4. 중국 요하(遼河)의 동쪽 지방으로 지금의 요령성(遼寧省) 동남부 일대이다.
5. 한나라는 기원전 202년 중국을 통일한 국가로 기원전 108년 고조선을 멸망시키고, 고조선의 영역에 낙랑(樂浪)·임둔(臨屯)·현도(玄菟)·진번(眞番) 등 4군을 설치하였다.
6. 농업과 함께 수렵 활동도 같이 하는 형태의 경제정책이다.
7. 중국 요하의 서쪽 지역이다.
8. 고조선 멸망 이후 한나라가 고조선의 고토에 설치했던 지방 행정 기구인 한사군 중 하나로 고조선의 수도였던 왕검성(아사달)에 설치된 행정 기구이다. 낙랑군은 한나라에서 파견한 지방관이 한나라의 제도를 가지고 통치하였으나 고조선 유민들인 토착 세력들을 효과적으로 통제하기 위해 이들을 하급 관리로 채용하면서 중국계 주민과 토착민들의 융합을 꾀하기도 하였다. 이후 313년 고구려 미천왕에 의해 점령당해 고구려 영토로 편입되었다.
9. 2000년 6월 15일 평양에서 남북 정상회담을 통해 발표한 공동 선언으로 네 번째 안에서 "남과 북은 경제협력을 통하여 민족경제를 균형적으로 발전시키고 사회·문화·체육·보건·환경 등 제반 분야의 협력과 교류를 활성화하여 서로의 신뢰를 다져 나가기로" 하였다. 남북의 고구려에 대한 공동 연구는 이를 기초로 본격화되었다.
10. 오랜 세월에 걸쳐 생성된 고유의 역사 환경, 유적, 정신을 가지며, 한 장소에 살던 사람들이 문화양식을 유지하며, 그들만의 고유 사상을 토대로 살아가는 도시를 말한다. 이는 단지 역사 유적만을 가진 도시가 아니라 정신까지도 유지하며 살고 있는 도시이다.
11. 13세기에 제작된 팔만대장경을 봉안하기 위해 지어진 목판 보관용 건축물이다.
12. 백제와 고구려를 멸망시키기 위한 신라와 당나라의 연합군을 말한다.
13. 성곽 밖을 둘러 파서 만든 방어 목적의 도랑을 말한다.
14. 일제강점기 일제가 일본과 백제의 문화적 공통점을 찾아 내선일체를 강화하려 했던 계획 중 하나이다.
15. 신라의 전신(前身)으로 형산강 상류에 위치했으며, 최씨·이씨·정씨·손씨·배씨·설씨 부족이(6부) 청동기 문화를 이루며 살고 있었다.
16. 탈해왕이 밤중에 시림(始林) 숲속에서 닭이 우는 소리를 듣고, 날이 밝자 호공(瓠公)을 보내어 이를 살펴보도록 하였다. 호공이 시림에 다다라 보니, 금빛의 작은 궤짝이 나뭇가지에 달려 있고 흰 닭이 그 아래서 울고 있었다. 이 사실을 듣고 왕은 궤짝을 가져오게 하여 열어 보니 조그마한 사내아이가 그 속에 들어 있었는데, 용모가 기이하게 뛰어났다. 왕은 기뻐하며 하늘이 그에게 아들을 내려보낸 것이라 하여 거두어 길렀으니, 그

아이는 자라감에 따라 총명하고 지략이 뛰어나서 그 이름을 '알지'라 하였다. 또 금빛 궤짝에서 나옴을 연유로 하여 성을 김씨라 부르고, 처음 발견되었던 장소인 시림을 고쳐 계림(鷄林)이라고 하였다.

17. 비단길이라고도 하며, 고대 중국과 서역 각국 간에 비단을 비롯한 여러 가지 상품을 교역하면서 정치, 경제, 문화를 이어 준 교통로의 총칭이다.

18. 수로를 굴곡지게 만들어 그 안에 물을 흘려보내고 물 위에 술잔을 띄워 그 술잔이 자기 앞에 올 때 시를 한 수 읊는 놀이를 말한다.

19. 불국사에는 석가탑, 다보탑, 청운교·백운교, 연화교·칠보교, 금동비로자나불좌상, 금동아미타여래좌상, 무구정광대다라니경 등 7개의 국보와 사리탑, 석조, 대웅전, 가구식 석축, 영산회상도 및 사천왕 벽화 등 총 5개의 보물이 있다.

20. 그림 1.13의 우를 보면 청운교와 백운교(돌다리)가 일반 사람들이 살고 있는 세계(지면)와 부처의 나라로 들어가는 문(자하문)을 연결하고 있다. 불경에 따르면 부처님이 사는 나라로 가기 위해서는 물을 건너고 또 구름 위로 가야 된다고 한다. 즉, 청운교와 백운교는 부처님이 사는 곳으로 건너갈 수 있도록 만들어 놓은 상징적인 장치로 볼 수 있다. 계단을 다리라고 표현한 것도 일반인의 세계와 부처의 세계를 이어 준다는 의미를 지녔기 때문으로 볼 수 있다.

21. 태조 이성계는 조선을 건국하면서 고려의 문벌 귀족 세력을 제거하기 위해 불교를 견제하였다. 조선 건국 초기에는 무학대사가 조선의 수도를 정하는 데 공헌하는 등 고려시대와 마찬가지로 숭불정책이 유지되지만 태종 이방원이 정권을 잡으면서 억불정책을 대대적으로 추진하였다. 태종은 억불정책의 일환으로 서울 외곽 70여 개의 사찰을 제외하고 전국 사찰의 재산과 노비를 몰수하였다.

22. 깃대(幢竿)를 고정하기 위해 사찰의 입구나 뜰에 세우는 두 개의 돌기둥으로 찰간(刹竿), 장간(長竿), 번간(幡竿)으로 부르기도 한다. 깃대에는 사찰의 행사나 의식이 있을 때 혹은 부처나 보살의 공덕을 기릴 때 깃발을 건다.

23. 감실은 불교, 유교, 가톨릭 등 종교에서 신위 및 작은 불상, 초상, 또는 성체 등을 모셔둔 곳을 말한다.

24. 수분을 포함한 대기의 온도가 이슬점 이하로 떨어져 대기가 함유하고 있던 수분이 물체 표면에서 물방울로 맺히는 현상이다.

25. 삼각산 혹은 북한산은 서울의 진산(鎭山)으로 서울 부근에서 가장 높은 산(836m)이다. 삼각산이라는 이름은 700m 이상 높이로 우뚝 솟은 화강암으로 된 세 봉우리인 백운대, 인수봉, 국사봉에서 유래하였다.

26. 북한산 이남, 한강 이북 지역을 가리키는 서울의 옛 지명으로, 조선시대 공식 명칭은 한성부(漢城府)이다. 이 지역은 삼국시대에는 위례성(慰禮城)·한산(漢山)·한성(漢城)·아차성(阿且城)·남평양(南平壤)·북한산주(北漢山州)·북한산성(北漢山城)·한양군(漢陽郡) 등으로, 고려시대에는 한양부(漢陽府)·남경(南京) 등으로, 조선시대에는 한성부(漢城府)·한양(漢陽)·한경(漢京)·경도(京都)·경조(京兆)·경사(京師)·도성(都城) 등 다양한 명칭으로 불렸다.

27. 세조비(정희왕후), 덕종비(소혜왕후), 예종비(안순왕후)를 말한다.

28. 유가의 9경, 12경, 13경에 속하는 고대의 예법에 관한 3권의 책 가운데 하나로, 주관(周官)이라고도 한다. 나머지 2권은 『의례(儀禮)』, 『예기(禮記)』이다. 『주례』는 유가 사상과 법가 사상의 영향을 받아, 「천관(天官)」에서 통치 일반을, 「지관(地官)」에서 교육을, 「춘관(春官)」에서 사회적·종교적 제도를, 「하관(夏官)」에서 군사를, 「추관(秋官)」에서 법무를, 「동관(冬官)」에서 인구·영토·농업을 다루었다. 『주례』는 고려시대에 주요

유교 경전의 하나로서 국가 교육 기관의 공식 과목으로 채택되었다. 『주례』가 불교와 도교에 맞서는 유학의 윤리와 경세 사상을 담고 있는 까닭에, 고려 말기에 성리학이 발흥하면서 성리학자들 사이에 『주례』를 중시하는 경향이 생겨났다. 조선왕조 개창에 핵심적 역할을 한 정도전은 『조선경국전(朝鮮經國典)』에서 『주례』의 6관제도(六官制度)를 기본 모델로 하여 조선왕조의 통치 규범을 제시하였다.

29. 경복궁 정문인 광화문 서쪽 인왕산 자락에 위치한다. 오늘날에도 계속 제사를 모시고 있다.

30. 정전에는 19위 왕과 30위 왕후의 신위가 모셔져 있다. 영녕전에는 중앙에 태조의 4대조를 중심으로 좌우로 15위 왕과 17위 왕후, 그리고 대한제국 마지막 황태자였던 영친왕 신위가 모셔져 있다. 조선 왕 중에서 반정으로 쫓겨난 연산군과 광해군의 신위는 없다.

31. 한양도성의 축조는 조선시대 태조, 세종, 숙종 때 세 차례에 걸쳐 이루어졌다. 특히 태조는 1396년 1월과 8월에 두 차례에 걸쳐 49일씩 전국의 장정을 서울로 불러들여 도성을 쌓았다. 지금도 도성 벽에는 공사 담당 지역을 나타내는 경주(慶州), 성주(星州), 함열(咸悅), 부안(扶安) 등의 지명이 남아 있다. 태조 때 쌓은 도성은 20여 년이 지나자 절반 정도가 무너졌는데 조선 건국과 동시에 급하게 건설되었기 때문이다. 이에 세종은 1421년 도성의 대대적인 보수 공사에 들어갔고, 양란을 겪은 후 숙종 때 다시 신축이 이루어져 1709년에 공사를 마쳤다.

32. 내사산은 북쪽의 백악산(白岳山), 남쪽의 목멱산(木覓山, 또는 南山), 동쪽의 낙타산(駱駝山, 또는 駱山), 서쪽의 인왕산(仁王山)을, 외사산은 북쪽의 북한산(北漢山), 남쪽의 관악산(冠岳山), 동쪽의 용마산(龍馬山), 서쪽의 덕양산(德陽山)을 각각 일컫는다. 외사산을 잇는 경계선 내부의 면적은 약 627km^{2}로 오늘날 서울시의 경계와 거의 일치한다.

33. 명성황후가 시해된 을미사변 이후 일본군의 무자비한 공격에 신변에 위협을 느낀 고종과 왕세자가 1896년 2월 11일부터 약 1년간 왕궁을 떠나 러시아 공사관에 옮겨 거처한 사건을 말한다.

34. 시전 상인들은 국가의 비호를 받으며 국가에 납품하는 모든 물품 조달을 독점하였다. 또한 특정 품목에 대한 전매권(專賣權)을 가지는 금난전권(禁難廛權)을 가짐으로써 막강한 영향력을 행사하였다. 예를 들면 도성 안에서 생선이나 젓갈 등은 어물전을 통해서만 판매할 수 있었으며 다른 상인들은 판매할 수 없었다.

35. 1척은 약 30.3cm로 3척은 약 1m 정도의 좁은 폭을 의미한다.

제2장

1. 그리스어로 '모두'를 뜻하는 'pan'과 '본다'를 뜻하는 'opticon'의 합성어. 영국의 공리주의 철학자 제러미 벤담(Jeremy Bentham)이 제안한 원형 모양의 감옥 건축 양식으로, 중앙에 높은 하나의 감시탑과 그 둘레에 여러 방을 둔 건물 구조를 말한다. 즉, 판옵티콘은 '진행되는 모든 상황을 한눈에 파악할 수 있는 능력'을 지녔다는 의미로 감옥의 본질적인 특징을 한 단어로 표현한 것이다.

2. 그림 2.16의 우에서 세 갈래로 뻗어 있는 옥사가 판옵티콘 구조의 옥사이다.

**부록 1

1. 평화비가 소녀상의 모습을 하고 있어, 일반적으로 소녀상이라 부르기에 소녀상으로 통일한다.
2. 여기서 평화비는 소녀상의 모습을 하고 있지 않기에 평화비로 한다.

제2부

정치·경제를 통한 국토읽기

제3장 국토를 보전하다

1. 주권 회복의 첫걸음, '독도'와 '동해'

1) 대한민국 국민의 생활권, 독도

경상북도 울릉군 울릉읍 독도리에는 대한민국에서 가장 먼저 해가 뜨는 섬, 독도獨島가 있다. 독도는 동경 131°52′~131°53′, 북위 37°14′~37°14′45″에 위치한 소규모 군도群島로, 동도, 서도와 함께 89개의 부속 도서로 이루어져 있고, 총면적 187,554m^{2}에 김성도 이장 부부 및 독도경비대원 40명, 등대관리원 3명, 울릉군청 직원 2명 등 총 47명이 거주하고 있다(울릉군청, 2017). 동도에는 접안시설, 독도등대, 위성안테나, 경비대숙소, 등반로 등이 있고, 서도에는 주민과 울

그림 3.1. 태극기가 빽빽하게 꽂혀 있는 독도

릉군청 직원 2명이 거주하는 숙소와 음용시설, 등반로 등의 시설물이 있다(외교부 독도, 2017). 이처럼 독도는 대한민국 국민들이 거주하며 각종 시설물을 건설하는 형식의 통제권을 행사하는, 즉 대한민국이 실효 지배를 하고 있는 명백한 우리의 영토이다. 여기서 흥미로운 점은 독도를 지키는 주체가 군인이 아닌 경찰이라는 점이다. 이는 독도가 군인들이 지켜야 할 분쟁 지역이 아닌 우리 국민들이 살고 있는 대한민국 국민의 생활권임을 의미한다. 이를 뒷받침하듯이 독도 선착장과 등반로에는 태극기가 빽빽하게 꽂혀 있다(그림 3.1).

2) 독도 분쟁의 역사

울릉도와 독도에 언제부터 사람이 살았는지에 대한 구체적인 기록은 없지만 『삼국사기三國史記』(1145)와 『삼국유사三國遺事』(1281)에 따르면 512년 신라 장군 이사부가 우산국을 정벌했다는 기록이 있다. 이후 고려시대에 와서는 울릉도와 독도를 직할 구역으로 삼았는데, 일본에서 독도를 언급한 최초의 고문헌인 『은주시청합기隱州視聽合記』(1667)에도 울릉도와 독도가 고려의 영토로 기록되어 있다(형기주, 2005). 조선시대에 들어서 공도정책空島政策[1]을 실시해 일본 어부들이 무단 침입해 어로 행위를 한 적도 있지만, 1693년 안용복安龍福 사건[2]을 계기로 일본의 어로 행위가 금지되었고 울릉도와 독도에 대한 공도정책도 폐지되었다.

이후 별 문제없이 조선의 영토였던 독도는 일본이 러시아에 선전포고(1904)를 하면서부터 전쟁의 소용돌이에 휘말리게 된다. 당시 일본은 러시아와의 전쟁에서 블라디보스토크 함대가 남하하는 것을 감시하기 위한 망루가 필요했는데, 독도를 그 적격지로 판단했던 것이다. 이후 일본 정부는 1905년 2월 22일 독도를 시마네현島根県 오키隱岐섬 소관으로 정한다고 고시하였다(한국관광공사, 2017). 이후 일본은 1910년 8월 29일 한일병합조약을 체결하여 조선의 영토가 완전히 일본으로 넘어가기도 전에 독도를 자신의 영토로 편입시켰다. 또한 일본은 독도에 일본의 망루를 설치하고 해저전신[3]을 설치하면서 독도를 빼앗은 목적을 분명히 하였다. 결국 독도는 일본에게 있어 러일전쟁(1904)을 효과적으로 수행하기 위한 지정학적 보루였던 것이다.

3) 고지도를 통해 본 진실

일본은 독도를 자신들의 영토에 강제 편입한 1905년 이후 현재까지 줄곧 일본의 영토라고 주장하고 있다. 하지만 앞서 언급한 울릉도와 독도의 간략한 역사에서도 볼 수 있듯이 역사적으로 독도는 우리 영토이다. 이를 뒷받침해 주는 것이 바로 지도이다. 특히 고지도는 당시 사람들의 세계관과 영토 인식을 드러내 주는데, 19세기 일본의 고지도를 살펴보면 당시 독도에 대한 일본의 인식과 변화를 엿볼 수 있다.

일본은 현재 그들이 주장하는 바와 달리 독도가 대한민국의 영토라는 지도를 꾸준히 편찬해 왔다. 일본의 관허지도官許地圖[4] 제작자인 나가쿠보 세키스이長久保赤水의 『개정일본여지로정전도改正日本輿地路程全圖』(1791)를 보면(그림 3.2 좌), 일본 영토와 달리 울릉도와 독도에는 채색을 하지 않아 일본의 영토가 아님을 분명히 하였다. 제5판(1840)의 지도 역시 울릉도와 독도가 삭제되어 있다. 그런데 그 후 관허지도가 아닌 민간 해적판[5]으로 나온 1846년의 『개정일본여지로정전도』에서는 독도와 울릉도를 오키섬과 같은 색으로 채색해 일본의 영토로 표시하고 있다(그림 3.2 우). 현재 일본 외무성은 이를 근거로 독도와 울릉도의 주권을 주장하고 있는데, 이 지도는 관허지도가 아니므로 이를 가지고 일본 영토라고 주장하는 것은 억지라고 볼 수 있다.

또 하나의 일본 공식 지도로 에도막부 시기의 영토관을 볼 수 있는 『겐로쿠일본지도幕府撰元禄日本地圖』(1702)에는 울릉도와 독도가 아예 빠져 있다(그림 3.3). 이 역시 당시 일본 정부가 울릉

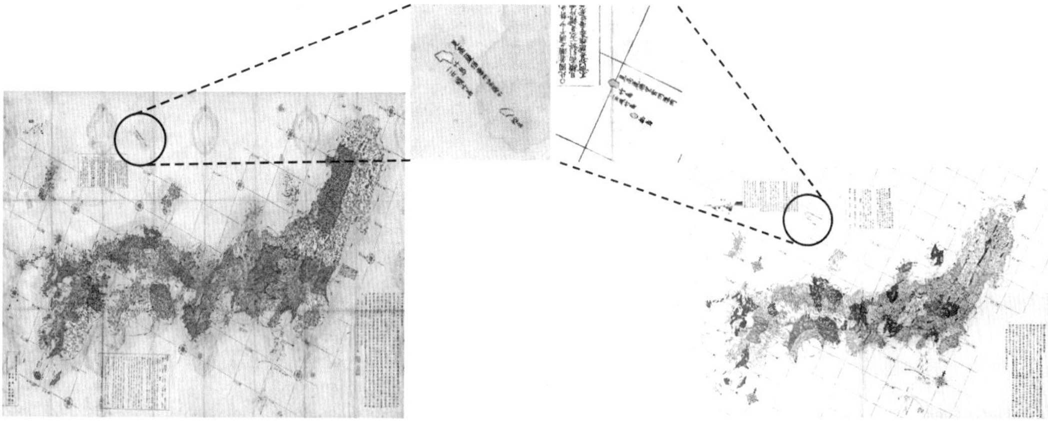

그림 3.2. 1791년 『개정일본여지로정전도』(좌), 1846년 민간해적판 『개정일본여지로정전도』(우)
출처: 대한민국 외교부 독도(좌), 일본 외무성(우)

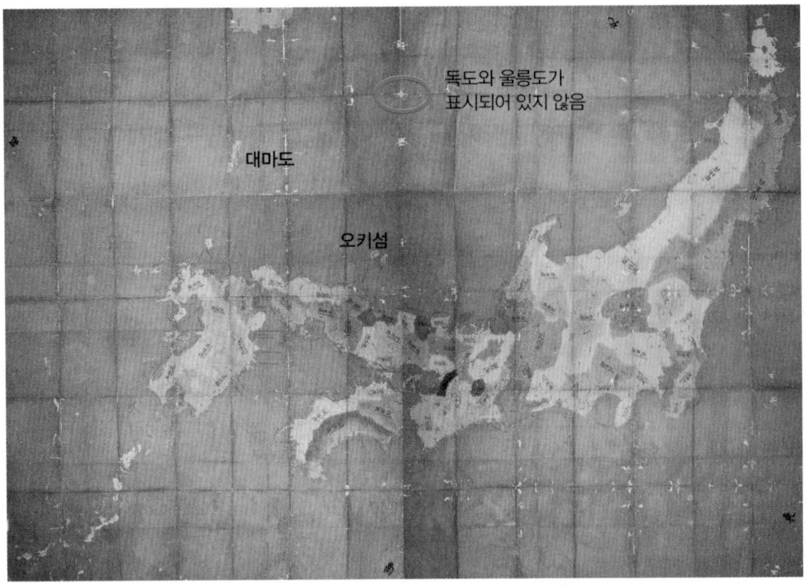

그림 3.3. 독도와 울릉도가 표시되어 있지 않은 『겐로쿠 일본지도』

도와 독도를 자국의 영토로 인식하지 않았다는 명백한 증거이다.

4) 일본이 독도에 집착하는 이유

이렇게 일본 고지도에서조차 독도가 우리의 영토임을 인정하고 있음에도 일본이 독도를 자국의 영토라 주장하는 이유는 무엇일까?

우선 독도는 유라시아 림랜드rimland의 동북부에 위치한 동해의 한 가운데 있는 섬이다. 유라시아 림랜드는 유라시아의 주변 지역이라는 뜻으로 이곳은 2차 세계대전 이후, 소련 중심의 육지 세력과 미국 중심의 해양 세력이 대치하던 지역이다. 해양 세력의 입장에서는 남한과 일본으로 진출하려 하는 육지 세력의 영향력을 막아야 할 중요한 지역이었다. 비록 냉전이 종식되고 소련의 해체와 더불어 러시아의 정치 체제가 민주주의로 바뀌었지만, 공산주의적 독제 체제를 유지하고 있는 북한과 남한이 대치 중인 상황에서 동해는 여전히 그 중요도가 높다(동북아역사재단, 2010). 이러한 상황에서 동해상에 있는 독도를 누가 차지하느냐에 따라 동해의 지배권이 좌우될 가능성이 크기 때문에 일본은 계속해서 독도를 노리고 있는 것이다.

둘째, 독도의 자원을 들 수 있다. 독도가 속해 있는 동해는 쓰시마해류와 북한해류가 만나는 천혜의 어장으로, 수산자원이 매우 풍부하다. 또한 독도 주변에는 대체 에너지로 사용할 수 있는 가스 하이드레이트Gas Hydrates6가 다량 매장되어 있어 독도를 차지하면 수산자원뿐만 아니라 미래의 에너지자원 경쟁에서도 우리하기 때문에 일본이 독도에 대한 야욕을 멈추지 않는 것이다.

셋째, 일본의 영토 확장에 대한 야욕 때문이다. 일본은 현재 러시아(오호츠크해), 남북한(독도), 중국(댜오위다오)과 영토 분쟁 중에 있다. 이는 각각 오호츠크해와 동해, 남중국해를 차지하기 위해 전략적 위치에 있는 섬들을 분쟁 지역으로 몰고 가고 있는 것이다. 그 일환으로 일본의 독도 영유권 주장은 동해를 차지하기 위한 시발점이라고 볼 수 있다. 일본은 동해의 내해內海7화를 통해 대륙으로의 진출을 꾀하고 있는 것이다.

일본은 이와 같은 이유로 독도에 대한 집착을 버리지 못하고 있다. 이에 더해 국제사회에 독도를 분쟁 지역으로 몰고 가며 자신들이 영토인 양 홍보까지 하고 있다.

5) 독도가 우리 영토인 이유

독도는 '역사적'으로 우리의 영토이다. 우리는 역사상 일본보다 독도를 먼저 인식하고 있었으며, 이는 앞서 언급한 고문헌들과 고지도에서도 확인할 수 있었다. 특히 일본의 관헌지도에서조차 울릉도와 독도가 우리의 영토임을 인정하고 있는 바 그들의 주장은 억지라고밖에 볼 수 없다. 특히 일본이 독도를 편입했다고 주장하는 1905년 시마네현 고시조차 국제법상 타당성이 없다. 왜냐하면 당시 조선은 사실상 일본의 식민지 상태로 을사늑약을 통해 외교권이 박탈당한 상황이었기 때문이다. 동등하지 않은 입장에서 체결된 불평등조약은 국제법상 타당성이 없다.

'지리적'으로도 독도는 명백한 우리의 영토이다. 이는 독도와 가장 가까운 유인도의 거리를 따져보면 알 수 있다. 우리나라에서 독도와 가장 가까운 유인도는 울릉도로 독도와 50해리 떨어져 있는 반면, 일본의 가장 가까운 유인도인 오키섬은 85해리 떨어져 있다(동북아역사재단, 2010). 특히 맑은 날 울릉도에서는 육안으로 독도를 확인할 수 있지만 오키섬에서는 불가능하다.

'실질적 점유' 측면에서도 독도가 우리의 영토임을 증명한다. 현재 대한민국 국민이 독도에 거주하고 있고, 대한민국 경찰이 지키고 있으며, 대한민국인이 설치한 구조물들이 독도에 있다. 이러한 이유에서 대한민국인들이 독도를 방문하는 것은 전혀 문제가 되지 않는다. 필자도 독도에 다녀온 적이 있는데, 당시 독도에 입도하기 위해 필요한 것은 '주민등록증' 하나였다. 대한민국 국민이면 누구나 독도를 방문할 수 있는 것이다.

6) 현재 독도와 동해가 처한 상황

이렇게 독도가 명백한 대한민국의 땅임에도 불구하고 세계적으로 독도가 처한 상황은 불안정하다. 독도의 영유권 문제를 명확히 하기 위해서는 동해가 처한 상황과 함께 보는 것이 중요하다. 일본은 우리의 바다인 동해를 일본해로 만들어 그 안의 독도도 자신들의 것으로 만들고자 하기 때문이다.

국제적으로 지명의 표준화 문제를 다루는 기구는 1965년에 설치된 유엔지명표준화회의UNCSGN와 1968년 설치된 유엔지명전문가회의UNGEGN, 1919년 바다 지명에 대한 문제를 다루기 위해 설치된 국제수로기구IHO 등이 있다. 이 중 국제수로기구는 전 세계적으로 바다 지명을 통일화하는 지침서로서 국제적으로 영향력이 크다. 일본은 1923년 이후 관련국과 아무런 협의도 하지

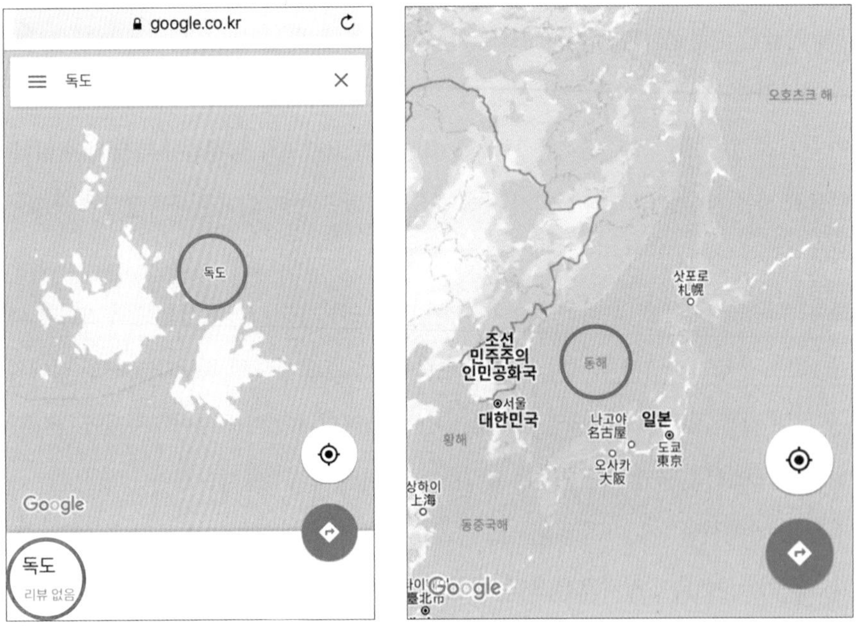

그림 3.4. 구글한국에서 검색한 독도와 동해

않은 채, 회의에 참석하여 일방적으로 동해를 '일본해'로 등록하였다. 이후 일본해가 국제적 표준이 되어 아직까지 시정되지 못하고 있다. 1994년 한국 정부가 문제를 제기했지만 동해를 사이에 두고 위치한 한국, 북한, 일본은 차이를 좁히지 못하고 있다(이기석, 2005).

물론 우리 정부도 1992년 제6차 유엔지명표준화회의에서 일본해 단독 표기의 부당성에 대해 문제를 제기한 이래, '동해'라는 이름을 찾아오기 위해 부단히 노력하고 있다. 이러한 노력에 힘입어 2000년 2.8%에 불과하던 동해와 일본해 병기 비율이 28%를 넘어섰다(심정보 외, 2011).

하지만 이러한 학계의 움직임과는 달리 인터넷상에서는 우리 바다인 동해가 사라지고 있다. 전 세계인들이 쉽게 접근해 사용할 수 있는 웹사이트인 구글(Google)의 구글한국, 구글미국, 구글일본, 구글중국과 위키피디아(Wikipedia) 등에서 동해를 어떻게 표기하고 있는지 살펴보았다. 먼저 구글한국과 구글미국에서 제공하고 있는 지도에는 동해가 정확하게 표기되어 있다. 하지만 구글한국에서조차 독도에 대한 리뷰가 전혀 없어, 구글을 이용하는 사람들이 독도에 대한 자료들을 지도상에서 얻을 수 없다(그림 3.4). 더불어 위키피디아미국, 구글일본, 구글중국은 동해를 일본해로 표기하고 있다(그림 3.5). 이는 전 세계 절반가량의 인터넷 사용자들이 동해를 일본해로 인식하게끔 하는 일이라고 볼 수 있을 것이다.

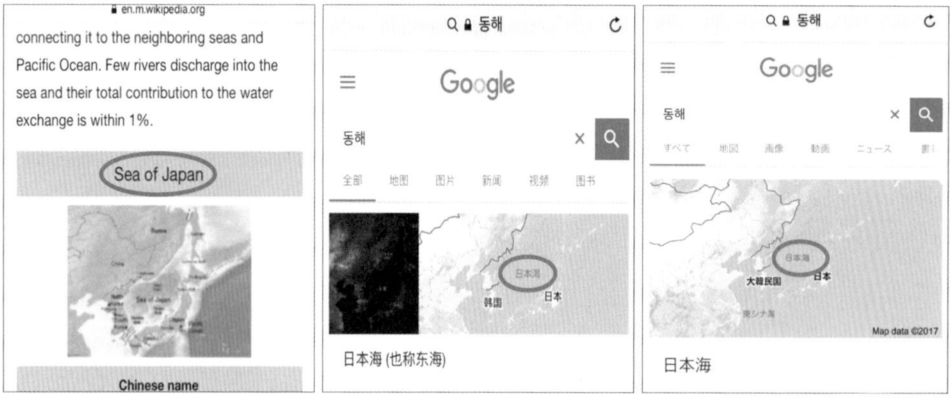

그림 3.5. 동해 검색 시 일본해로 표시되는 위키피디아미국, 구글일본, 구글중국

7) 독도와 동해는 주권 회복의 상징

독도는 일제가 빼앗아 간 우리 영토이며, 동해는 일제가 빼앗아 간 우리의 바다이다. 그러므로 독도와 동해의 이름을 지키는 일은 대한민국 주권 회복의 첫 걸음이며, 일본이 그동안 해 온 식민 지배에 대한 사과를 뒷받침할 첫 번째 행동이어야 한다. 그러나 일본은 여전히 독도를 다케시마竹島로, 동해를 일본해로 주장하며 국제사회에 영향력을 행사하고 있다.

이에 우리는 다음과 같은 노력을 기울여야 한다. 첫째, 독도와 동해의 잘못된 역사·지리를 바로잡기 위해 노력해야 한다. 둘째, 일반인들의 독도 방문을 늘려 독도가 본토로부터 역사적·문화적으로 소외받지 않도록 관리해야 하며, 이를 인접 국가들, 특히 일본에 적극적으로 알려 독도가 논란의 여지가 없는 대한민국의 영토임을 보여 주어야 한다. 셋째, 학술적인 토론이나 국제법적인 문제 등에만 관심을 쏟을 것이 아니라 일반인들이 접하는 인터넷상의 문서나 지도에서도 다케시마와 일본해가 아닌 독도와 동해로 불리게 해야 한다. 넷째, 국제사회에서 독도와 동해 문제를 해결할 수 있을 만한 외교력을 키워야 한다. 현재 우리의 외교력이 일본에 미치지 못하는 바, 주변국들과의 동맹을 공고히 하며 국방력을 강화해 나가야 한다. 다섯째, 과격한 행동을 삼가야 한다. 과격한 행동은 일본의 극우 세력을 자극해 오히려 그들을 결집시키는 역할을 할 수 있다. 그렇게 되면 국제적 영향력이 일본보다 약한 우리로서는 여론 형성에 좋을 것이 없다. 마지막으로, 독도 근해에 양식장이나 풍력 발전 시설, 연구소 등을 더욱 잘 관리하고 유지함으로써 독도를 대한민국이 실효 지배하고 있음을 강조할 필요가 있다(형기주, 2005).

이러한 노력들을 통해 일본이 식민 지배에 대한 말뿐인 사과가 아니라 실제 행동으로 옮기도록 해야 하고, 우리도 빼앗긴 영토였던 독도와 빼앗긴 명칭인 동해를 지킴으로써 잘못된 역사를 바로잡는 첫걸음으로 삼아야 할 것이다.

2. 분단이라는 이름의 흔적, '비무장지대'

1) 한반도 비무장지대의 정의 및 공간적 범위

"빌 클린턴(Bill Clinton) 대통령은 남북한을 나누는 비무장지대를 가리켜 '세상에서 가장 무서운 곳'이라고 하였다. 이는 가면 안 되는 곳이라는 의미가 아니라 냉전의 마지막 남은 현장으로서 어떻게 한국 국민을 둘로 갈라놓았는지를 더 잘 이해할 수 있는 곳이기 때문이다(Schuman, M., 2009)."

비무장지대DMZ: Demilitarized zone는 군사적 직접 충돌을 방지하기 위해 상호 일정 간격을 유지하도록 협정이나 조약에 의해 설정된 완충지대를 말한다. 비무장지대는 분쟁을 종식하거나 휴전 후 전쟁 재발을 막기 위해 설정되며, 역사적 배경이나 분쟁 양상에 따라 다양한 성격을 가진다. 현재 전 세계 12곳에 비무장지대가 존재하고,[8] 비무장지대 설정 목적과 달리 무장된 경우가 있는데, 한반도의 비무장지대는 가장 중무장된 사례로 꼽힌다(박은진 외, 2012).

한국은 동서 냉전 체제 붕괴 이후 세계에서 같은 민족이 정치적·지역적으로 분단되어 있고, 아직까지 전쟁이 끝나지 않은 지구상의 유일한 국가이다. 비무장지대는 한국 전쟁 이후 1953년 설

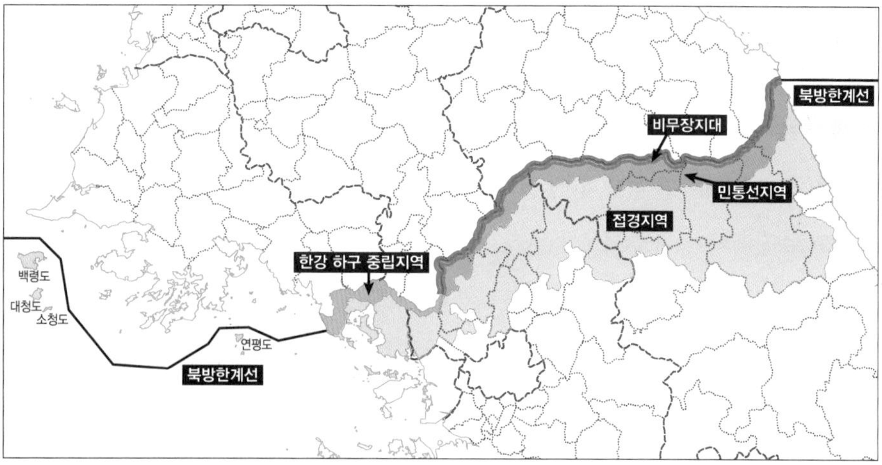

그림 3.6. 한반도 비무장지대의 공간적 범위
출처: 경기연구원(2012)

치되어 60년 넘게 일반인의 접근이 통제된 지역으로 휴전 상태를 상징하며 이데올로기의 대립을 나타내고 있는 현장이다. 남북한이 대치하고 있는 접경은 서해와 동해의 북방한계선NLL: Northern Limit Line, 한강 하구의 중립지역(남북 공용의 특수지역), 육상부의 비무장지대로 구분한다(김창환, 2007). 이 중 육상부의 비무장지대는 군사분계선에서 남북 2km 내의 비무장지대, 군사분계선에서 남측 10km 내의 민간인통제선(민통선) 지역, 민통선 지역에서 25km 이내인 접경지역으로 나눌 수 있다(그림 3.6). 비무장지대의 남측은 유엔사령부가, 북측은 사실상 북한이 관할하고 있어 엄격히 출입 통제가 이루어지는 공간이며, 민통선 지역은 허가받은 민간인의 영농 활동과 안보 관광이 허용되는 공간이다. 그리고 강화, 김포, 파주, 연천, 철원·화천, 양구, 인제, 고성 등의 접경지역은 「접경지역지원특별법」에 따라 이들 낙후 지역을 지원하기 위해 설정되었다.

2) 철원 비무장지대 일원에서 찾은 '경계 임프린트'

우리나라의 휴전선(군사분계선)은 발생학적 측면에서 '전횡적 부가경계superimposed boundary'이고, 형태적으로는 '혼성적 경계compound boundary'이며, 기능적으로는 '이념적·등압적 경계idealogical·isobaric boundary'이다. 그리고 군사분계선을 중심으로 한 남북 2km의 비무장지대는 '경계대boundary zone'에 속한다(임덕순, 1972). 한반도의 휴전선은 한국의 무시된 지위의 상징으로, 분할될 지역의 자연적·문화적·경제적·민족적 특성이나 분포가 완전히 무시되고 토착 지역주민의 복지도 전혀 고려되지 않은 채 단지 강대국의 정치에 의해 설정된 전횡적 부가경계이다. 그리고 촉박한 공방전 속에서 경제적·군사적·정치적 의미를 의도적으로 부여하기 위한 충분한 시간과 타당한 검토 없이 산, 하천, 계곡, 평지 등을 무차별적으로 횡단한 혼성적 경계이다. 또한 당시(제2차 세계대전 이후, 1950년대)의 민주–공산주의 간 표면화된 이념 대립은 각각 서울과 평양으로 집약되어, 결국 서로 다른 무형적 이념이 지표상·지도상으로 양분된 이념적 경계이자 물리적인 군사력 역시 양측으로 팽팽한 균형을 이루는 등압적 경계인 것이다.

이러한 한반도의 분단 상황은 비무장지대라는 공간을 더욱 고립화시키고 있다. 비무장지대 일원에 새겨진 경관들 중에서 흔히 볼 수 있는 높은 철책과 여러 겹의 철조망, 군사 관련 표지판, 파괴되고 방치된 기차 및 플랫폼, 무성한 잡초목 등은 '경계 임프린트imprint'[9]를 더욱 강화시키는 요소이다(Minghi, 1963). 특히 철원의 비무장지대는 경계 임프린트를 확인시켜 주는 적절한 장소로 판단된다. 필자는 제2땅굴, 철원평화전망대, 월정리역, 노동당사 등을 코스로 하는 안보 견학을 통해(그림 3.7), 분단이라는 이름의 흔적이 얼마나 강하게 비무장지대에 남아 있는지를 살펴보았다.

한반도의 분단적 상황을 가장 적나라하게 드러내 주는 곳은 아마도 땅굴이 아닐까 한다. 철원에서 가장 먼저 찾아본 제2땅굴은 1975년 3월 19일, 우리나라에서는 두 번째로 발견된 북한의 기습 남침용 땅굴이다(그림 3.8). 견고한 화강암층으로 이루어진 제2땅굴은 지하 50~160m의 지점까지 뚫려 있는 높이 2m의 아치형 터널로 총길이는 3.5km에 달한다. 한 시간에 중무장한 약 3만 명의 병력과 야포 등의 대규모 침투가 가능하도록 특수 설계된 땅굴로, 내부에는 대규모 병력

그림 3.7. 철원 비무장지대 안보 견학 코스
출처: 철원 비무장지대 관광안내도(2017)

그림 3.8. 제2땅굴 입구

이 모일 수 있는 광장이 있고 출구는 세 개로 갈라져 있다. 몇 번씩 머리를 부딪치며 허리를 구부리고 긴 땅굴을 걷다 보면 대한민국 국민으로서 안보적 경각심을 저절로 느낄 수 있다. 제2땅굴에는 안전모를 착용해야 들어갈 수 있으며, 안보상 내부의 사진 촬영은 불가하다.

두 번째로 찾은 곳은 철원평화전망대로, 모노레일을 타고 올라가 도착한 건물의 2층 전망대에서 휴전선 비무장지대를 비롯하여 평강고원, 북한선전마을, 백마고지 등을 망원경을 통해 바라볼 수 있는 곳이다. 망원경의 눈으로 바라본 북쪽의 모습은 마치 달의 뒷면을 보는 듯 가깝고도 먼 미지의 공간이었다. 한편 전망대 아래에 놓인 교회와 사찰, 그리고 사람 키만큼이나 커다란 빨간 우체통은 통일에 대한 우리의 염원을 담고 있다(그림 3.9).

세 번째로 방문한 곳은 경원선[10]의 간이역이었던 월정리역으로, 남방한계선에 최근접한 지점에 위치해 있다. '철마는 달리고 싶다'는 문구가 적힌 팻말과 함께 부서진 객차의 잔해가 무성한 잡초목과 함께 놓여 있다. 명백한 경계 임프린트 경관으로서 분단된 민족의 한을 여실히 보여 주고 있다(그림 3.10). 한편 월정리역 바로 옆에는 철원두루미관이라는 철새와 두루미 전시관이 있다. 비무장지대에 찾아오는 두루미와 독수리 등 희귀 조류를 직접 관찰할 수 있으며, 철새철이

그림 3.9. 철원평화전망대와 그 아래에 위치한 교회, 사찰, 우체통

그림 3.10. 월정리역

아닐 때에는 박제를 통해 재현된 철원평야에서 실물을 관람할 수 있다. 이렇듯 월정리역은 안보와 함께 생태자원의 보고로서 의의가 있는 공간이다.

마지막으로 방문한 노동당사는 1945년 8월 15일 광복 후 북한이 공산독재정권 강화와 주민 통제를 목적으로 건립한 것으로, 6·25전쟁 이전까지 북한 노동당 철원군 당사로 사용되던 건물이다(그림 3.11). 북한은 이 건물을 지을 때 성금이란 구실로 1개 리당 백미 200가마를 착취하였으며 인력과 장비를 강제 동원하였다. 한편 건물 내부를 작업할 때에는 비밀 유지를 위해 공산당원 외에는 동원하지 않았다ㄱ 한다. 당시 이곳은 철원읍 시가지로서 6·25전쟁 당시 다른 건물들이 모두 파괴되고 인멸되었던 곳이다. 그럼에도 불구하고 시멘트와 벽돌로 이루어진 이 3층 건물만 오롯이 남아 있는 것을 보면, 이 건물이 얼마나 견고하고 튼튼하게 지어졌는지를 짐작할 수 있다. 공산 치하 5년 동안 북한은 이곳에서 철원, 김화, 평강, 포천 일대를 관장하면서 양민 수탈과 애국 인사들을 체포·고문·학살하는 만행을 자행했으며, 한번 이곳에 끌려가면 시체가 되거나 반송장이 되어 나올 만큼 무자비한 살육이 일어났다고 한다. 또한 이 건물 뒤 방공호에서는 많은 인골과 함께 만행에 사용된 수많은 실탄과 철사도 발견되었다(철원군청 관광문화과, 2017). 이러한 연유로 철원 노동당사는 2002년 5월 27일 근대문화유산 등록문화재 제22호로 지정·관리하고 있다.

이들 특정한 장소 외에도 비무장지대 일원에서 심심치 않게 볼 수 있는 철책선, 지뢰 표시판, 38선 표석, 파괴된 기차와 방치된 기찻길 등의 경관은 남과 북 양측의 기나긴 긴장 상태를 나타내는 경계 임프린트로서, 민주–공산이라는 두 개의 아이코노그라피iconography[11]가 고착화된

그림 3.11. 노동당사 외부와 내부(실탄의 흔적)

그림 3.12. 비무장지대를 상징하는 각종 경계 임프린트 경관들

역사적 상황을 지리적 경관으로서 증거하고 있다(그림 3.12).

3) 비무장지대 일원의 경계 임프린트를 통해 살펴본 향후 발전 방향

그동안 비무장지대 일원을 중심으로 나타난 남북 간 정책의 충돌 혹은 접합 현상은 2010년 북한의 연평도 포격, 2015년 비무장지대 내 남한 지역의 북한군에 의한 목함지뢰 설치 및 폭파 등과 같은 군사적 충돌과 개성공단과 금강산 관광 등과 같은 일부 협력적인 양상으로 설명될 수 있다(황성환·남궁승필, 2017). 또한 이러한 내용들이 한반도라는 지리적 공간에서 최근 수년 동안 대외로 드러난 남북 교류 및 충돌 관련 활동의 거의 전부라고 할 수 있을 정도이니 비무장지대에 대한 논의는 북한의 대남 전략에서 자유로울 수 없다는 한계를 지닌다.

그러나 철원 비무장지대 일원에 새겨진 경계 임프린트만 보더라도 우리는 한반도의 비무장지대가 6·25전쟁을 통한 이념적 분리의 산물로서 과거 냉전 체제가 빚어 낸 불행한 역사의 유산임을 재확인할 수 있다. 동시에 전 세계가 주목하는 환경생태보존의 가치를 지닌 지역이기도 하다. 따라서 우리는 이러한 비무장지대를 더 이상 불행한 역사가 되풀이되지 않는 공간으로 만들어 가야 할 당위성이 있다. 즉, 세계에서 유일한 분단 국가의 흔적이자 상징으로 휴전이라는 멍에를

그림 3.13. 제2땅굴 앞 매점에서 판매하는 건빵과 야전 식량

가진 비무장지대의 특수성과 희귀성에 보다 집중하여, 현재뿐만 아니라 다음 세대에게도 평화의 소중함을 일깨워 줄 수 있는 안보, 생태, 역사를 아우를 수 있는 장소로 관리하고 보존해 나가야 한다.

이러한 측면에서 첫째, 한반도 비무장지대를 유네스코 세계문화유산 및 생물권보전지역, 지오파크, 세계자연유산 등으로 지정하여 세계적인 상징성과 가치를 강화하고 국내외 협력의 토대를 마련해야 한다. 등재를 통한 국제사회의 자원 가치 인식은 잠재적 무력충돌지대인 비무장지대를 평화 지역으로 만들고 지역발전을 도모하는 데 도움이 되기 때문이다. 둘째, 현재 전쟁의 상흔으로 남아 있는 월정리역이나 구 철원역 등 비무장지대 선상의 철도에 대한 복구 계획안을 수립할 필요가 있다. 왜냐하면 이들 철도는 향후 통일이 이루어진다면 유라시아 대륙 횡단철도와 연계될 가능성이 있기 때문이다. 비무장지대를 넘어 남북으로 연결된 교통망은 향후 물류 흐름과 경제활동에도 기여할 수 있기 때문에 이들 역과 철도를 과거의 기억에 머무르도록 마냥 방치해 두는 것이 아니라 남북을 아우르는 교통망의 큰 그림을 구상하여 반드시 수정안을 마련해 두어야 할 것이다. 마지막으로, 통일 이후를 대비한 비무장지대와 접경지역의 개발 및 보전 계획도 병행되어야 한다. 통일 이전의 특정 시점에서 일부 지역만 중점적으로 개발이 이루어진다면 이는 통일 이후 상당히 부담스러운 모습으로 남게 될 가능성이 높다. 그래서 항시 통일 이후를 염두에 둔 개발과 보전 계획이 이루어져야 한다. 구체적으로 자연 생태계와 안보 자산을 활용한 사업 추진, 남북 경제특구의 조성 등의 방안은 향후 국토의 균형 개발과 남북 협력에도 긍정적인 영향을 줄 수 있을 것이라 생각한다. 이제는 한반도 비무장지대 일원을 단지 건빵이나 야전 식량을 기념품으로 사 먹으며 안보를 추억하고(그림 3.13), 경제적 낙후성과 경계경화가 심해진 공간으로서만 인식하는 수준에서 벗어나야 할 때이다.

제4장 자연과의 타협을 도모하다

1. 녹차 클러스터로의 급부상, '보성'

1) FTA 시대를 맞은 농촌, 보성

세계무역기구WTO로 대변되는 세계 신무역 질서의 출범으로 국제사회는 관세 장벽이 없는 무역 자유화를 달성하기 위해 당사국 간 무역 규제를 완화하거나 철폐하는 등의 자유무역협정FTA을 체결하고 있다. 이러한 과정에서 맺은 한미 FTA는 한국과 미국 간의 상품 및 서비스 무역에 있어서 관세 철폐 등을 내용으로 하는 협정으로, 2007년 4월 2일 정부 간 협상이 타결된 지 4년 11개월 만인 2012년 3월 15일 발효되었다. 한미 FTA는 제2의 개항이라고 불릴 정도로 통상적 측면 이상의 정치·경제학적 의미를 가진다(김창현·장철순, 2007). 한미 FTA 발효에 따라 우리나라의 대미 수출 품목에 대한 관세가 즉시 철폐되고, 협정 발효 이후 10년에 걸쳐 모든 공산품에 대한 관세가 단계적으로 없어짐으로써 지역특화 산업을 육성하는 효과가 발생할 수 있고, 상품과 서비스는 물론 생산 요소의 이동이 자유로워짐으로써 질 좋은 자원과 노동력이 국경을 넘어 자유로이 이동할 수 있기 때문이다. 하지만 한미 FTA 이행에 따른 직접적인 영향으로 농림어업 부문의 가격 경쟁력 약화와 그에 따른 생산 및 고용 감소는 불가피할 것으로 전망된다. 그럼에도 불구하고 간접적이고 이차적인 효과로 오히려 농어촌 지역의 활성화를 촉진할 수 있는 계기가 될 수도 있을 것이다.

한미 FTA를 통한 시장의 개방 확대로 농촌 공간의 재구조화 과정을 겪고 있는 대표적인 지역으로 전라남도 보성을 들 수 있다. 한반도의 남단에 위치한 보성군의 면적은 663km^2로 전라남도 전체의 5.6%를 차지한다. 2017년 3월말 현재 인구는 44,259명이고, 이 중 65세 이상 인구는 15,352명으로 노령인구의 비율이 높은 지역이다. 보성군의 산업구조는 1차 산업이 64%, 2차 산업이 7%, 3차 산업이 29%를 각각 차지한다(보성군청, 2017). 지형적으로는 보성군의 중앙부를 관류하는 보성강 유역을 제외하고는 대부분이 산악과 구릉지대로 이루어져 있다.

2) 녹차 클러스터로의 급부상, 보성

서기 369년에 이미 차를 재배했다는 기록이 보성군사 등에 전해지고 있는 것으로 보아 보성군의 차 재배 역사는 1600년 이상 오래된 것으로 추정된다. 『세종실록지리지』에도 보성군은 신라시대부터 차를 재배해 왔으며, 고려시대에는 차 생산 관할 기관인 다소茶所가 설치되었다는 기록이 남아 있다(서정욱, 2006). 본격적으로 보성에 대규모 차밭이 조성된 것은 일제강점기였던 1939년 경성화학주식회사가 30ha 규모의 대규모 다원을 조성하면서부터이다. 그 후 1960년대 농특사업으로 산지 개간을 통해 대규모 다원이 조성되고, 1970년대에는 야산을 이용하여 110ha에 이르는 계단식 차밭이 조성되었다. 그러나 1980년대 이후 차 수요 감소 등으로 폐농 및 차밭 방치, 타 작물로의 전환 현상 등이 나타나고, 1990년대 중반 이후 WTO와 FTA 체제의 등장으로 녹차를 비롯한 농산품 생산을 주요 소득원으로 하고 있던 보성은 농업 경쟁력 제고와 지역경제 활성화를 위한 새로운 제도의 도입을 추진해야 하는 상황에 놓이게 되었다. 이러한 상황들이 동기가 되고, 여기에 녹차가 건강식품으로 인식되면서, 보성군에서는 녹차 수요를 활성화하고자 1996년 특수시책사업으로 '범국민 차밭 조성 10개년 계획'을 수립하여 폐원된 차밭을 복구하는 등 차밭 조성에 적극 나서게 되었다. 그 결과 현재 보성은 전국 차 재배 면적(1047ha)의 약 37%를 차지하는 전국 최대의 녹차 산지가 되었다(연합뉴스, 2016. 4. 14.).

이러한 보성의 차 재배 역사는 기후, 토양, 지형 등의 면에서 차 재배를 위한 최적의 환경을 가지고 있다는 지리적 조건을 그 배경으로 한다. 즉, 연평균 기온 12.6℃, 연 강수량 1,650㎜ 내외로 차 재배에 적합한 온난다우한 기후 조건을 가지고 있으며, 특히 3월부터 10월까지의 생육기 중에 많은 비가 내려 차의 생육에 더없이 좋은 환경이다. 또한 대부분 남향의 산비탈에 형성되어 있는 차밭은 지형 특성상 습도가 높고 주·야간의 온도 차가 크며 안개가 많아 차 재배의 적지로 평가되고 있으며, 토양도 사양토로 배수가 잘 된다.

한편 녹차는 고부가가치의 경제 작물로서 다양한 가공품 개발과 관광 상품화를 통해 지역경제에 큰 영향을 미치고 있다. 녹차의 단위 면적당 주수입 및 생산액은 다른 작물의 2~3배에 이르며, 보성군의 경우 산업 연관 효과를 감안하면 녹차 및 녹차 관련 산업의 규모는 약 3,000억 원에 이른다(전남일보, 2016. 12. 29.).

보성군의 녹차 산업은 녹차 단일 품목을 중심으로 한 산업 클러스터[1]로서, 녹차는 가공식품으로 소비되는 품목의 특성상 가공 산업과 직접 연계되어 있어 가공주도형 클러스터라고 할 수 있다(김정호 외, 2004). 녹차는 각종 기능성 물질이 함유되어 있어 다양한 상품 개발이 가능하고, 다원은 자연경관으로서의 상품성도 뛰어나므로 1·2·3차 산업을 통합한 혁신 클러스터로 발전할 가능성이 크다. 현재 보성은 대규모 다원 조성, 녹차 관련 상품 개발 지원, 녹차탕과 박물관 등 관광자원 개발, 다향제 등 축제를 통한 관광객 유치 및 문화 활동 등이 이루어지고 있다.

그중에서도 보성에서 가장 큰 다원인 (주)대한다업의 대한다원(규모 28ha)은 보성읍 봉산리에 위치한다(그림 4.1). 다원 초입에는 70여 년생 삼나무가 즐비하게 서 있으며, 이곳을 통과하면 도달하게 되는 대규모 녹차 밭은 특히 5월에 그 푸르름을 더한다. 다원 내의 기념품 매장에는 여러 종류의 녹차를 비롯해 화장품, 기름, 과자 등 다양한 종류의 녹차 관련 상품들이 진열되어 있다(그림 4.2). 재미있는 것은 다원 내의 음료수 자판기조차도 보성녹차 한 종류만 판매하고 있다는 사실이다(그림 4.3). 단적인 예이기는 하지만 이러한 점만 보더라도 지역주민들이 얼마나 녹차에 대한 자부심이 있는지, 그리고 얼마나 홍보하고자 노력하는지 알 수 있다.

보성은 이처럼 다양한 상품 개발을 통해 산업 클러스터로서의 파급이 이루어지고 있고, 관련 연구개발도 활발하여 산업 클러스터로서의 기초를 갖추어 나가고 있다. 그러나 농산업의 특성상 클러스터를 견인하는 주체 세력이 아직은 미약한 실정이다. 따라서 이제는 국내에만 국한된 것이 아니라 세계적인 브랜드로 도약해야 하는 과제가 남아 있다.[2]

다행히 보성녹차 '지리적 표시제geographical Identification'[3]가 1999년 우리나라에 공식적으로 도입된 이후 최초로 인증을 얻은 사례이다. 인증 이후 보성녹차는 제품 이미지 상승과 품질 향상이 이루어짐으로써 재배와 생산이 증가했을 뿐만 아니라 녹차 연계 관광 산업의 개발 등을 통해 지역문화 산업의 진흥에 전반적으로 긍정적인 기여를 하고 있다. 일반 사람들에게 '보성하면 녹

그림 4.1. 대한다원의 녹차 밭

그림 4.2. 다양한 녹차 관련 상품들

그림 4.3. 다원의 편의시설과 선택권이 없는 음료수 자판기

차, 녹차하면 보성'하는 등식 관계가 굳어진 것은 이를 반영한다. 최근 우리 사회에서 불고 있는 웰빙 분위기와도 맞물려 보성을 찾는 관광객이 크게 증가하는 것도 같은 이유에서 찾을 수 있다. 특히 관광이 삶의 질을 높이는 요인으로 인식되고(Dolnicar et al., 2012), 관광 목적지를 삶의 질에 대한 욕구를 반영할 수 있는 곳으로 선정하는 경향이 늘면서, 사람들은 관광을 통해 새로운 삶의 가치를 부여하려는 요구의 변화가 나타난다(Trauer, 2006). 그러한 결과는 자연과 문화를 함께 체험할 수 있는 관광으로 이어지는데, 이러한 관점에서 보성의 녹차를 소재로 한 녹차 밭, 녹차박물관, 녹차체험관, 다향제 등은 관광객에게 높은 유인 요인이 되고 있다(양성수 외, 2009).

따라서 보성의 녹차 산업을 통한 혁신 클러스터로의 성장 가능성과 관광, 문화로까지 이어지는 연계 산업의 결과는 지역특산의 국산 브랜드를 잘 육성한 사례로서, 한미 FTA 등 무역 자유화에 대비한 우리나라 통상정책 측면에서 유효한 대응책이 될 수 있는 좋은 예이다.

3) 서편제와 태백산맥의 고장

보성은 녹차를 중심으로 농업과 가공 산업(식품·제약·바이오 산업 등), 그리고 관광 산업이 일체화된 종합 산업으로서의 기반을 구축하고 있는 곳이기도 하지만 판소리 '강산제(서편제의 다른 이름)'의 발원지로서 소리의 고향이기도 하다. 즉, 보성은 판소리의 비조 박유전 선생[4]과 정응민 선생[5]을 중심으로 창제된 보성소리의 시발점이 되는 곳으로, 특히 보성군 회천면 영천리 도강마을에는 보성소리의 맥을 살펴볼 수 있는 정응민의 생가가 있다. 그 인근에는 수많은 소리꾼들이 득음을 위해 수련했던 득음폭포가 있고, 보성소리기념관과 판소리공원 등이 있어 보성소리 축제 기간에는 소리 한 자락을 들어볼 수도 있는 곳이다.

또한 보성은 문학의 장소로서 조정래의 소설 『태백산맥』(1989)의 주요 무대가 되는 곳이기도 하다. 보성군 벌교읍 '태백산맥 문학거리'에는 태백산맥 문학관을 비롯하여 중도방죽, 소화다리, 옛 금융조합, 벌교남초등학교, 청년단 건물, 벌교역, 중도벌판, 남도여관(현 보성여관) 등 태백산맥에 등장하는 주요 시설 및 건물, 거리 등이 남아 있다(그림 4.4). 특히 보성여관은 일제강점기인 1935년에 지어진 일본식 2층 목조건물로, 당시에는 5성급 호텔이었는데, 소설 『태백산맥』에서는 토벌대장 임만수와 대원들의 숙소였던 남도여관으로 소개된 장소이다. 이 여관은 2004년 등록문화재 제132호로 지정되었고, 2012년 현재 모습으로 다시 문을 열었다. 이 외에도 보성군

그림 4.4. 소설 태백산맥 문학관(상)과 보성여관(하)

벌교읍에는 민족주의자 김범우의 집, 무당 소화의 집 등이 있어 문학 기행지로서의 가능성이 있는 지역이다.

이렇게 보성에는 녹차 외에도 소리, 문학과 관련된 중요한 문화적 관광자원이 남아 있는 곳이다. 보성군 홈페이지에도 간략하게나마 소개되어 있지만, 소리와 문학 자원이 녹차라는 유명세에 가려져 있어 조금은 안타까운 마음이 들기도 한다.

4) 보성의 전망

차 재배에 적합한 보성의 지리적 조건은 보성녹차를 지리적 표시제 제1호로 등록함으로써 그 명성을 알리는 데 일조하였고, 녹차를 통한 혁신 클러스터로서의 긍정적인 발전 전망은 한미 FTA 이행에 따른 직접적인 효과로부터 어느 정도 자유로울 수 있는 농촌으로 만들 수 있었다. 이처럼 녹차가 가진 잠재력은 단순히 1차 산업에서 그치는 게 아니라 2·3차 산업에 이르기까지 하드에서 소프트한 경쟁력으로까지 나아가고 있다. 즉, '보성하면 녹차, 녹차하면 보성'이라는 지역 이미지의 형성은 혁신 클러스터로의 성장과 자연과 문화를 함께 체험할 수 있는 관광·문화로까지 이어지고 있는데, 이를 향후 소리와 문학과도 연계해 나간다면 보다 다각적으로 지역 활성화를 모색할 수 있을 것이다. 다만 보성이 거점개발방식에서 밀린 지역(경부 개발축 주변에 입지하지 못한 점)이기에 관광 거점화되기 어려운 경유형이라는 점과 보성소리의 경우 기념관이 건립되어 있지만 몇몇 터만 존재할 뿐 소리를 듣고 체험할 수 있는 기회가 제한적이라는 점, 그리고 문학거리가 상대적으로 녹차에 밀려 제대로 홍보되지 못하고 있다는 점 등은 앞으로 개선해야 할 부분으로 보인다.

보성은 국내 최대의 다원이 조성되어 있어 다향으로, 그리고 보성소리의 혼이 서린 예향으로 불리는 곳이다. 이렇게 보성은 한미 FTA 이행에 내비할 수 있는 농촌 지역으로서 녹차 클러스터를 일구어 나가고 있지만 세계화 구축을 목표로 이와 연관된 다각적인 연구개발과 홍보가 더욱 필요한 지역이기도 하다. 여기에 그치지 않고 『태백산맥』의 배경지로서 문향의 명성을 추가하기 위해 자연자원과 더불어 문학 기행지로서의 구상도 필요할 것으로 보인다.

2. 대게의 고장, '울진'과 '영덕'

1) 농어촌 지역의 장소마케팅 필요성

장소는 단순한 생활의 터전이 아니라 자유경쟁시장에서 자본의 유입을 위해 서로 경쟁하는 사회적·경제적 기회가 되고 있다. 이러한 측면에서 상대적으로 경제적 어려움을 겪고 있는 농어촌 지역은 각각의 장소가 갖는 특성과 이미지를 알리기 위해 장소마케팅 개념을 적용시켜야 할 당위성을 가지게 되었다. 장소마케팅은 장소가 상품화되고, 소비되고, 광고될 뿐만 아니라 판매되는 대상으로 간주되는 일련의 과정과 관련된 현상이다(공자원·노시학, 1999). 즉, 장소마케팅이란 장소를 관리하는 개인이나 조직에 의해 추구되는 일련의 경제적·사회적 활동으로, 지리적으로 규정된 특정한 장소의 이미지를 매력적으로 보이게 하여 기업가(투자가)와 관광객, 심지어는 지역주민에게까지 그 장소를 판촉하는 다양한 방식의 노력을 말한다(Kearns·Philo, 1993). 여기에서 특히 중요한 것은 장소의 이미지로, 장소나 도시의 이미지를 긍정적으로 부각하는 것이 장소마케팅의 초점이라 할 수 있다.

국내의 경우, 지방자치제도의 도입과 더불어 지자체가 스스로 지역의 이미지를 판촉해야 하는 상황이며, 이에 따라 각 지자체들은 점차 지역의 이미지를 재구성하고 지역경제를 활성화하기 위한 장소마케팅을 적극적으로 추진하고 있다. 예를 들어, 관광안내도나 안내 책자, 역과 같이 사람들이 많이 모이는 장소에서 포스터, 신문 광고, 도시의 로고 및 캐치프레이즈catchphrase[6]를 통해 도시의 이미지를 알리거나 인터넷 홈페이지를 활용하여 지자체를 홍보하는 경우가 그것이

그림 4.5. 울진(좌)과 영덕(우)의 대게 상징물과 로고

다. 또한 문화 시설물을 문화거리나 드라마, 영화 촬영지 등에 설치하거나 축제 및 이벤트를 개최함으로써 지역의 이미지를 개선하고 관광 수입을 올리는 데 활용하는 경우도 이에 해당한다. 우리나라의 대표적인 어촌인 경상북도 울진과 영덕의 경우는 특산품인 '대게'의 특징을 살려 상징물(조형물), 간판, 문구 등을 만들어 적극적인 장소마케팅을 펼치고 있다(그림 4.5).

2) 안동 하위지역으로서의 위치성

영남 지방은 산줄기나 하천을 경계로 하여 안동, 상주, 경주, 대구, 김해, 진주 등 6개의 하위지역으로 구분할 수 있는데, 이 중 안동 하위지역은 봉화, 예천, 영주, 의성, 군위, 영양, 청송, 영덕, 울진 등으로 이루어져 있다(손명원, 2016).[7]

특히 울진과 영덕은 안동 하위지역의 동북부 지역, 즉 주변부로서의 위치를 가지는 지역으로, 동질의 지역성regionality이 내재하는 곳이다. 주변부라는 말에서 예상할 수 있듯이 울진과 영덕은 북부 지역이 강원도에 면하고 있으며 동쪽으로는 동해에 접하고 있어 자연환경, 지리적 위치 등 여러 가지 여건상 공업 시설의 입지가 상대적으로 적은 곳이다.[8] 교통면에서도 수도권 등 국내 주요 도시로부터 도로를 통한 접근은 물론 주변 공항을 통한 항공 접근성이 여타 지역에 비해 불편한 편이다(그림 4.6).

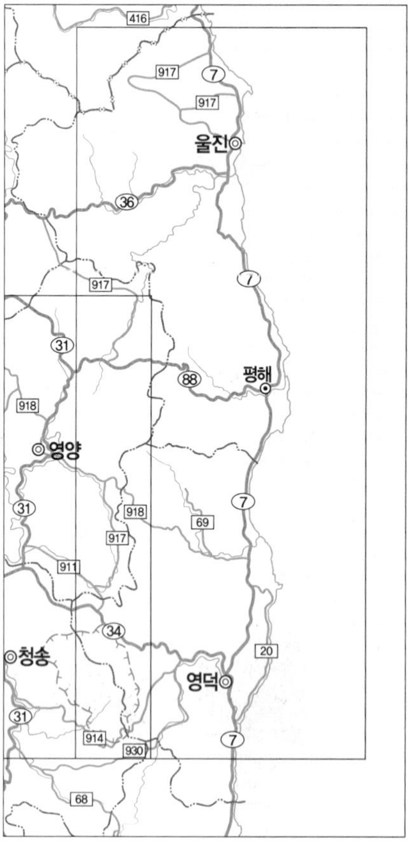

그림 4.6. 울진과 영덕의 위치

그러다보니 울진과 영덕은 각각 면적 989.06km²에 인구수 51,71명, 면적 741.05km²에 인구수 39,148명으로(행정안전부 주민등록인구통계, 2016) 정주인구가 적은 편이며, 이러한 상황은 지역주민들의 저소득으로 이어지고 있다. 또한 울진과 영덕은 내방 관광객 수의 정체 및 특정 관광지로의 편중이 나타나는 지역이다. 이러한 이유로 지역민들의 새로운 소득원을 발굴하는 것은 매우 어려운 작업이라고 볼 수 있다. 다행히 장소마케팅 활성화 전략을 통해 울진과 영덕은 '대게'라는 확고한 지역이미지를 형성할 수 있었다. 이는 향후 인구 감소 억제와 지역 관광명소에 대한 인지도 향상 및 기반시설 확충에 도움이 될 수 있는 부분이므로 울진과 영덕의 장소마케팅에 대한 지속적인 유지와 관심이 필요할 것이라 생각된다.

3) 대게의 고장, 울진과 영덕

먼저 울진군은 전국에서 가장 많은 대게 생산량과 울진대게의 우수한 품질을 자랑하는 지역으로, 울진대게 서식지와 생태 환경 보전 및 울진대게의 정통성을 바로 세우기 위해 매년 3~4월에 대게축제가 열린다. 울진군 후포항에서 펼쳐지는 이 축제는 국제 대게 심포지엄, 세계 게 전시 및 요리 경연, 떼배 노 젓기, 울진대게 줄 당기기, 어린 넙치 방류, 울진대게 잡기 등 다양한 프로그램으로 구성되어 있는데, 특히 학술 행사인 국제 대게 심포지엄은 미국, 일본, 캐나다, 러시아 등의 대게 산업 전문가, 해양바이오 및 심층수 전문가 등 산·학·연 관계자들이 대거 참여하는 심도 있는 학술대회이다. 후포항여객선터미널에서 펼쳐지는 전시 행사에는 대게, 털게, 킹크랩(왕게), 랍스터 등 활活게 전시, 대게를 활용한 가공식품, 해양바이오 제품 등의 전시가 이루어지기도 한다. 또 각국 특선 요리의 다양한 재료와 조리법을 울진대게에 적용하여 국제화된 울진

그림 4.7. 울진대게축제(상), 영덕대게축제(하)

대게 조리법을 개발·전시하기도 하고, 대게와 라면을 접목하여 새로운 음식을 시식하는 코너를 선보이기도 하며, 울진대게 무료 시식 코너를 운영함으로써 울진대게의 우수성을 널리 홍보하고 있다. 이를 통해 울진대게축제는 국제 행사로서 명성을 다졌을 뿐만 아니라 울진이 환동해 해양 관광 중심도시로서 홍보된 바 있다(그림 4.7).

울진대게와 관련된 것 외에도 울진의 금강소나무숲길과 죽변항은 특히 심신이 피로한 도시 인에게 추천하고픈 여행지이다. 울진군 서면 소광리에 입지한 금강소나무숲은 483만 평의 면적에 평균 수명 150년, 평균 높이 23m에 이르는 금강송 군락지로서, 금강송 중 오래된 것은 나이가 500년이 넘었고 가장 큰 것은 높이가 35m나 된다. 조선 숙종 때부터 소나무를 보호하기 위해 입산이 금지되었던 곳이었으나, 일제강점기와 6·25전쟁 등을 거치면서 이곳 금강송은 무자비하게 벌채되었다. 다행히 1959년부터 육종림育種林으로 지정돼 보호받고 있다(신선경, 2008). 또한 울진의 죽변항은 재래시장을 중심으로 횟감, 대게 등의 구입을 위해 찾는 곳이기도 하지만 드라마 세트장으로도 유명한 곳이다. 2004년에 방영된 SBS 드라마 〈폭풍 속으로〉의 배경지로 촬영된

그림 4.8. 울진 금강소나무숲(상좌), 죽변항(상우), 죽변항의 드라마 세트장(하)

이후 푸른 바다와 면한 가옥과 교회가 아름다운 풍경을 가지고 있어 관광객들의 소소한 발걸음이 이어지는 곳이다(그림 4.8).

이 외에도 울진군 북면 부구리에는 한울원자력발전소가 있어 원자력을 통한 득과 실의 문제를 떠올리게 한다. 원자력이 발전원으로서 매우 안정적이며 기술적으로 타 발전원에 비해 문제가 없다는 통계적 사실이 존재함에도 불구하고, 이곳에 대한 사람들의 인식이 부정적인 것은 발전원에 대한 과학적 사실과 사람들의 인식 간에 큰 차이가 있다는 사실을 보여 준다는 점에서 시사적인 장소이다(그림 4.9).

영덕은 1997~1998년에 방영된 MBC 드라마 〈그대 그리고 나〉의 무대로 잘 알려진 곳이다. 사실 이 드라마가 촬영되기 전의 영덕은 그다지 유명한 곳이 아니었다. 이 드라마에서 동해의 거친 파도에 맞선 어민들의 치열한 삶이 전개되는 지역으로 영덕군의 강구항이 소개되었는데, 시청자들은 강구항의 아름다운 풍경을 브라운관을 통해 재발견하게 되었고, 이후 이곳을 찾는 여행객들이 조금씩 늘어나기 시작하였다(유연태, 1998). 그래서인지 아직도 영덕에는 '그대 그리고 나'라는 문구가 새겨진 간판을 종종 만나볼 수 있다. 영덕군 내 50개의 하천이 하나로 모여 동해로 빠져나가는 최종 수문장 역할을 하는 강구는 서해의 포구들과 달리 사람이 만든 인공포구이다. 서로 마주보도록 해안 양쪽에서 방파제가 뻗어 나갔고 그 덕에 정치망이나 통발, 채낚기 어선들은 포근한 쉼터를 얻었다. 강구항에서 가장 눈에 많이 띄는 것은 역시 영덕대게 간판이다. 대게 상점의 거대한 군집을 보여 주는 이곳은 그래서 어디로 들어가야 할지 고민이 되면서도, 한편으로는 한가로운 어촌의 풍경을 마주할 수 있는 여유가 주어지는 곳이다(그림 4.10).

강구항에서 포항 방면으로 1.7km가량 내려가면 삼사해상공원을 지나게 된다. 숲과 해안 도로

그림 4.9. 울진 한울원자력발전소 내부

그림 4.10. 〈그대 그리고 나〉 관련 간판(상좌·상중) 강구항(상우), 어시장(하)

그림 4.11. 영덕의 삼사해상공원과 경북대종

를 낀 이 공원은 일출 장소로 유명할 뿐만 아니라 강구항 전경을 한눈에 조망할 수 있는 곳이다. 공원 정상에 들어선 경북대종은 신라 성덕대왕신종을 본떠 만든 지름 290cm, 높이 420cm, 둘레 785cm, 무게 20톤 규모의 종으로, 대금을 부는 비천상, 사과를 든 천인상 등이 새겨져 있어 매우 아름답다(그림 4.11).

4) 대게 마케팅의 향후 전망

울진과 영덕에는 앞서 언급한 것처럼 대게 외에도 다양한 특산물과 아름다운 관광지들이 있는 지역이다. 그러나 울진과 영덕은 무엇보다 '대게'라는 특산물을 통한 장소마케팅으로 지역에 대한 이미지를 재구성하고, 지역경제를 활성화하기 위해 노력 중이다. 울진과 영덕의 대게 로고와 캐치프레이즈, 그리고 대게를 형상화한 시설물 건설, 대게 축제를 활용한 장소마케팅 등은 이러한 점을 뒷받침한다. 이는 지역에 대한 주민들의 정체성과 애착심, 정주의식 등을 고양시켜 사회적 통합을 이루고, 더 나아가 타 지역의 관광력을 흡수하여 지역경제 활성화를 도모하고자 하는 데 어느 정도 영향을 주었다고 판단된다. 하지만 대게를 활용한 장소마케팅 전략이 획기적이었으나 아직 울진과 영덕은 전형적인 어촌으로, 이 지역들의 지역경제를 주도하고 있다고 판단하기에는 무리가 따른다. 또한 지역의 정체성이나 주민의 소속감에는 긍정적으로 작용하였을지는 몰라도 지역생활에 대한 기대 수준을 향상시키는 데에는 아직 그 지속력과 향상력의 측면에서 부족한 점이 있다.

결론적으로 울진과 영덕의 대게를 통한 장소마케팅은 지역이미지를 구축하는 데에서는 분명히 긍정적인 영향을 주었다고 보이지만, 앞서 소개한 지역 내 다른 장소들에 대해서는 보다 차별화되고 다각화된 마케팅 전략이 강구되어야 할 것이다.

제5장 노동자의 땀으로 일구어 내다

1. 해오름 동맹의 산업도시, '울산'과 '포항'

1) 우리나라 산업도시의 등장

제2차 세계대전 이후 지속적인 성장세를 유지해 오던 세계경제가 1970년대에 불황 국면으로 접어들면서 경공업 중심의 수출산업화 정책을 추진하던 우리나라는 산업정책의 일대 전환이 이루어지게 되었다. 세계적인 불황으로 선진국 수출이 어려워진 데다 주력 수출 산업 분야에서 후발 개발도상국과의 경쟁이 격화됨으로써 중화학공업화 정책을 추진하지 않을 수 없게 된 것이다. 이에 정부는 1973년 중화학공업화를 선언하고 철강·화학·비철금속·기계·조선·전자 등의 전략 산업을 집중적으로 육성하기로 결정하였고, 그 결과 현재 우리나라를 대표하는 산업도시들이 탄생하게 되었다. 산업도시란 "생산적 기능이 주가 되는 도시로 2차 산업이 가장 탁월하며, 도시 존립의 주된 기반이 되는 도시"를 일컫는데(장철순·이윤석, 2015, 2), 우리나라의 대표적인 산업도시인 울산과 포항은 중화학공업 육성정책이 이루어졌던 1970년대보다 앞선 1960년대에 산업화를 통한 경제성장을 목표로 수출산업정책 지원을 위해 울산석유화학단지, 포항종합제철단지가 조성됨으로써 그 기반이 마련되었다. 이들 지역을 통한 수출 증가는 우리나라 제조업의 저력을 보여 주는 동시에 확실한 성장 동력으로 작용하였다.

그러나 최근 들어 주력 산업의 성장 가도가 조금씩 불투명해짐으로써 우리나라 제조업의 향후 성장 잠재력에 대한 불확실성이 높아지고 있다. 2011~2014년 우리나라 수출이 연평균 1.04% 증가하는 데 그침으로써(서동혁, 2015), 세계시장에서의 주력 산업 점유율도 다소 약화되거나 정체되는 현상이 나타났다. 즉, 저성장·저소비·저수익성이 일반화되면서 그동안의 성장세와는 다른 시대의 도래, 한국과 일본의 환율 급변, 중국 제조업의 급성장 등은 우리 제조업의 큰 위협 요인으로 부상하였다. 반면 선진국 주요 도시는 제3의 물결로 표현되는 지식기반사회로 빠르게 전환하면서 제조업 비중을 줄이고 있다. 이에 비해 울산과 포항은 제조업 비중이 절대적이다. 이러한 상황에서 2016년 울산의 수출액은 652억 달러로 2015년 729억 달러보다 10.5% 감소하였다. 금융 위기 당시인 2009년(608억 달러)에 이어 7년 만에 600억 달러대로 추락한 것이다. 포항도 상황은 마찬가지다. 포항철강공단 근로자 수는 2012년 1만 6,300여 명에서 2016년 1만 4,789명으로 급감하였다(한국경제, 2017. 3. 23.).

이에 2016년 6월, 동해안 3개 도시로 구성된 울산·경주·포항은 '해오름 동맹'을 출범하였다(김은영, 2016). 해오름 동맹은 3개 도시가 한반도에서 해가 가장 먼저 뜨는 지역이고, 대한민국 산업화를 일으킨 산업의 해오름 지역이면서, 대한민국 경제 재도약의 해오름이 되겠다는 의미에서 지어진 이름이다. 이는 세계화 시대에 강화된 경쟁에 지역 간의 협력과 도시 광역화 등으로 대응하고자 하는 시도로서, 울산-포항 간 고속도로의 개통이라는 지리적 근접성을 바탕으로 지식과 기술의 확산과 공유가 지역 단위에서 효율적으로 이루어질 수 있음을 바탕으로 한다. 즉, 해오름 동맹은 네트워크 도시[1]로 수평적 연계를 통해 도시 전체의 발전을 이루고자 하는 광역 발전 모델로, 도시 연합체로서 재도약의 기회를 갖기 위해 산업 경쟁력을 강화시키고 상생 협력의 지속성을 마련하기 위한 시도로 볼 수 있다. 따라서 역사적·공간적으로 단일 생활권인 울산·경주·포항을 소재(포항)-부품(경주)-최종재(울산)로 이어지는 보완적 산업 생태계로 구축하고, 동시에 이 세 도시를 연계해 나감으로써 세계적인 산업·관광 도시로 도약하려는 기회로 삼고자 계획하고 있다.[2]

이러한 해오름 동맹 지역 중에서도 본 장에서는 제조업 종사자 비중이 전국 평균의 2배 이상이고, 인구 증가율 대비 제조업 고용 증가율이 2배 이상이면서, 특정 업종의 종사자 비중이 40% 이상에 해당하는 전형적인 산업도시인 '울산'과 '포항'의 모습을 다각적으로 살펴보고 지속가능한 발전 방안을 모색해 보고자 한다. 우리나라에서 산업단지를 기반으로 한 산업도시가 탄생한 지 50여 년이 지난 현 시점에서, 특정 산업으로 편중된 울산과 포항의 모습을 다각적으로 살펴본다는 것은 시의적절하고 의미 있는 작업으로 남을 수 있기 때문이다.

2) 외연적(extensive) 성장도시, 울산

2013년, 미국의 4대 도시 중 하나였고 미국 자동차 산업의 메카로 불리던 디트로이트가 막대한 부채를 견디지 못하고 파산을 신청해 전 세계를 충격에 빠뜨렸다. 디트로이트의 파산 소식을 접한 국내 언론들은 지자체의 재정 문제에 대한 관심과 더불어 기업도시 울산을 우려 섞인 눈으로 바라보았다. 당시 현대자동차 노조의 파업 문제가 자동차 도시 디트로이트의 파산 신청과 연결되면서 주목을 받았던 것이다. 실제로 산업혁명 이후 산업도시가 갖고 있는 태생적인 한계로 인해 전 세계적으로 수많은 산업도시들이 탄생과 소멸의 과정을 거쳐 왔고, 우리나라 또한 이로부터 예외일 수는 없으므로 이러한 우려는 어쩌면 당연한 결과였으리라고 생각된다. 그러한 의미에서 울산을 되돌아볼 필요가 있다.

울산은 지형적으로 보면 북서쪽과 동북쪽은 높은 산지가, 그리고 남쪽과 동남쪽은 낮은 산지와 바다가 자리 잡고 있다. 북서쪽의 산지에서 발원한 태화강은 시가지를 관통하여 흐르면서 남쪽에 삼산평야를 형성하였고, 태화강과 동해가 만나는 울산만과 그 주변에는 울산항, 장생포항, 방어진항이 위치하고 있다.

울산의 근대 산업도시로의 성장은 국가에 의해 1962년 1월 27일 울산공업지구[3]로 지정·공포되고 6월 1일 울산시로 승격되면서 시작되었고, 울산만과 장생포항 등은 울산공업지구에 속하게 되었다. 이 시점부터 울산은 사회적·문화적·역사적 의미를 갖는 구체적 장소에서 국가권력과 자본의 논리가 일반적으로 관철되는 추상적 공간으로 변화하였다(박규택, 2011). 한 장소에 대한 이미지는 한 개인이 그 장소에 대해 가지고 있는 신념, 아이디어, 인상 등의 종합이라고 할 수 있는데(Kotler et al., 1993), 이러한 측면에서 울산은 현대자동차(북구)와 현대중공업(동구) 및 석유화학단지(남구·울주군) 등으로 인해 '산업도시'라는 이미지가 강하게 자리 잡았다. 즉, 울산은 석유화학 산업, 자동차 산업, 조선 산업 등을 3대 주력 산업으로 하는 우리

그림 5.1. 공업탑

그림 5.2. 산업도시 울산의 공업단지

나라의 대표적인 외연적extensive 성장도시[4]이자 제조업 수출 중심의 중화학공업 도시로서, 높은 담장으로 둘러싸인 거대한 공장, 화물 트럭이 질주하는 도로, 주차된 자동차, 화학 공장에서 뿜어 대는 매연 등으로 상징되는 산업도시의 이미지를 지니게 되었다(그림 5.2).

특히 현대자동차의 영향력이 압도적인 울산은 노동자 도시의 전형이다. 고 정주영 현대 명예회장의 호를 딴 아산로에 입지한 현대자동차 울산공장은 소비재 생산 기업으로서 울산을 통해 주변 지역과의 경제적 연관성을 높이고자 노동자 계급에 대한 지배와 통제를 상대적으로 크게 고려하지 않는 환경에서 구축되었다(그림 5.3). 이렇게 노동자를 통한 외연적 성장은 울산을 지역총생산의 측면에서 전국 최고 수준으로 끌어올리는 데에는 일조하였으나 내생적인 혁신 능력은 부족해지는 결과로 이어졌다. 그러한 이유로 '돈 많은 머슴'으로도 비유되는 울산은(조형제, 2009), 실제 연구기관이나 연구개발 인력 비율에 있어서 전국 최하위 수준에 머물러 있다(전상인, 2011). 이러한 현대, 특히 현대자동차 공장의 '현재지향적 경향'은 울산을 당장 필요한 인력 양성에 주력하는 도시로 만들었고, 이러한 경향은 현대자동차의 혁신 부족으로 이어지고 있다. 따라서 현대자동차의 대부분이 울산공장에서 생산되고 있음에도 불구하고 울산공장은 생산량 정체, 자동차 부품 업체의 생산량 감소, 나아가 수출의 큰 폭 감소 등의 문제를 낳고 있다. 이는 현재, 현대라는 대기업 중심 구조가 낳은 울산의 문제점으로 향후 내포적 성장도시로 나아가야 하는 과제가 되었다.

앞서 피력했듯이 울산은 산업도시로서의 이미지가 강한 곳이다 보니, 울산에 공업시설 외 여러 가지 역사적·생태적 (관광) 자원이 분포하고 있음에도 이를 인식하는 사람들은 많지 않다. 울산은 산업도시로 각인되어 있지만, 역사·문화도시로서 국보 제285호로 지정되고 세계문화유산

그림 5.3. 아산로에 위치한 현대자동차 울산공장

잠정목록에 등재된 반구대 암각화盤龜臺 岩刻畫, 국보 제147호로 지정된 천전리 각석川前里刻石 등의 역사자원이 있는 곳이기도 하다. 윤대녕의 소설집『대설주의보』(2010)에 수록된 단편「풀밭 위의 점심」의 배경지이기도 한 울산 울주군 언양읍 대곡리의 반구대 암각화는 높이 3m, 너비 10m의 절벽 암반에 여러 가지 모양을 새긴 바위그림이 있는 곳이다. 바위에는 육지 동물과 물고기, 사냥 장면 등 총 200여 점의 그림이 새겨져 있는데, 이는 선사인들이 사냥 활동이 원활하게 이루어지길 기원하며, 사냥감이 풍성해지기를 바라는 마음으로 바위에 새긴 것이다. 하지만 답사자의 입장에서 대곡리로 찾아가기도 쉽지 않을 뿐더러, 찾아간다고 하더라도 반구대 암각화를 눈앞에서 가까이 관찰할 수 있는 것이 아니라 망원경을 통해 강 건너편에 있는 암각화를 찾아내야 하는 점은 아쉽다. 또한 도시와의 접근성이 상당히 떨어져 인적이 드물다보니, 조금은 겁이 날 정도이다. 가까이서 마주친 청설모와 오리는 이를 대변한다(그림 5.4 하). 그래서 대곡리는 소설 속보다도 더 은밀하고 깊숙한 외지로 느껴져 답사 내내 아찔했던 기억이 있다(반구대 암각화의 자세하고 세밀한 그림을 망원경을 통해 찾아낼 수 없다면, 반구대 암각화 주변에 마련되어 있는 휴게소 벽화나 국립경주박물관에 전시되어 있는 반구대 암각화 복사본을 살펴보기를 추천한다).

반구대 암각화와 더불어 역사·문화도시로서의 울산은 신라의 충신 박제상과 관련된 치산서원, 포은 정몽주 선생이 시를 쓴 곳으로 경주 최씨의 정자로도 유명한 집청정(현재 어린이 예절방), 울산향교 등의 문화자원을 통해서도 고즈넉한 전통미를 느낄 수 있다(그림 5.5).

또한 울산은 가지산, 신불산 등 영남알프스[5]를 중심으로 한 산악관광도시이기도 하며, 한반도에서 가장 먼저 해맞이가 가능한 간절곶 일출로 대표되는 동해안 중심의 해양도시이자 고래와 태화강으로 대표되는 생태도시이기도 하다. 특히 울산의 랜드마크인 고래는 고래박물관과 고래상을 비롯해 도시 곳곳에 설치된 고래 모양의 가로등과 고래 고기 식당들을 통해서, 그리고 고래

그림 5.4. 울산 반구대 암각화와 휴게소(상), 반구대 암각화 주변의 동물들(하)

그림 5.5. 울산향교(좌), 치산서원(우)

축제 기간 동안 설치되는 루미나리에luminarie[6]와 각종 퍼포먼스를 통해서도 쉽게 접할 수 있다(그림 5.6). 울산의 또 다른 랜드마크인 태화강은 생태도시로서의 면모를 보여 주기 위해 백로, 해오라기, 연어, 수달, 족제비, 고라니, 소금쟁이, 갈대와 억새, 대나무숲 등을 생태관광자원화함으로써 지속가능한 도시로 나아가고자 노력하고 있다. 한때 태화강은 공업단지와 댐의 건설, 인

그림 5.6. 울산 장생포 고래박물관(좌), 고래축제 루미나리에(우)

그림 5.7. 태화강 생태공원

구의 증가, 하수 방류 등으로 오염되어 산업 발전에 희생된 환경을 상징하였다. 하지만 태화강은 2004~2005년 '에코폴리스 울산선언'과 '태화강 마스터플랜'을 계기로 생명의 강으로 되살아 났고(유영준·이성각, 2016), 현재는 생태관광의 정의에 걸맞는, 즉 "환경 보전에 기여하고 지역사회에 사회경제적으로 이익을 주는 여행지"로서의 생태관광지가 되고 있다(Pearson, 2002)(그림 5.7).

어떠한 도시가 다른 도시보다 더 좋은 이미지나 차별화된 이미지를 가지고 있다는 것은 도시 간의 경쟁에 있어 유리한 입장에 있다고 할 수 있다(유영준·이성각, 2014). 그러한 측면에서 울

그림 5.8. 울산의 일상경관에 녹아든 현대의 파워

그림 5.9. 울산 강동의 검은색 몽돌해변

산은 이미 확보한 산업도시로서의 이미지를 통해 도시 경쟁력에서 우위를 선점하고 있을 뿐만 아니라 다양한 자원을 지니고 있어 보다 차별화된 문화 전략을 모색할 수 있는 지역이다.

물론 울산은 특정 산업, 그리고 현대라는 대기업의 집중도와 파워가 상당히 높은 지역이며, 이들 주력 산업에 대한 지역경제 의존도 역시 매우 높은 지역이다. 울산의 일상이 현대백화점을 주축으로 현대 로고가 찍힌 아파트들로 채워져 있다는 것은 이를 증명한다(그림 5.8). 울산의 이러한 산업구조는 대내외 경기 상황의 변동에 따라 지역경제가 민감하게 반응하는 등 구조적 취약성을 내포하고 있어 지역의 지속적인 성장과 발전을 저해할 가능성이 높다.

이러한 상황을 인식한 해당 기업은 물론 지자체, 관련 기관 등 지역의 경제 주체들을 중심으로 기존 주력 산업의 고부가가치화를 통한 경쟁력 강화에 노력을 기울이고 있고, 산업 간 균형 발전을 위한 서비스 산업 육성을 위해, 본 장에서 제시한 바와 같이 문화 관광 차원의 방안들도 고려되고 있다. 또한 해오름 동맹과 같이 지역 차원의 협력적 네트워크 구축을 위한 다양한 논의가 이루어지고 있어 울산의 발전 전망은 그리 비관할 만한 일은 아니라고 판단된다. 마지막으로 울산을 빠져나오면서 마주한 강동 해안은 (동해에서 흔히 볼 수 있는 백사장이 아닌) 검은색 몽돌로 이루어진 해변으로 특색이 있는 곳이었다(그림 5.9). 강동 역시 2017년 개통된 강동권 동해안로(산하천~신명IC)의 향상된 접근성과 함께 기존의 산업도시 이미지와 차별화될 수 있는 해양도시적 요소로서 또 하나의 아름다운 생태관광자원이 될 수 있으리라 기대한다.

3) 내포적(intensional) 성장도시, 포항

포항은 우리나라의 대표적인 산업도시이기는 하지만 울산과는 달리 전형적인 노동자 도시가 아니라 자본집약적 내지 기술집약적 중산층도시 혹은 엘리트도시로서의 의미가 강한 지역이다. 또한, '포항하면 포스코, 포스코하면 포항'을 떠올릴 정도로, 포항에서 포항제철(현 포스코)의 영향력은 상당하다(그림 5.10). 하지만 철강 산업은 내수 중심의 소비재 산업이 아니기 때문에 울산과는 달리 주변 도시와의 경제적 연관성이 적은 편으로, 포항은 포항공과대학교(이하 포항공대)를 중심으로 기초과학에 바탕을 둔 미래형 첨단 인재를 양성하는 데 초점을 두고 있다. 이러한 의미에서 현대가 있는 울산이 현재지향적인 외연적 성장도시라면, 포스코가 있는 포항은 미래지향적인 내포적 성장도시[7]라고 할 수 있다.

포항은 본래 조선시대 원산항과 동래항을 오가는 선박들의 중간 기항지로 동해안 교역의 거점 역할을 담당하였다. 일제강점기에는 일본인이 대거 유입되면서 어항으로 두각을 나타냈고, 그 뒤로 1949년 포항시로 승격하는 등 꾸준히 발전해 온 도시였으나 1960년대까지 인구가 7만 명에도 못 미치는 소규모 항구였고, 포항의 이미지는 동해남부선의 종착역, 울릉도행 여객선의 출발지,

그림 5.10. 포스코의 파워, 포항

또는 해병대 도시에 불과하였다(포항지역사회연구소, 2003; 포항로타리클럽, 1983). 그러다가 1967년 정부가 포항을 포항제철의 부지로 선정하면서 포항은 항구도시, 군사도시에서 세계적 규모의 제철도시로 탈바꿈하였고, 울산과 더불어 명실상부한 산업도시로서의 면모를 다졌다. 현재 포스코는 포항시 면적의 1/4을 차지하고, 지방세 납부액이 포항시 재정의 1/3에 달하며, 포항 인구의 절반가량이 포스코 경제활동에 직접 관련될 정도로 포항시에서 막강한 영향력을 발휘하고 있다. 즉, 포항은 포스코라는 특정 대기업이 지배하는 기업도시라고 할 수 있다(장세훈, 2010).

일반적으로 대기업과 연관 기업들이 모여 있는 산업도시나 기업도시는 울산의 경우처럼 자본의 집중과 함께 노동의 집중으로 노동자 중심 도시의 특징을 가진다. 하지만 포항은 영남 지역의 보수주의적 정치 성향, 강력한 국가권력을 등에 업은 포스코의 철저한 노동 통제, 풍요로운 기업 복지에 기반을 둔 노동자들의 개인주의적 성향 등으로 노동자의 조직적 결속을 봉쇄해 왔다. 1980년대 말에야 진보 성향의 노동조합이 결성되었으나 곧 해체된 뒤 현재는 이름뿐인 어용 노조가 자리하고 있다. 따라서 포항은 노동자의 비중은 높지만, 울산과는 달리 노동자의 계급적 정체성이 불투명하고 노동자의 집단적 요구가 조직적으로 표출되지 못하고 있다는 점에서 노동자 도시라고 말하기는 어렵다. 이렇듯 포항은 노동자 중심의 전형적인 산업도시가 아니며, 또 그렇게 만들 의사나 의지도 없었다는 점에서 포스코는 포항을 정치적으로 통제하거나 지배하는 데 적극적이지 않았다. 즉, 포스코는 스스로 국가 산업의 중추, 국민기업이라는 자부심이 강해 포항시를 포스코의 배후지로 삼지 않았다. 물론 포항제철을 따라 외지 엘리트층이 대거 유입되었고 그들이 포항의 새로운 지배 엘리트로 등장하여 포스코가 포항을 실질적으로 지배한 것은 부인할 수 없으나, 포스코 출신 신흥 외지 엘리트는 지역사회에 대체로 무관심했고 토착 엘리트는 외지 엘리트를 배제함으로써 이들은 지역정치에 직접 개입하는 대신 간접적 혹은 우회적으로 관여하는 수준에 머물렀다. 포항이 내포적인 도시이기는 하나 외생적 기업도시exogenous company city라고도 부를 수 있는 것은 이러한 상황을 염두한 것이다.

이러한 경향은 결국 형산강을 경계로 하여 포스코를 중심으로 한 공업단지와 포항 구시가지가 구분되고, 포스코가 입지한 형산강 이남은 이른바 강남으로, 형산강 이북은 강북으로 회자되는 결과를 초래하였다. 포항 시내에 위치한 포스코 주택단지는 최근까지 일반 주민의 입주가 금지될 정도로 포스코와 포항 주민은 사회·공간적으로 단절되었다.[8] 이러한 점에서 포항은 포스코와 비非포스코로 철저히 나뉘는 빗장도시gated city 혹은 분단도시divided city[9]로서의 성격이 강하게 나타나게 되었다. 아직까지도 포스코의 주택단지는 한국의 비버리힐스beverly hills라고 불릴 정도로 전원도시garden city로서의 이미지를 갖고 있는데, 잘 가꾸어진 숲과 산책로, 호수, 카페, 식당 등은 이를 증명한다(그림 5.11). 이 단지는 사원의 후생 복지를 무엇보다 중요한 회사 방침으로 여기고 숲 속의 사원 주택단지와 제철소의 녹화를 꿈꾸었던 당시 고 박태준 명예회장의 가치가 반영된 곳이다. 이렇게 세계 최고 수준의 전원도시를 지향하는 일은 교육·연구 명품도시를 만드는 것으로 이어졌는데, 이것의 상징으로 1986년 국내 최초의 연구중심대학 포항공대가 개교했으며 1987년 산업과학기술연구소(현 포항산업과학기술원)가 설립되었다(그림 5.12). 이들 대학과 연구소는 대학의 지방화와 과학기술 연구의 분산화로 국가 전체의 대학 교육 개혁 및

그림 5.11. 포항의 강남, 포스코 주택단지

그림 5.12. 포항공대
출처: 포항공과대학교 홈페이지

그림 5.13. 갈매기와 어우러진 포항 호미곶의 「상생의 손」

발전에 기여한 측면이 있다. 또한 이들 대학과 연구소가 가진 영향력이 적지 않다고 할 때 포항을 내포적 성장도시라고 볼 수 있는 또 다른 이유가 될 것이다.

하지만 자본이 그어 놓은 분단선으로 '포스코인 대 포항인'이라는 구분은 향후 포항이 풀어 나가야 할 숙제로 남는다. 다시 말해 노동자 계급의 정치적 불만을 무마하고 재벌에 대한 사회적 비판을 잠재우기 위해 자본가 계급의 이데올로기적 실천이 활발해진 현 시점에서, 포항 역시 포스코인과 포항 지역주민이 통합할 수 있는 협력적 기업도시로서의 방안을 고민해야 할 때이다. 호미곶虎尾串의 작품 「상생의 손」(1999)[10]이 의미하듯, 이제는 포스코의 저력을 바탕으로 포항의 지역적 통합을 달성해야 할 때가 아닐까 조심스레 생각해 본다(그림 5.13).

4) 해오름 동맹으로 맺어진 울산과 포항이 나아가야 할 방향

현대자동차와 포스코라는 기업을 통해, 산업도시인 울산과 포항은 정부가 주도한 산업화 정책을 구체화하는 과정에서 하나의 전략적 요새로 추진되었고, 결국 세계가 놀랄 만한 성공을 이룬 대단위 산업 특성화 지역이 되었다. 하지만 우리나라 제조업 경쟁력을 전망해 보면 현재의 경쟁력 수준은 유지되거나 약화될 것으로 보인다. 사실상 거의 모든 산업에서 중국이 최대 경쟁국으로 부상할 것으로 예상되는 가운데, 한국 제조업의 차별적인 경쟁력 향상과 지방화 전략이 수반되지 못한다면 중국의 성장에 밀려 세계시장에서의 입지 축소는 불가피해질 것이다.

이러한 의미에서 울산과 포항을 지속가능한 도시로 만들어 가기 위한 방안으로 산업도시적 측면뿐만이 아니라 문화적·역사적·생태적·교육적 측면 등의 내재된 자원들을 살펴봄으로써 이들 도시만의 다각화된 특성을 비교·분석해 보았다. 물론 조선·철강·석유화학·자동차 등 한국

경제의 주축을 이루고 있는 산업도시로서의 역사성과 특징을 간과하지 않고 말이다. 즉, 이들 도시에 대한 새로운 혁신의 시도로서 산업 경제와 문화적인 경계를 이어 나감으로써 해오름 동맹을 통해 더욱 공고해질 두 도시의 특징을 되짚어 보았다. 향후 각 도시가 갖는 잠재력을 바탕으로 한 특화 산업과 역사·문화 부문과의 연계, 산업단지 재생 및 구조 고도화 사업과의 연계, 그리고 지자체 중심의 체계적 추진과 중앙정부의 효과적 지원, 교육과 민간 기업의 역할 제고 등 민·관·산·학이 연계된 협력적 기업도시로의 연합 등이 뒷받침된다면, 산업도시로서의 이미지가 굳어진 울산과 포항이 새로운 도시 이미지를 만들어 가며 지속적으로 발전해 나갈 수 있는 '상생'의 도시로 남을 수 있을 것이다.

2. 정부정책에 따른 지역의 변화, '태백'과 '정선'

1) 정부정책의 변화: 탄광에서 관광으로

석탄 산업은 1970년대 1·2차 세계 석유 파동이 발생함에 따라 의외의 호기를 맞이하였다. 즉, 에너지 위기를 극복하기 위해 정부는 석탄 생산 극대화와 비축량 확대 등을 통해 석탄 수급 안정을 위한 다각적인 정책을 추구하였고, 이는 1980년대 중반까지 석탄 산업의 성장을 이끄는 중요한 원인으로 작용하였다. 그러나 1980년대 후반 석탄 산업은 급속한 침체를 맞으며 한계 업종으로 사양화의 길을 걷게 되었다. 결국 적정 생산과 구조 조정을 통한 석탄 산업의 건전 육성이라는 명목하에 정부는 1989년 '석탄산업합리화정책'[11]을 추진하였고, 그 결과 많은 폐광이 발생하였다. 폐광으로 지역경제가 침체되고 공동체가 해체될 위기에 처하자 정부의 석탄산업합리화정책과 맞선 폐광촌 주민들은 최초의 시민주식회사(태백 하이랜드) 설립과 핵폐기물 처리장 유치 운동, 폐광지역 개발 지원 특별법 제정 운동, 내국인 출입 카지노 설립 운동 등을 추진하며 다른 어느 지역도 경험해 보지 못한 역사적인 실험의 장으로서 강원도 남부 탄광지역의 경제를 활성화하려는 노력을 진행하였다. 결국 지역주민들은 '고한·사북 지역 살리기 운동 공동추진위원회'를 시작으로 정부와의 투쟁과 협상 끝에 1995년 3월 3일 '폐광지역 개발 촉진 특별법'의 제정 약속을 포함한 이른바 3·3 합의를 이끌어 냈고, 같은 해 12월 「폐광지역 개발 지원에 관한 특별법(이하 폐특법)」[12]이 제정됨으로써 마침내 결실을 보게 되었다.

이렇듯 천신만고의 과정을 거쳐 제정된 「폐특법」, 그리고 '탄광에서 관광으로!'라는 외침은 당장이라도 강원 남부 폐광지역이 변화할 것 같은 착각에 빠지게 하였다. 하지만 「폐특법」 제정 후(「폐특법」 시효가 두 차례나 연장되어) 20여 년이 지난 지금도 폐광지역 주민들은 여전히 실망과 좌절을 겪고 있다. 실제로 「폐특법」 실시 후 1997년부터 2014년까지 폐광지역 개발 사업에 2조 4,000억 원가량의 공공 자원이 투입됐으나 같은 기간 태백·삼척·영월·정선 인구는 18만 1,000명에서 14만 3,000명으로 감소한 것은 이러한 현실을 반영한다(경향신문, 2017. 3. 28.).

2) 강원도 폐광지역에 대한 논의: 「폐특법」과 강원랜드

「폐특법」 제2호 1항에 따르면, '폐광지역'이란, "탄광이 있거나 있었던 지역과 그 인접 지역으로서 폐광되거나 석탄 산업이 감축됨에 따라 지역경제가 현저하게 위축되어 있는 지역"이다. 이와 같은 법적 규정에 토대를 둔 세부 기준에 따라 강원도 태백시, 삼척시, 영월군, 정선군, 경상북도 문경시, 충청남도 보령시, 전라남도 화순군 등 7개 시·군 지역이 폐광지역으로 지정되어 지원을 받게 되었다. 이에 근거해 강원도 폐광지역이란, 위에 언급된 전국 7개 폐광지역 중에서 태백시, 삼척시, 영월군, 정선군의 4개 시·군 지역이다. 특히 「폐특법」의 결실로 만들어진 강원랜드가 위치한 정선군과 인근 지역인 태백시는 강원도 남부 폐광지역에서도 가장 활발한 논의가 이루어지는 지역이라고 볼 수 있다.

그렇다면 「폐특법」과 강원랜드를 강원도 폐광지역 논의의 중심에 두는 이유는 무엇일까? 첫째, 「폐특법」은 석탄 산업의 사양화로 인해 낙후된 폐광지역의 경제를 진흥시켜 지역 간의 균형 있는 발전과 주민의 생활 향상을 도모함을 목적으로 제정된 법으로, 정부의 주체적 의지에 의해 탄생한 것이라기보다는 지역주민운동의 성과물이기 때문이다. 앞서 언급했듯이 폐광지역의 경제 진흥을 위한 재정적 지원의 법적 근거는 지역주민들의 운동사적 배경을 갖고 오늘에 이른 것으로 볼 수 있다. 따라서 「폐특법」이 폐광지역의 현재와 미래에 결정적인 영향을 미치는 토대가 될 수 있기 때문에 이에 대한 논의는 중요한 부분이 될 수 있다.

둘째, 강원랜드는 「폐특법」에 근거한 주요 재정을 지원하는 사업에 있어서 국비와 더불어 적지 않은 역할을 하고 있어, 강원도 폐광지역의 경제나 지역의 미래에 큰 영향을 미칠 수 있기 때문에 논의의 중심에 둘 수 있다. 실제로 "문화체육관광부 장관은 폐광지역 중 경제 사정이 특히 열악한 지역으로서 대통령령으로 정하는 지역의 한곳에만 카지노업의 허가를 할 수 있다."라는 「폐특법」 제11조 1항에 근거해 1998년 6월 주식회사 강원랜드가 설립되었고, 2000년에는 스몰카지노가 개장되었으며, 이어 2003년 메인카지노가 개장되어 오늘에 이르고 있다. 강원랜드 카지노는 국내에서 영업 중인 17개의 카지노 중에서 내국인의 출입이 유일하게 허용된 카지노로서 독점적 지위를 확보하고 있고, 그 수익을 토대로 폐광지역 개발의 중심에 서 있다(강원랜드, 2017). 즉, 「폐특법」이 제정됨으로써 중앙정부의 국비 지원과 강원랜드의 수익 투자가 강원도 폐광지역의 회생을 위한 주요 사업의 재정적 원천의 역할을 하고 있는 것이다(표 5.1). 나아가 강원

표 5.1. 강원도 폐광지역 대상의 주요 재정 지원 사업별 실적 금액 규모

(단위: 백만 원)

		탄광지역 개발사업	폐광지역개발 기금사업	폐광지역진흥 지구개발사업	대체산업창업 지원융자사업
강원도	태백시	251,697	70,830	131,565	24473
	정선군	207,402	70,779	177,017	33,070
	삼척시	134,890	64,888	67,162	12,416
	영월군	25,631	63,093	53,184	16,094
	도분	–	64,154	–	–
소계		619,620	333,744	428,928	86,053
지원 합계 금액의 합산 기간		2001~2009	2001~2009	1997~2005	1996~2009
비고		*사업 기간: 2001~2010 * 재원: 국비 100%	*사업 기간: 2001~2015 * 재원: 강원랜드	*사업 기간: 1997~2005 * 재원: 국비 80%, 지방비 20%	*사업 기간: 1996~2015 * 재원: 국비 100%

출처: 김원동, 2010, 139.

랜드의 수익 규모는 폐광기금의 몫을 결정하는 토대가 되고 있으며, 지방세 납부를 통해 지방재정에 기여하는 재원의 역할을 하고 있다. 강원랜드가 '하이원리조트'라는 브랜드를 표방하며 종합리조트로 성장하기 위해 호텔, 골프장, 스키장, 콘도 등의 제반 사업을 추진하고 있지만 수익구조면에서 카지노가 갖는 위상이 단연 높기 때문에, 카지노는 강원랜드의 기둥이다. 강원랜드가 카지노에서 발생한 막대한 영업이익을 「폐특법」에 근거한 배분을 통해 폐광지역의 경제와 지자체의 재정 확충에 일조해 왔다는 사실은 이를 입증한다. 따라서 강원도 폐광지역의 과거와 현재, 그리고 미래를 이야기하는 담론에서 「폐특법」과 강원랜드를 논의의 축으로 삼는 이유가 여기에 있다.

3) 강원도 폐광지역의 과거와 현재

카지노 사업의 유치는 일단 지역경제의 활성화라는 측면에서는 긍정적인 효과를 이끌어 냈다. 카지노가 위치한 정선군의 고한읍, 사북읍과 인근 태백시에 이르는 지역은 건설 사업 활성화, 지역주민의 고용 증가, 각종 부대 사업에 대한 지역주민의 참여, 직원의 유입 등을 통해 경제 활성화가 이루어졌다. 그러나 강원도 폐광지역의 인구 추이를 보면, 정선군과 태백시를 포함해 인

구 감소세가 두드러진다. 1989년 석탄산업합리화정책 이후 폐광에 따른 광산 근로자의 급감으로 폐광지역 인구는 1990년 343,284명에서 2000년 238,380명으로 약 30.6% 감소하였고, 2000년 카지노 개장 이후에도 인구 감소 추세는 계속되고 있다. 지역별로 보면, 석탄산업합리화정책 이후 인구 감소가 가장 큰 지역은 정선군(42.71%), 태백시(36.44%), 영월군(25.01%), 삼척시(18.19%) 순이며, 2000년 카지노 개장 이후 10년간 감소율은 정선군(18.23%), 영월군(16.03%), 삼척시(11.76%), 태백시(10.77%) 순으로 나타난다(표 5.2). 이처럼 폐광지역의 인구 감소가 지속되는 것은 이들 지역의 정주 여건 악화가 가장 큰 이유일 것이다. 또한 카지노 산업이 과거 석탄산업에 비해 고용 창출 효과가 크지 않고, 카지노 산업 외의 대체 산업 유치가 부진한 가운데, 수도권과 비수도권 간의 불균형 발전으로 그동안 촌락 인구의 감소가 이루어진 경향에도 기인한다고 볼 수 있다.

단정하기는 어렵지만, 강원도 폐광지역은 전반적으로 석탄가루와 같은 어두운 지역이미지와 주민들의 아쉬움과 체념, 미래에 대한 불안감 등이 함께 뒤섞이며 짙게 드리워져 있다.

표 5.2. 강원도 폐광지역의 카지노 입지 전후 인구 추이

(단위: 명, %)

구분		연도	폐광지역				
			태백시	삼척시	정선군	영월군	소계
인구수		**'90**	**89,770**	**100,544**	**88,382**	**64,588**	**343,284**
		'93	71,905	95,751	72,900	56,478	289,034
		'95	84,877	90,043	61,121	53,405	289,446
		'97	60,483	86,103	54,691	50,529	251,806
		'00	**57,057**	**822,55**	**50,631**	**48,437**	**238,380**
		'03	54,043	75,941	46,362	44,134	220,480
		'05	52,164	73,434	44,402	41,783	212,233
		'07	51,691	71,256	42,048	40,595	205,596
		'10	50,913	72,584	41,399	40,674	205,570
증감율	카지노 입지 전	**'90-'00**	**−36.44**	**−18.19**	**−42.71**	**−25.01**	**−30.56**
		'90-'95	−5.45	−10.44	−30.84	−17.31	−15.68
		'95-'00	−32.78	−8.65	−17.16	−9.30	−17.64
	카지노 입지 후	**'00-'10**	**−10.77**	**−11.76**	**−18.23**	**−16.03**	**−13.76**
		'00-'05	−8.44	−12.01	−14.03	−15.93	−12.32
		'05-'10	−3.23	−1.16	−6.76	−2.65	−3.14

출처: 강원통계정보

4) 태백에 가라앉은 검은 먼지

태백은 일제강점기였던 1935년 장성동에 삼척개발주식회사가 설립되고 이곳에서 석탄 채굴이 시작되면서 인구가 급격히 증가하였다. 1950년대에 석탄 개발이 활기를 띠기 시작했고 1960년대 경제개발계획의 시행으로 정부가 석탄생산진흥정책을 펼침에 따라 1970년대에는 우리나라 최초의 산업철도 태백선이 준공되며 점차 발전해 나갔다. 당시 태백은 전쟁으로 인해 취약해진 농업 기반과 낮은 농산물 가격 등으로 인한 탄광에의 관심, 그리고 백미와 현금을 통한 급여 지급 등의 이유로 열악한 근무 조건에도 불구하고 태백 탄광지역은 많은 노동자들이 모이는 곳이었다. 우리나라 석탄 산업을 이끌던 태백은 '개도 만 원짜리를 물고 다닌다'고 할 정도로 호황을 누리던 희망의 땅이기도 하였다(유우익, 2004). 그러나 석탄산업합리화정책이 시행되고, 여기에 가정용 연탄의 수요 감소, 심부 채굴深部採掘과 임금 상승에 따른 석탄 산업의 여건 악화 등으로 인해 폐광이 증가하기 시작하였고 실직자가 양산되었다. 이는 관련 산업의 사양화와 종사자 수의 감소 등으로 이어져 태백 인구의 지속적인 감소를 유발하고 있다. 국내 최초의 내국인 출입 카지노가 인근의 정선군에 문을 열었어도 여전히 태백시는 어두운 지역 이미지에서 벗어나지 못하고 있다. 아직도 태백의 곳곳에서는 여기저기 파헤쳐진 땅이 시커먼 폐석으로 뒤덮여 있거나 붉은 폐광 폐수가 흐르는 모습을 쉽게 찾아볼 수 있다. 또한 폐·공가와 노후한 주택, 공사가 중단된 아파트, 정비되지 못한 도로, 접근성의 비용이성 등은 태백의 지역 이미지를 더욱 어둡게 하는 요소가 되고 있으며, 이 지역에 대한 투자나 개발을 꺼리게 하는 요소로 작용하고 있다(그림 5.14).

그렇다고 해서 태백이 탄광을 벗어던질 필요는 없다. 「폐특법」의 첫 결실로 이루어진 정선군 카지노 개장은 탄광의 폐광과 이로 인한 경제 침체를 극복하기 위함으로, 지역재생[13]의 차원에서 이루어진 것이지만, 반드시 짚고 넘어가야 할 것은 바로 석탄 산업이 여전히 태백과 정선을 지탱하는 경제적 토대이며 폐광지역의 관광 개발을 가능하게 하는 뒷받침이라는 점이다. 따라서 태백은 이러한 지역재생 활동 중에서 탄광지역이라는 특색이 지닐 수 있는 문화적 콘텐츠를 바탕으로 지역을 재생하는 문화적 도시재생cultural urban regeneration을 이룰 필요가 있다. 이러한 의미에서 태백에 가라앉은 검은 탄광의 먼지를 기억할 필요가 있다. 아직도 태백은 우리나라에서 가장 큰 규모로 운용되고 있는 광업소가 있는 곳이고, 한때 추운 겨울을 따뜻하게 날 수 있게

그림 5.14. 낙후된 태백의 어두운 지역이미지

해 주던 연탄의 향수가 도시 곳곳 가득 서려 있는 탄광촌의 흔적이 남아 있는 곳이기 때문이다.

태백산의 한 자락인 태백시 소도동에는 태백석탄박물관이 위치해 있다. 이곳은 한국 석탄 산업의 변천사와 석탄의 역사적 사실들을 한데 모아 놓은 세계 최대의 석탄 전문 박물관으로, 채탄부터 이용까지의 전 과정을 짜임새 있게 전시하고 있다(그림 5.15). 광부들의 빈한한 생활상을 재현해 놓은 공간, 엘리베이터를 타고 내려가 지하 1,000m의 막장을 실감나게 체험할 수 있는 공간 등은 이 박물관의 특색이다(그림 5.16). 특히 막장 체험관은 순간의 굉음과 불빛 등으로 바닥이 흔들리는 특수 효과를 이용해 갱이 무너지는 상황을 연출함으로써 힘든 노동과 위험성을 간접 체험하도록 해 준다.

태백석탄박물관을 통해 산업 역군의 주역으로 활약해 온 광산 근로자들의 업적을 되새기고 석탄에 대한 폭넓은 이해와 석탄의 역사성을 공부했다면, 태백의 탄광지역인 상동과 장성동에서

그림 5.15. 태백시 마스코트와 태백석탄박물관 외부

그림 5.16. 태백석탄박물관 내부 전시관과 막장 체험관

그 모습을 살펴보는 것도 큰 의미가 될 수 있을 것이다. 상동은 폐광촌이지만 아직도 탄광지역의 특색이 남아 있는 곳이다. 2차 산업의 특징이라고 볼 수 있는 대량 생산의 획일적 풍경은 붉은색 벽돌로 이루어진 다세대 주택의 건축 형태로 남아 있고, 산업 지역이 갖는 남성중심적 특성은 이발소와 체육공원으로, 그리고 탄광지역이 갖는 특성은 정육점으로 남아 있다(그림 5.17). 굽이치는 산골 도로에 인접한 작은 동네이지만 이러한 공간적 분포는 탄광지역에서의 광부(아버지, 남성)의 역할을 되새기게 하고, 탄광지역에서의 돼지고기의 역할을 떠올리게 한다. 즉, 가족경제의 중심이 남성이기 때문에 미용실이 아닌 이발소와 체육공원의 공간적 필요성은 어쩌면 당연한 귀결이었는지도 모른다. 또한 돼지고기는 미세먼지와 중금속 및 오염 물질 배출에 도움이 되기에 탄광에서 일하는 광부들이 즐겨 먹었다. 또한 소고기보다 저렴하므로 넉넉치 않은 삶을 영위하는 광부들에게 보다 적절한 음식이었으리라. 이러한 이유로 실제 돼지고기 위주로 운영되는 이 지역의 정육점은 현재까지도 중요한 상점의 역할을 한다.

그림 5.17. 태백시 상동의 풍경. 주택, 이발소, 정육점

그림 5.18. 태백시 장성동의 풍경(상), 장성광업소와 태백중앙병원(하)

상동과는 달리, 현재 운용되는 광산 중 가장 큰 규모를 가진 대한석탄공사 장성광업소는 이름처럼 장성동에 있다. 장성동은 아직도 연탄을 때는 곳이 많아 환기구에서 연기가 피어오르고, 문 앞에는 연탄재 수거함이 놓여 있다. 검은 석탄가루가 앉아 있는 담장 위에는 깨진 병조각들이 철조망을 대신하고 있고, 좁은 골목길 바닥 사이사이에도 석탄가루가 까맣게 선을 그어 놓고 있다. 장성동의 빨랫줄에 걸린 옷들은 주로 검은색인데, 석탄가루가 날리는 주변 환경 때문에 하얀색 옷을 거의 입지 않는다는 주민의 말이 이해가 되었다. 또한 국내에서 가장 오래된 산재전문종합병원인 태백중앙병원(1936년 개원)도 이곳에 입지해 있다. 이 병원은 작은 시골마을과는 어울리지 않게 제법 큰 규모를 지니고 있는데, 이것만 보더라도 적잖은 주민들이 진폐증으로 시달려 왔

고, 또 여전히 시달리고 있다는 것을 쉽게 짐작할 수 있다. 이렇게 장성동은 그때 그 시절에 멈추어 있다(그림 5.18).

태백석탄박물관과 상동 및 장성동에서 볼 수 있듯이 태백에서 석탄의 의미는 하나의 중요한 지역문화로서 태백 탄전지역의 생명줄일 뿐만 아니라 우리나라 에너지 산업의 생명줄이며 여전히 지역주민들이 삶을 이어가는 공간이기도 하다. 이러한 측면에서 다소 역설적이기는 하지만 석탄의 의미가 서린 태백시는 문화적 도시재생 차원에서 제대로 보존되어야 한다.

한편 태백은 백두대간의 중추이자 태백산맥의 모산인 태백산이 소재하는 곳이며, 한반도 이남의 젖줄인 한강의 발원지 검룡소儉龍沼와 낙동강의 발원지 황지黃池가 있는 지역이기도 하다. 한반도 최대의 유역을 부양하는 검룡소는 태백시 창죽동 금대봉에 있다. 둘레 20m의 깊이를 알 수 없는 석회암반을 뚫고 올라오는 지하수가 곧바로 20m의 폭포를 이루며, 주위의 암반에는 이끼가 푸르게 자라고 있어 신비한 모습을 하고 있다. 오랜 세월 흐른 물줄기 때문에 암반이 구불구불하게 파여서 그곳을 흐르는 물이 흡사 용이 용트림을 하는 것 같은 형상을 하고 있으며, 검룡이 살고 있다 하여 검룡소라 불리는 이 샘은 하루 2,000톤 이상의 물을 내뿜고 있다. 또한 태백시 황지동에 있는 황지는 하늘의 못이라는 뜻의 천황天潢이라고 불리기도 하지만, 또 다른 전설에 따

그림 5.19. 태백의 검룡소(상), 황지(하)

르면 황씨 성을 가진 부자가 살던 집터로 돈에 인색하기 짝이 없던 황 부자가 하늘의 노여움을 받아 뇌성벽력을 맞아 집터가 꺼지면서 큰 연못으로 변했다는 설도 있다. 이러한 황지는 남한에서 가장 긴 물줄기 525km, 1,300리의 낙동강이 시작되는 곳으로, 가뭄에도 하루 약 5,000톤의 물이 솟아나고 있으며, 수온 역시 15℃ 정도로 변함없이 유지되고 있어 새벽이나 겨울철이면 피어오르는 물안개로 찾는 사람들에게 영험한 기운과 신비감을 안겨 주는 곳으로 알려져 있다(그림 5.19).

평생 다섯 번은 가야 하는 곳이 태백이라고 한다. 태백을 정선 카지노와 관련한 폐광지역의 어두운 이미지로만 떠올리고 있는데, 다른 한편으로 산, 석탄, 물줄기의 원천이 되는 문화적 재생이 가능한 지역으로 바라보는 관점도 필요하다. 탄광 노동자의 경건한 땀과 자연의 정기와 신비한 생명력이 서린 지역인 태백은 결코 검은 먼지로만 장악되지 않았기 때문이다.

5) 정선의 카지노 열풍

강원도 탄광지역에서 흔히 볼 수 있는 폐·공가, 낡은 주택, 공사가 중단된 아파트, 부서진 울타리와 무너진 도로 등의 경관에 익숙해질 즈음, 갑자기 새로운 세상이 나타난다. 바로 정선의 강원랜드 카지노이다. 탄광에서 흔히 볼 수 있는 경관과는 동떨어진, 마법의 성과 같은 외관은 초입부터 자본의 내음을 강하게 느낄 수 있다(그림 5.20). 필자에게는 평일 낮에 도착했음에도 불구하고 주차장에 차들이 빼곡히 차 있어 한참을 돌고 돌았던 기억, 그리고 강원랜드 곳곳에 누워 있던 노숙자들을 심심치 않게 볼 수 있었던 충격적인 기억이 있는 곳이기도 하다.

정선 강원랜드 카지노 개장은 낙후 지역 개발의 절실함을 느끼고 있던 중앙정부와 지자체, 새로운 삶의 기반을 필요로 했던 지역주민, 카지노라는 국내 초유의 개발 수단에 관심을 가졌던 계획가와 학자, 그리고 외국에서나 경험할 수 있었던 카지노를 즐기고자 하는 사람들에게 하나의 큰 사건으로 다가왔다(주성재, 2000). 강원랜드 카지노는 개발의 주체로 공공 부문이 직접 참여하는 형태로 이루어져 중앙정부의 통제를 벗어나기 어려운 구조로 형성되었다. 이에 반해 지역주민들이 개발 과정이나 운영에 참여할 수 있는 기회는 매우 제한적이었기 때문에 카지노 주변에는 아직도 토지 수용을 합의하지 못한 가구들이 있어 묘한 경관상의 대조를 보여 주기도 한다.

강원랜드 카지노 개장 후, 전 국민적 관심과 카지노의 흡인력은 관광객 유치라는 목적에 있어

그림 5.20. 주변 지역과 대조되는 정선군 강원랜드 카지노

서 어느 정도 성과를 거두었다고 할 수 있다. 현재 강원랜드 정규직의 약 절반이 강원도 폐광지역 출신자로 충원되었고, 그중에서도 정선과 태백 출신이 가장 많다고 하니 고용 창출면에서는 어느 정도 기여했다는 평가를 받고 있기도 하다. 문제는 이와 같은 엄청난 화폐의 흐름이 과연 얼마나 이곳에 정착하고 있는가 하는 점이다. 강원랜드가 폐광지역 개발기금, 지방세 납부 등을 통해 강원도 폐광지역 지자체의 재정에 기여해 온 것은 사실이나 이들 몫이 지방정부에게 돌아간 몫보다 국세와 관광기금의 형태로 중앙정부가 가져간 몫이 훨씬 많기 때문에 강원랜드의 설립 취지처럼 온전히 폐광지역에 재투자된다고만은 볼 수 없다. 말하자면 중앙정부가 국세와 관광진흥기금의 명목으로 강원랜드로부터 납부받은 금액이 폐광지역에 실제 투자한 액수보다 더 많다는 것이다(김원동, 2010). 결국 중앙정부는 강원도에 카지노를 허용해 주고, 그곳에서 조달된 세수와 기금으로 강원도뿐만 아니라 전국의 다른 폐광지역에까지 지원을 하고 추가 자원까지 확보했다는 이야기이다. 이러한 관점에서 본다면, 정부가 강원도 폐광지역에 재정 지원의 법적·제도적

근거를 마련한 것은 사실이지만, 새로운 재원을 대대적으로 투입해 정선과 태백 등 폐광지역의 회생과 출구를 모색했다고는 볼 수 없을 것이다. 이는 결국 강원랜드의 설립과 매출 등에 따른 혜택이 폐광지역 지자체의 재원 확충을 매개로 지역사회에 좀 더 많이 투입될 수 있는 구조를 애초에 만들지 못했다는 비판으로 이어진다.

또한 강원랜드가 폐광으로 직장을 잃은 광부와 그 가족들에게 일자리를 제공한 측면도 있지만 이들이 가산을 탕진하는 계기가 된 측면도 있다는 지적도 무시할 수 없다. 숙박시설, 찜질방, PC방, 남성 전용 휴게실, 유흥업소, 전당포 등 카지노와 연관된 시설들은 정선군의 기형적인 주거환경을 만들어 냈고(그림 5.21), 건전한 게임 문화가 정착되지 못한 환경에서의 카지노 개설은 지역주민의 사행심 증가, 재산 탕진, 도박 중독, 가정 파탄, 범죄 증가, 청소년 도박, 아동 방치 등으로 이어지고 있다. "생존을 위해 카지노를 유치했지만, 카지노가 더 이상 희망이 아니다."라는 주장이 정선 지역사회에서 나오고 있는 것이다(이인혜, 2005).

카지노의 합법화는 도박에의 접근성gambling availability으로 이어지기 때문에 이에 대한 결과는 도박 중독자 수의 급증으로 나타난다(Goodman, 1995). 즉, 해당 지역에 거주하는 주민이 도박 중독 피해를 직접적으로 받는다는 것이다. 이러한 카지노 합법화의 과정은 시설에 대한 주민의

그림 5.21. 정선군 강원랜드의 도박중독센터(상), 강원랜드의 주변 상점 경관(하)

근접성access 기회를 유도하고, 또한 일반인들의 접근 역시 보다 쉽게 이루어지도록 함으로써 도박을 할 기회를 증가시키는 등의 부정적인 영향을 낳는다. 이러한 의미에서, 비록 강원랜드가 정선 주민들이 도박에 중독되지 않도록 한 달에 한 번만 이용할 수 있도록 하는 안전장치를 해 놓았다고 할지라도, 다른 지역에 살면서 카지노에 관심이 없는 사람보다 접근성이 좋다는 측면에서 이미 정선 카지노의 도박 중독 문제는 이슈로 부각되고 있다. 또한 소위 '카지노 앵벌이'라고 부르는 노숙자들이 양산되어 노숙촌을 형성하고 있고, 상당수의 주민들이 주민등록상의 주소만 변경한 채 카지노장을 합법적으로 출입하고 있다는 사실도 지역주민들의 도박 중독에 대한 사회적인 우려를 커지게 하는 부분이다.

6) 강원도 폐광지역의 미래: 태백·정선의 카지노가 남긴 과제

태백·정선을 포함한 강원도 남부 탄광지역은 지난 100년간 국가 산업 발전에 기초적인 에너지를 공급하였지만 국가의 석탄산업합리화정책으로 지금은 폐광지역으로 쇠퇴하고 있다. 막대한 재원으로 「폐특법」과 같은 다양한 지원이 있어 왔고, 지역재생의 차원에서 강원랜드 카지노가 개장한 지 15년이 지났음에도 불구하고, 여전히 강원도 폐광지역 주민들은 카지노 입지에 따른 개발과 효과에 대해서는 그다지 긍정적이지 않다(이옥동 외, 2015).

과연 누구를 위한 개발인가? 개발을 주도한 중앙정부나 지자체의 성취감을 위한 개발인가? 도박을 사랑하는 사람들을 위한 개발인가? 정작 이 개발의 애초의 목적, 생존 극복의 문제가 주가 되는 이 지역의 주민들은 격리된 느낌이 든다. 그러므로 카지노 개발이 지역경제에 기여할 수 있도록 다양하면서도 실제적이고 구체적인 방안을 고안하고 실천해 나가야 한다.

태백과 정선을 잇는 강원도 남부 탄광지역의 적절한 활용과 규모 있는 개발, 그리고 관광객의 이용 편의를 도모하는 중심지 기능의 제공이 도시 재정비 차원에서 필요하다. 또한 훼손된 환경의 복원과 더 이상 환경이 파괴되지 않도록 하는 문제가 남아 있다. 폐광지역은 아직도 석탄가루와 녹슨 탄광 철길에서 나온 철분, 그리고 석회석이 육수, 침출수로 하천에 흘러들어 비정상적인 하천 빛깔을 만들어 내고 있어 하천 환경의 복원, 폐사택 철거와 복원, 주변 산림과 조화된 카지노 리조트 개발 등도 이 지역이 환경적으로 풀어 나가야 할 과제이다.

또한 강원랜드 카지노 개발을 통한 지역개발이 주민의 피부로 와닿는 효과를 거두기 위해서는 관광객들이 카지노 외의 주변 시설에 대한 지출을 확대하고 카지노 사업자의 물자 및 서비스 구매나 종사자의 지출이 지역에서 많이 이루어질 수 있도록 유도하는 총체적인 노력이 필요하리라 본다. 하지만 아쉽게도 아직까지는 강원랜드 자체에만 관광이 집중되고 있을 뿐 주변 지역에 미치는 파급력은 미미해 보인다. 오직 도박이라는 목적만을 위해 방문한 사람들은 주변 지역의 관광에 대해서는 관심을 갖지 않으며, 인근 지역의 식당을 찾을 수는 있겠으나 숙박을 하고 시설을 활용할 가능성은 매우 낮아 보인다. 한편 카지노 주변 지역의 식당, 숙박업체, 기타 사업체가 카지노 이용객을 적극적으로 받아들이기에는 아직 미비한 점이 많다. 카지노의 입지는 정선군 고한읍이지만 지역구조나 생활권으로 보면 오히려 태백시에 가까운데, 이들 지역에는 관광 관련 사업체의 수가 절대적으로 부족할 뿐만 아니라 아직 관광객을 지속적으로 끌어들일 만한 질적 수준을 유지하기에는 어려운 것으로 보인다. 전당포, 24시간 찜질방, PC방들만 줄줄이 들어선 경관이 이를 대변한다. 또한 지역주민들은 막연히 무언가 달라질 것이라는 기대만 했을 뿐, 카지노 개발로 발생할 지역변화에 대응하여 새로운 사업을 구상한다거나 카지노 사업에 투입되기 위한 필요조건을 갖추려는 노력을 지역주민 차원에서 발견하기가 어려웠다.

여기에 현재 카지노가 지역에 미치는 폐해를 최소화하기 위해서라도 지역주민의 카지노 출입 제한과 규제를 위한 법적 근거, 그리고 주민 확인의 현실적 방안도 차츰 고려되어야 할 것이다. 즉, 카지노 앵벌이라는 신조어의 탄생, 비합법적인 금전 거래에 따른 치안 문제, 도박 중독으로 발생하는 가정경제의 파탄 문제, 지역주민들이 느끼는 도박에의 유혹 등 도박 열기로 인한 사회적 부작용에 대한 대처도 필요할 것이다.

따라서 태백과 정선을 비롯한 강원도 폐광지역은 탄광을 버리고 카지노 관광에만 전력을 쏟아서는 안 된다. 문화적 도시재생의 수준에서 탄광의 역사와 문화, 그리고 강원도만이 가질 수 있는 자연적 특성을 간직하되 향후 이것들을 기반으로 한 관광의 방향으로 추진되어야 할 것이다. 이들 지역의 새로운 역사가 다시금 형성되길 바라마지 않는다.

제6장 최첨단을 달리다

1. 3차에서 4차 산업혁명의 공간으로, 강남 '테헤란밸리'

1) 테헤란밸리(테헤란로)의 형성 과정

테헤란로의 형성은 강남의 발전 역사와 관련이 깊다. 우리나라는 1963년 서울시 행정구역이 확장됨에 따라 강남 개발의 필요성이 대두되었고, 이에 따라 1970년대 도시계획을 통해 본격적인 강남 개발이 착수되면서 도로 및 지하철이 추가되었다. 1980년대 후반에는 격자 형태로 발전하게 되는데, 이는 도로를 중심으로 발전시킨 결과이다. 우선적으로 기존의 도심인 강북에서 다리가 건설됨과 동시에 서울 행정구역이 확장되면서 도로가 건설되고, 여기에 경부고속도로를 중심으로 토지구획이 이루어지면서 도로가 형성되었다. 그리고 그 도로를 중심으로 주거시설이 개발되는 과정을 거치며 발전하였다.

1969년, 제3한강교와 경부고속도로의 개통으로 당시 정부가 강남구 일대에 폭 50m의 간선도로망을 여러 개 건설하는데, 테헤란로는 이러한 간선도로망 중 일부분이었다. 테헤란로라는 현재의 명칭이 부여되기 전인 1972년에는 '삼릉로'라고 불렸으나 1977년 이란과 친교를 맺으면서 '테헤란로'로 개명되었다(그림 6.1).[1]

테헤란밸리의 형성 과정은 이렇다. 1984년 정부의 첨단산업육성정책이 강조되면서 테헤란로 일대가 중심상업지역 및 업무지역으로 지정되고, 이곳에 첨단 분야 기업들이 모여들기 시작하였다. 1988년에는 무역센터가 건립되면서 무역 관련 업체들이 모여들었고, 1990년대 초반부터는 금융기관과 고층 건물이 테헤란로 주변에 밀집하기 시작하면서 금융의 메카로도 불렸다. 그러나 1997년 외환 위기를 맞으면서 많은 벤처 기업들이 주로 강남역 사거리에서 삼성교에 이르는 테헤란로 주변에 모이게 되었고, 이곳에 정보 기술IT: Information Technologies 관련 업종과 약 100여 개의 정보통신 기업이 입주하면서 한국의 실리콘밸리라는 의미로 테헤란밸리로 부르기 시작하였다(박삼옥, 2012).

테헤란밸리에 대한 공간적 규정은 학자들마다 다소 차이가 있다. 광의로 '양재·포이밸리'를 포함하여 서울시 강남구와 서초구 일대를 일컫기도 하지만, 협의로는 지하철 2호선 서초역-교대역-강남역-역삼역-선릉역-삼성역에 이르는 테헤란로 주변을 의미한다(황주성, 2002). 일반적으로 후자의 의미로 쓰인다. 테헤란로는 길이 약 4km, 너비 50m, 왕복 10차선의 서울시 강남구에 위치한 도로로, 삼성동·역삼동·대치동 등 3개 동에 인접해 있다(그림 6.2). 이곳은 소프트웨어와 인터넷 비즈니스 등 IT 산업을 기반으로 한 3차 산업 중심의 오피스와 사업체가 모여 산업

그림 6.1. 대한민국 서울시의 테헤란로(상), 이란 테헤란시의 서울로(하)

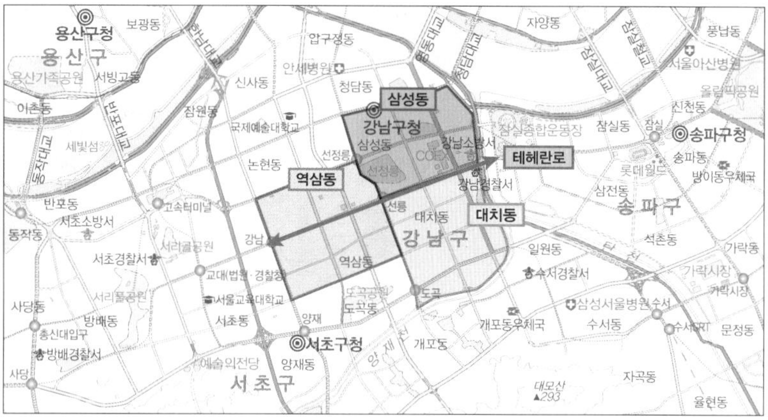

그림 6.2. 테헤란로의 위치

지구적 특성을 나타내고 있다.

2) 테헤란밸리의 현황

그림 6.3. 테헤란밸리 전경

현재 테헤란밸리는 포스코, GS, 아시아 시멘트, 한국타이어, 한독약품 등의 대기업들과 현대모비스, 구글코리아, 오라클, 옥션, 지오넷 등 정보통신업체 및 인터넷 전문 업체들이 입지하고 있다(그림 6.3). 그 외에도 중소 규모의 벤처 기업들이 밀집되어 있는 곳이기도 하다.

테헤란밸리에 이와 같이 대기업과 첨단기업, 그리고 벤처 기업이 집중하는 것은 이 지역의 금융 서비스와 기업지원 서비스 기능이 국내 다른 지역보다 우수하기 때문이다. 즉, 이 지역은 벤처집적시설·창업보육센터·오피스 건물 등 물리적 지원 시설

그림 6.4. 비즈니스 지원서비스, 자금공급서비스, 기업지원서비스, 연구기관 등이 입지된 경관

이 풍부하고, 창업투자회사 등 벤처캐피탈이 집중되어 있어 금융 서비스 기능도 우수하다. 또한 법률, 회계, 광고, 경영컨설팅, 마케팅 등의 기업지원 서비스 기능도 집중되어 있을 뿐만 아니라 관련 연구기관들도 다수 분포해 있어 연구 기능도 갖추고 있다(그림 6.4). 이러한 지원 서비스 기능을 바탕으로, 테헤란밸리에 입지한 기업들은 공동 협력을 통해 사업 아이디어나 암묵적 지식의 교류와 창출을 이루어 큰 성장을 거두었다. 하지만 현재는 기존에 입주했던 IT 기업들이 낮은 임대료를 찾아 구로디지털단지, 여의도, 판교, 분당 등으로 이동하고 있는 추세이다. 이러한 상황에서 현재 테헤란밸리에 대한 새로운 모색이 필요한 시점이다.

3) 테헤란밸리의 공간적 문제점

테헤란밸리는 강남의 수퍼블록 도시계획으로 만들어진 지역이다. 계획적으로 만들어진 도시가 갖는 근본적인 문제점은 테헤란밸리에도 마찬가지로 적용될 수 있다. 즉, 테헤란밸리의 지구단위계획은 일률적인 용도와 개발 지침으로 구시대적 도시계획에 의존하고 있다는 지적을 받는다. 또한 전형적인 선형적 개발로 인해 야간 공동화 현상과 테헤란로변의 교통량 집중으로 교통체증이 심한 지역이 되고 있다. 여기에 벤처 기업 구조 조정 및 신규 오피스 수용 등의 이유로 강남의 벤처 기업들이 타 지역으로 이전하면서, 현재 테헤란밸리에서는 '기업의 탈테헤란밸리 현상'이 나타나고 있다. 이는 지금 테헤란밸리가 겪고 있는 가장 큰 문제이자 첫 번째 문제라고 할 수 있겠다.

두 번째 문제로 '테헤란밸리의 노후화'를 들 수 있다. 테헤란로 일대의 오피스 개발은 1987년에서 1997년 사이가 가장 호황이었다. 이후 30년이 지난 테헤란로는 2000년 이후 가용지 고갈로 인한 신규 오피스 공급이 부족한 상황인 데다 기존 오피스의 노후화에 따른 업무시설의 경쟁력이 약화되면서 테헤란밸리는 더 이상 참신하지 않은 지역이 되고 있다.

세 번째 문제로는 '유흥시설의 집중'을 들 수 있다. 테헤란로 대로변을 따라 유흥시설들이 높은 밀도를 나타내고 있음을 볼 수 있다(그림 6.5). 특히 주점이나 숙박시설이 집중되어 있는데, 이들 식음과 위락에 편중된 서비스는 직장인들을 대상으로 수익을 올릴 수는 있지만 직장인 이외의 사람들에게는 다양한 문화나 여가로 이어질 수 없는 공간이다. 그러다 보니 테헤란밸리의 이미지는 두 가지이다. 먼저 벤처 기업과 대기업의 산실 혹은 강남의 신흥 경제로서의 이미지가 바로 그것이다. 반대로 역삼역 모텔거리와 강남역 유흥가 등으로 대변되듯 강남의 대표적인 유흥시설 집적지로서의 이미지도 동반되고 있다.

네 번째로는 '공원, 휴식 공간 등 공공 공간의 부족' 문제를 들 수 있다. 테헤란밸리에는 직장인들의 스트레스 해소 공간이 집중 분포하는 반면, 일반 시민들이 이용할 수 있는 휴게시설 및 공원은 부족하다. 몇몇 공원이 존재하지만 산발적으로 위치해 있고, 테헤란밸리 블록의 크기에 비해

그림 6.5. 테헤란밸리의 유흥주점과 숙박시설 분포도
출처: 이현석(2016)에서 재구성

소규모이며, 또한 공원이 테헤란로 이면에 위치하여 접근성이 떨어진다. 실제로 테헤란밸리를 답사했을 때 대형 빌딩 위주로 구성된 천편일률적인 빌딩 경관만 줄기차게 볼 수 있었으며, 잠시 쉬려고 해도 작은 공원과 같은 적당한 휴식 공간이 없어 결국 테헤란로를 쉼 없이 걸으며 사진만 찍었던 기억이 있다. 더욱이 테헤란로가 갖는 계획도시적 특성은 도로에 출입구를 적게 만들도록 설계되다 보니 보행자의 입장에서는 다양한 것을 체험을 하기 어려운 공간이었다. 반대로 테헤란로는 차량 이동을 위해서는 효율적인 공간이었다.

마지막으로, 테헤란밸리는 '다양성 부재'의 문제가 있다. 앞서 언급했듯이 테헤란밸리는 업무시설이 집중되어 있다 보니 천편일률적인 빌딩 경관이 줄지어 서 있을 뿐이다. 그 외 문화 콘텐츠 등의 정체성은 미흡한 지역이다. 예를 들면, 삼성동에는 선릉이나 봉은사 등의 관광지가 존재하나 관광자원으로서의 활용도와 접근성이 떨어질 뿐만 아니라 주변 시설과의 연계성도 부족하다. 결국 일반 보행자들이 걷고, 머물며, 즐길 수 있는 공간은 아니라는 것이다.

결론적으로 테헤란밸리는 볼거리, 즐길거리가 별로 없다. 무미건조한 가로 경관의 형태로 웅장하고 멋진 오피스와 사업체가 모인 산업지구일 뿐이다. 각각의 건물들은 기업의 이름이 적힌 간판들로 위용을 자랑하지만 하나의 국제업무지구로서의 이미지를 대표하는 랜드마크는 부재하다. 서울에서 강남 이미지는 하이엔드high-end 고급 주거지의 대명사이고, 강남의 테헤란밸리는 하이엔드 고급 기업의 대명사이기는 하지만 기업의 탈테헤란로 현상, 점점 노후화되어 가는 테헤란로, 직장인 위주의 과도한 유흥시설 밀집, 공공 공간 및 휴식 공간의 부재, 그리고 다양성 부재의 문제는 향후 테헤란밸리가 풀어야 할 숙제로 보인다. 이러한 상황에서 테헤란밸리는 기존의 IT 산업을 기반으로 한 3차 산업 중심의 공간에서 더 나아가 새로이 맞이할 4차 산업 중심의 신산업 공간으로 재창출될 수 있도록 해야 한다.

4) IT에 기반한 3차에서 4차 산업혁명 공간으로의 모색, 테헤란밸리

이러한 많은 문제점에도 불구하고, 테헤란밸리는 최근 4차 산업혁명[2] 시대가 도래하면서 새로운 가능성을 가진 지역으로 주목받고 있다. 그렇다면 4차 산업혁명이란 무엇을 의미하는가? 4차 산업혁명은 인공지능과 3D 프린팅, 신경 기술, 퀀텀 컴퓨팅, 유전자 편집 등 미래 기술에 기초하는 산업 생태계의 변화를 총칭하는 개념이다(장철순, 2017). 1차 산업혁명은 기계화였으며, 2차 산업혁명은 대량 생산 체제, 3차 산업혁명은 IT를 이용한 자동화 체제를 의미하며, 4차 산업혁명은 디지털 혁명으로서 산업 간의 융합으로 창조된 새로운 결과물을 주된 특징으로 한다(구철모, 2016). 즉, 4차 산업은 특정한 '산업'으로 분류할 수 있는 현상이 아니라 업종 간의 경계를 희석하며 융합과 혁신을 촉매로 하는 변화의 기술transformative technology로 이해할 수 있다. 과거에는 사업체들이 '무엇을 생산하는지'를 기준으로 경계를 구분했지만, 새로운 기술 패러다임에서는 '어떻게 생산하는지'에 기초하여 분류하고 있다는 것이다. 이러한 측면에서 맥그래스McGrath는 "4차 산업혁명 시대의 사업체들은 산업industry이 아니라 영역arena의 범주에서 경쟁할 것"이라고 주장한다(McGrath, 2013).

이러한 4차 산업은 '생산 공정의 압축, 토지 가격의 비중 감소, 다품종 소량 생산 방식의 가속화, 소비자와의 근접성' 등으로 이어지며, 소비자가 많은 대도시로의 산업 공간 이동metropolitan reindustrialization을 촉진할 것으로 예상된다. 즉, 도심 지역의 빌딩 공간에 소규모로 입지하는 맞춤형 공장이 새로운 제조업의 형태로 등장할 것으로 전망한다.

최근의 산업 입지 연구에서는 미래 기술의 고도화가 기업의 입지 제약을 완전히 해소하지 못하며, 오히려 고도화된 물리적·인적 인프라를 중심으로 한 산업 입지의 재구조화를 야기한다고 주장한다(Audirac, 2002; Buliung, 2011; Sohn, 2004). 이에 따라 향후 산업 입지는 사이버 물리 시스템 인프라가 투자된 지역을 중심으로 재편되리라고 본다. 그러한 측면에서 테헤란밸리는 유력한 후보이다. 또한 대규모로 생산되는 데이터를 의미 있게 분석하여 미래 기술에 효과적으로 적용하기 위해서는 사업체의 높은 흡수 역량absorptive capacity이 요청되므로 4차 산업혁명 시대의 신산업은 인재와 지식이 집적되어 있는 곳, 다시 말해 고숙련 노동자가 밀집한 도심부에서 산업 입지 수요가 증가할 것으로 예상되는데, 역시 이 부분에서도 테헤란밸리는 타 지역에 비해 경쟁력이 있다. 이미 테헤란밸리는 IT에 기반한 글로벌 업무가 주를 이루는 풍부한 인재가 몰려 있기 때문이다. 따라서 4차 산업혁명을 통해 테헤란밸리가 그 목적을 수행할 수 있는 지역으로 변화한다면, 이 공간의 네트워크 경제가 확대되어 사용자와 근로자가 대면하지 않고 합의된 업무를 네트워크를 통해 수행하는 단기간 프로젝트형 일자리를 증가시킬 수 있을 것이고, 또 근로자가 자율적으로 통제할 수 있는 근무 환경을 선호하는 등의 변화가 바로 테헤란밸리에서 나타날 수 있으리라고 본다.

더욱이 테헤란밸리는 앞으로 삼성역 한전부지 개발, 제2롯데월드, 코엑스, 세텍 등과의 연계를 통해 주변 지역과의 시너지 형성에도 큰 기여를 할 것으로 예상되는 바, 이곳은 4차 산업혁명을 통한 고숙련 노동자의 공급지로서 시장 변화의 견인차 역할을 할 것이다.

아직은 해결해야 할 숙제들이 많지만, 탈테헤란밸리 현상을 방지하고, 점차 노후화되는 테헤란밸리를 막기 위해서라도, 그리고 무미건조한 경관 속에서 일과 술에 취한 직장인들의 공간이 보다 활기차고 다양성 있는 문화 공간으로 변화하기 위해서라도, 테헤란밸리는 다가올 새 시기에 부응해야 한다. IT 및 벤처 기업, 대기업의 상생과 더불어 여기에 4차 산업혁명을 통한 신산업 공간으로서의 역량을 테헤란밸리에 기대해 본다.

2. 우주 산업의 실현 가능성 모색, 고흥 '나로 우주센터'

1) 나로 우주센터가 건립되기까지

전라남도의 남쪽 끝에 위치한 고흥군은 고흥반도와 유인도 38개, 무인도 122개로 이루어져 있다. 전형적인 농어촌 지역으로, 전반적으로 지역경제가 침체되어 있다. 고흥군의 재정자립도는 5.7%로 전국적으로 하위권에 머무르고 있으며, 이는 전라남도 평균 17.4%에도 크게 미치지 못하는 수준일 뿐만 아니라, 전라남도 군 평균인 8.0%에도 이르지 못하고 있다(행정안전부, 2014). 또한 1차 산업 위주의 취약한 산업구조로 인해, 인구의 급속한 감소와 고령화 현상이 심한 지역이다.[3] 그런데 이러한 고흥에 우주센터의 입지가 결정되었다.

국책 사업으로 진행된 국내의 우주센터 입지 선정은 다음과 같은 조건을 충족시키는 지역이어야 하였다. 첫째, 지역경제적 특성으로, 지역균형발전에 부합할 수 있는 지역이어야 한다. 둘째, 우주센터 자체가 필요로 하는 입지적 특성으로, 위성의 자력 발사장이 갖는 외교·안보적인 조건과 안전 영역 확보가 이루어질 수 있는 지역이어야 한다. 다시 말해 우주 발사장은 최소 반경 2km의 안전 영역을 확보할 수 있어야 하고, 발사체의 비행 경로가 외국 영공을 통과하지 말아야 하며, 분리된 로켓의 낙하 지점의 안전성 확보가 가능해야 할 뿐만 아니라 발사 방위각이 최대한 커야 한다는 네 가지 조건을 만족시키는 지역이어야 한다(류정주, 2005). 그러므로 안전성과 발사각, 그리고 부지 확보 및 확장 용이성이라는 이유로 상대적으로 인구가 많은 도시와는 거리가 있는 다소 격리된 지역이어야 한다. 마지막으로 교통망에 의한 접근 가능성 여부의 특성으로, 도시와 거리가 떨어져 있어야 하지만 최소한의 정보통신의 이동 및 교류를 위해 교통망을 통한 접근성의 여지를 둘 수 있는 지점이어야 한다.

이와 같은 기준으로 1999년부터 전국을 조사한 결과, 위의 세 가지 특성을 모두 적용할 수 있는 곳으로 고흥의 외나로도가 선정되었다(그림 6.6). 정리하자면, 첫째 고흥에 우주센터가 건설되면 낙후된 전라남도 발전에 도약의 계기가 되어 지역경제 활성화에 큰 도움이 될 것이라는 점, 둘째 외나로도가 인접 지역의 안전성·발사 운용 각도·부지 확보와 확장 용이성이 가능한 섬 지역이라는 점, 셋째 섬 지역임에도 불구하고 육지와 섬을 연결하는 연륙교와 섬과 섬을 연결하는 연도교가 놓여 있어 배 없이도 접근이 가능하다는 교통망의 이점 등이 고흥에 우주센터가 건립된 이유라고 볼 수 있다. 물론 외나로도가 교통 접근성이 편리한 지역이라고 보기는 어렵다. 하지만 일반적으로 섬이 갖는 특성을 고려한다면 (여전히 일반 관광객에게는 교통 접근성이 유리한 지역은 아니지만) 교량을 통한 교통망의 연계성은 상대적으로 나은 가능성을 내재한 접근성 유발 지역이라는 점이 된다.

그림 6.6. 고흥군 지도 및 나로 우주센터 위치도

결국 이러한 과정을 거쳐 나로 우주센터Naro Space Center는 2004년 기공식을 시작으로 2009년 개관하였다. 이는 한국이 자체 기술로 인공위성을 우주 공간으로 쏘아 올리기 위해 건설된 한국 최초의 우주로켓 발사 기지로, 고흥군 봉래면 예내리 하반마을 일원에 건설되었으며, 이로써 우리나라는 세계 13번째 우주센터 보유국이 되었다. 나로 우주센터는 현재까지 방문객 수가 100만 명을 넘고 있어 국민들의 미래 우주 산업과 우주 문화에 대한 관심을 받고 있는 곳으로 급부상하고 있다(연합뉴스, 2014. 1. 27.).[4]

2) 우주관광을 통한 지역관광 개발

지방자치 시대에 들어서서 많은 지자체는 관광의 사회·문화·경제적인 편익을 인식하고 관광개발을 통해 지역 활성화를 도모하고자 한다. 특히 단일 산업과 적은 인구에 의존해야만 하는 농촌 지역의 경우 지역관광 개발은 지역문화의 발전과 보존, 현대적 문화시설의 증가, 문화적 교류의 촉진 등을 통해 지역이 갖고 있는 난제를 해결하는 방안 가운데 하나이다(Cohen, 1988). 지역관광 개발이란, "지역사회를 구성하고 있는 관광자원과 인적 요소의 개발을 통해 지역성을 높이고 지역 활성화 및 주민 복리 증진에 기여하는 동시에 관광객의 욕구를 만족시키는 개발 전략"(김화진, 2005), 그리고 "일정 규모의 가능성 있고 잠재력이 높은 지역자원을 최대한으로 이용하여 지역주민과 이용객의 편익을 도모할 수 있는 물리적 시설 등을 조성하여 매력 있는 관광 상품으로 재창출하는 과정"이다(정우식·여홍구, 2010).

이러한 지역관광이 새로운 관광지로 개발되고 성공하기 위해서는 다른 관광지와의 차별화

가 필수적이다. 즉, 발상의 전환과 독창적 개발로 지역의 고유성을 살린 관광 개발이 필요한데, 관광지 차별화의 가장 체계적 수단은 목적지 브랜드의 개발과 활용이 될 수 있다(Morgan, N.· Pritchard, A., 2004). 이를 적용할 경우, 고흥군은 나로 우주센터라는 전략적 장소를 브랜드화하여 여타 관광지와 차별화할 수 있는 우주관광의 장소가 될 수 있으며, 브랜드에 담긴 개념을 구현하는 상징 공간으로서 나로 우주센터와 나로호를 통해 우주관광산업의 실행지로서 하드 브랜드화할 수 있는 잠재성이 있다.

그렇다면 우주관광이란 무엇인가? 우주관광의 정의에 대해서는 직접적인 우주 공간을 여행하는 것에서부터 우주관광 컴퓨터 게임 및 별자리 관찰에 이르기까지 다양한 범주에 이르지만, 일반적으로는 육상에서 이루어지는 우주 산업 시설과 이를 활용한 활동을 우주관광의 영역에 포함하고 있다(Space Tourism Society, 1995). 왜냐하면 육상의 우주관광시설이 실질적인 우주 공간으로의 여행을 선도하는 역할을 하기 때문이다. 이러한 우주관광의 성장을 유도하기 위해서는 다양한 정보 체계를 활용한 마케팅이 필요하며, 그 예로 영화나 소설 등에 적용된 엔터테인먼트를 활성화하거나 가상현실virtual reality을 통한 우주 문화를 경험하는 테마파크를 만드는 것도 대중들의 우주관광을 촉진하는 전략이 될 수 있는데, 이러한 측면에서 과연 고흥은 어떠한 의미를 지니고 있을지 살펴보자.

3) 우주와 관련된 경관의 등장

2,650억 원 이상이 들어간 거대한 국책 사업인 만큼 고흥군의 지역 상징물에는 나로 우주센터와 연관된 경관이 반영되어 있다. '고흥은 우주다'라고 적힌 고흥군의 CIcorporate identity, 나로호가 그려진 벽화, 우주라는 이름의 아파트, NASA라는 이름의 음식점, 우주휴게소라고 직접 명명한 휴게소, 우주인이 그려진 컵, 그 외에도 우주와 관련된 경관을 통해 이 지역주민들의 우주센터에 대한 관심과 기대감, 아울러 차별화된 지역 상징물로서 반영되는 고흥의 우주 산업을 살펴볼 수 있다(그림 6.7).

이렇게 나름대로 고흥은 나로 우주센터 건립으로 인한 우주 관련 마케팅과 지역축제를 진행하고 있다. 그럼에도 불구하고, 여전히 고흥은 나로 우주센터와는 별개의 경관으로 조성되어 있다. 이곳 주민들은 대부분 농어업 종사자로서, 최첨단 우주센터 시설과는 별도로 존재하며, 거주민

그림 6.7. 고흥 지역 상징물에 반영된 '우주'

그림 6.8. 나로 우주센터 내부와는 대조적인 나로 우주센터 외부

그림 6.9. 최첨단 시설로 건설된 나로 우주센터 내부

과 우주센터와의 연계성은 상당히 미미한 상태이다(정은혜, 2015). 특히 나로 우주센터 내부와 외부는 현격한 경관적 차이를 보이는데, 봉래면 외나로도는 우리나라 최초이자 단 한 곳뿐인 우주센터가 입지되어 있는 곳이지만 이에 견줄 만한 관광 편의시설이 아직 마련되어 있지 않다(그림 6.8). 반면 그 안에 입지한 나로 우주센터는 마을의 경관과는 달리 첨단 우주 기지로서의 면모를 볼 수 있다(그림 6.9). 이처럼 나로 우주센터는 경관상으로 봤을 때 이 지역 내에 입지해 있으나 거주민과의 연관성은 떨어지는 하나의 동떨어진 섬enclave이 되고 있다.

4) 고흥의 우주관광 실현 가능성

고흥에는 '우주센터'라는 인식이 국내외에 알려짐으로써 고흥군은 관광객 유인 효과는 물론 정부의 불균형성장정책으로 인한 지역경제의 어려움에서 벗어날 수 있는 변화의 잠재력을 가지게 되었다. 그러나 아직까지는 나로 우주센터의 건립에도 불구하고, 지역경제가 침체된 전형적인 농어촌의 특성을 보여 주는 재정 자립도 하위권 지역이다. 국책 사업으로 진행된 나로 우주센터 건립은 고흥군에 우주센터라는 장소만 제공했을 뿐 현재까지는 지역주민과 연계한 지역경제 상승효과를 거두지 못하고 있다는 지적을 받고 있다.

앞서 언급했듯이 외나로도의 나로 우주센터는 아직도 거주민과 우주센터가 분리된 하나의 동떨어진 섬으로 간주될 수 있다. 현재까지도 우주센터 외부의 주변 마을은 관광 편의시설 등이 부족한 편이며, 시내와 거리가 있어 거주민과 관광객들의 접근성이 어려운 지역으로, 보다 적극적인 지역관광 활성화 방안이 요구된다.

특히 고흥은 우주 산업과 연계한 지역관광 개발의 차별화를 통해 획일화·표준화에 식상한 현대 관광객들의 새로운 관광 요구를 가장 잘 만족시켜 줄 수 있는 미래의 우주관광 산업 지역이라 사료된다. 현재 나로 우주센터의 건립이 기대만큼의 지역개발 수준에 이르지 못하였다고 말하면서도 거주민들은 아직까지는 기대감을 버리지 않고 있으며, 그 가능성 역시 우주센터에 두고 있다는 점은 주목할 만하다. 또한 이러한 고흥군만의 지역적 상징성과 차별성은 접근성 향상, 기존 관광지와의 연계, 관광 편의시설 증대, 거주민의 생산과 고용의 증대 등의 요소로서 더욱 보완된다면 그 내재된 가능성을 더욱 높일 수 있을 것이라 판단된다.

부록 2 진보의 성지가 된 농촌 마을, 김해 '봉하마을'

봉화산과 봉하마을

대한민국은 국토의 약 70%가 산으로, 어디를 가나 쉽게 산을 볼 수 있는 국가이다. 국토지리정보원에 따르면 우리나라에는 2016년을 기준으로 총 7,414개의 산과 봉우리가 있다고 하니 우리 땅에 얼마나 많은 산이 있는지 짐작하기조차 어려울 정도이다. 7,000여 개가 넘는 산과 봉우리 중 '봉화산烽火山'이라는 이름을 가진 산은 전국에 총 80개나 된다. 봉화산은 말 그대로 '봉화烽火[1]가 있던 산'을 일컫는데, 봉화산 아래의 마을은 '봉하烽下마을', 즉 '봉화가 있는 산의 아랫마을'이라 불린다. 얼핏 들으면 흔한 산과 마을 이름 같지만, 조선시대에는 적의 침입을 알리는 중요한 산들이었으며, 몇몇 산들은 신성시되기까지 하였다. 경상남도 김해시 진영읍에 위치한 봉화산도 그러한 산 중 하나였고, 산 아래의 봉하마을도 그러한 마을 중 하나였다.

신령스럽게 여겨졌던 이들 봉화산과 봉하마을은 조선이 멸망하고, 일제강점기와 6·25 전쟁을 거치며 그 영광도 끝이 났다. 급속한 산업화의 물결로 젊은 사람들은 마을을 떠났고, 그 자리에는 노인들만 덩그러니 남아, 별 볼 일 없는 적적한 시골 마을로 전락하게 된 것이다. 노무현 전 대통령이 낙향할 때, 김해의 봉하마을도 이들 마을과 크게 다르지 않았다. 40가구가 채 되지 않은 작은 마을에 방치된 빈 집이 5채나 있었던 것이다(김정호, 2017). 그렇다면 이제 봉하마을이 이러한 악조건 속에서 어떻게 '진보의 성지'로 변화될 수 있었는지 통일장 이론을 통해 살펴보자.

통일장 이론과 봉하마을

미국의 기능주의 정치지리학자인 존스Jones는 통일장 이론을 통해 구체적인 지역이 생성·발전하는 것을 설명하였다. 통일장 이론이란 사고-지역의 연쇄idea-area chain로, 정치적 사고Political

Idea → 결정Decision → 운동Movement → 장Field → 정치 지역Political Area으로 이어지는 연쇄성으로 인해 지역이 생성·발전한다는 논지이다(Jones, 1954).

콜럼버스Columbus의 아메리카 대륙 발견을 생각해 보자. 콜럼버스는 인도와의 교역으로 각종 향신료를 수입해 금과 보물들을 얻고 싶어 하였다. 이는 콜럼버스가 인도와의 교역을 위해 탐험을 시작해야겠다는 '정치적 사고'의 계기가 된다. 이후 에스파냐 여왕인 이사벨Isavel이 지원을 약속하는 '결정'을 했고, 콜럼버스는 항해라는 '운동'을 하였다. 비록 인도를 만나지는 못했지만, 콜럼버스는 기나긴 항해 끝에 지금의 아메리카 대륙에 도달하였다. 유럽인들의 입장에서 보면 이것은 아메리카 대륙이라는 신세계, 즉 '장'을 발견한 것이다. 그 후, 콜럼버스는 히스파니올라Hispa-niola2섬에 식민지를 건설한다. 이는 새로운 '정치 지역'이 생성된 것으로 볼 수 있다.

그렇다면 이러한 통일장 이론을 봉하마을에 적용시켜 보자. 노무현 전 대통령은 대통령 취임사에서도 국가균형발전을 언급할 만큼 중앙과 지방의 균형을 염두에 둔 사람이었다. 이러한 이유로 노무현 전 대통령은 퇴임 후 서울이 아닌 지방으로 가야겠다는 생각을 했다고 한다. 그러던 중에 영부인이던 권양숙 여사가 노무현 전 대통령의 고향인 봉하마을을 제안했고, 노무현 전 대통령도 이에 수긍했다고 전해진다(노무현, 2010). 이것은 귀향을 생각한 노무현 전 대통령의 '정치적 사고'로 볼 수 있다. 기존의 대통령들이 퇴임 후, 고향으로 돌아가지 않고 대부분 서울에 거주한 것을 보더라도, 귀향을 하겠다는 노무현 전 대통령의 생각은 당시로서는 상당히 파격적인 것임을 알 수 있다(표 1).

노무현 전 대통령의 이러한 정치적 사고는 곧 '결정'으로 이어졌다. 퇴임 후 서울에 사는 대통령들과는 달리, 노무현 전 대통령은 자신의 고향인 봉하마을로 가겠다고 선언한 것이다. 이것은 지금까지 어떤 대통령도 하지 않았던 결정이었다. 곧, 봉하마을에는 '자연의 품에서 인간의 삶이 이어져야 한다'는 노무현 전 대통령의 뜻을 담아 정기용 건축가에 의해 '지붕이 낮은 사저'가 지어졌다(연합뉴스, 2016. 5. 1.).

표 1. (전두환 전 대통령 이후) 역대 대통령들의 출생지와 퇴임 후 자택 위치

	전두환	노태우	김영삼	김대중	**노무현**	이명박
출생지	경남 합천	대구광역시	경남 거제	전남 신안	**경남 진해**	일본
퇴임 후 자택 위치	서울 서대문구 연희동	서울 서대문구 연희동	서울 동작구 상도동	서울 마포구 동교동	**경남 진해**	서울 강남구 논현동

2008년 2월 24일, 제17대 이명박 전 대통령이 취임하자 노무현 전 대통령은 청와대에서 나와 자신의 고향인 봉하마을로 향하였다. 귀향하겠다던 자신의 결정을 지킨 것이다. 이 귀향길에는 노무현 전 대통령의 지지자 1만 5,000여 명이 노란 풍선과 손수건을 흔들며 함께 하였다. 대통령 노무현이 아니라 '생태운동가 노무현'으로 제2의 삶을 살겠다던 그의 꿈이 시작되던 순간이었다. 퇴임 후, 봉하마을에서 보여 준 그의 행동들은 이를 뒷받침한다. 그는 매일같이 화포천을 둘러보면서, 직접 장화를 신고 화포천으로 들어가 손수 쓰레기들을 치웠다. 또한 마을 뒤편의 단감 과수원을 폐원하고 그곳에 장군차 재배단지를 조성하는 한편 오리농법을 이용한 친환경 생태농업을 지역주민들에게 전파하기도 하였다(그림 1). 그는 귀향 후 작게는 봉하마을을, 넓게는 죽어 가는 우리 농촌을 살리기 위한 '운동Movement'을 실천에 옮겼다.

그를 통해 봉하마을은 상당히 변화되었다. 그리고 이러한 변화를 통해 전직 대통령의 인간적인 모습을 접한 시민들은 임기 중 국정 운영이 힘겨울 정도로 낮은 지지율에 허덕이던 '실패한 대통령' 노무현을 다시 보기 시작했고, 그의 '특이한' 행보를 보기 위해 봉하마을로 몰려들었다. 시민들은 노무현 전 대통령을 보기 위해 버스까지 대절해서 봉하마을을 찾아왔고, 함께 화포천을 치우는 자원봉사도 했으며, 매일 사저 앞에 모여 노무현 전 대통령을 불렀고, 그는 거기에 응대해 허리 굽혀 인사를 건넸다(그림 1 우). 이처럼 그는 매일 몰려드는 시민들을 맞이하며 퇴임 후에도 바쁜 일상을 보냈다.

하지만 친인척 비리 사건이 발생하면서 깨끗한 정치인이라는 수식이 붙었던 그의 타이틀에는 큰 오점이 남겨지고, 이 사건을 계기로 많은 언론과 시민들은 그에게 돌아섰다. 결국 2009년 5월 23일, 그는 매일같이 오르던 봉화산 부엉이바위에 올라 자신이 태어난 마을을 내려다보며 목숨

그림 1. 노무현 전 대통령의 귀향 후의 삶
출처: 노무현 사료관

을 끊었다.

전직 대통령이 직접 생태마을로 만들려 했던 봉하마을은 순식간에 정치적 소용돌이 속으로 빠져들었다. 수많은 시민들과 정치인들이 봉하마을을 찾아 조문했고, 봉하마을을 찾지 못한 약 600만 명의 시민들은 전국 각지에 설치된 600여 개의 분향소에서 그의 죽음을 애도하였다(KBS, 2017. 7. 10.). 그리고 서거 후에는 역대 대통령들처럼 국립현충원에 안치되는 대신, 그는 그의 고향인 봉하마을에 안장되었다. 봉하마을에는 노무현 전 대통령의 유언에 따라 '작은 비석'이 세워졌고, 묘역의 바닥은 시민들의 성금으로 만들어진 15,000개의 작은 박석들로 채워졌다.

이후, 봉하마을은 이러한 일련의 사건들로 인해 단순히 대통령이 태어나고 자란 곳, 또는 임기를 마치고 귀향한 곳 정도의 의미가 아니라, 소위 진보적인 정치인들을 결집시키는 장소로서의 정치적 의미가 뚜렷해진다. 그의 생전에는 생태농업의 실험지, 살기 좋은 농촌 마을 등의 이미지를 가지고 있던 봉하마을이, 그의 사후에는 묘역 조성과 추모의 물결로 인해 '진보 진영의 성지'로 변모한 것이다. 이렇게 봉하마을은 기존의 이미지가 완전히 바뀌면서 정치적 성격이 강한 '장'이 되었다. 이는 비록 앞에서 언급한 아메리카 대륙 발견처럼 새로운 장소를 발견한 것은 아니지만, 봉하마을이라는 장소가 기존에 품고 있던 의미가 열어지고, 정치적으로 새로운 의미가 부여되었다는 점에서 '장'이 되었다고 할 수 있다.

나아가 봉하마을은 진보 성향의 정치인들이 일종의 참배 정치를 하기 위해 찾는 곳이 되었고, 특히 진보 진영의 입장에서 봉하마을은 하나의 '정치 지역'으로 부상하였다(표 2). 이들 정치인들뿐만 아니라 봉하마을에는 매년 수많은 사람들의 조문 행렬이 이어지고 있다. 특히 노무현 전 대통령의 서거일을 기념해 매년 5월에 많이 방문하고 있으며(표 3), 이 시기에 맞춰 추모 문화재, 추모

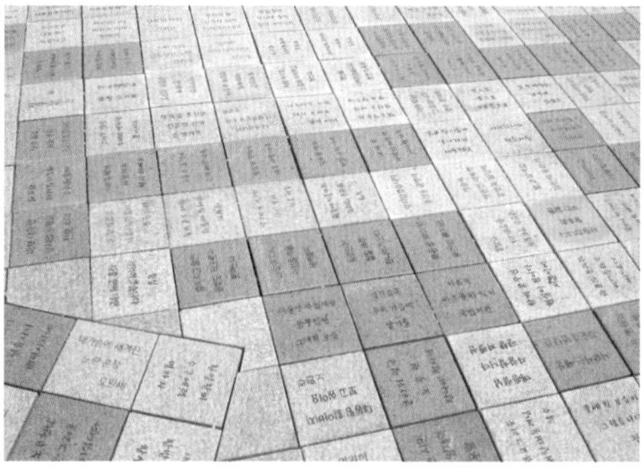

그림 2. 노무현 전 대통령 묘역 바닥의 박석들(좌), 봉화산에서 내려다본 봉하마을 전경(우)

표 2. 통일장 이론의 적용: 아메리카 대륙 발견과 봉하마을

지역	정치적 사고	결정	운동	장	정치 지역
아메리카 대륙	콜롬버스의 사고	이사벨의 결정	콜롬버스의 항해	아메리카 대륙 발견	히스파니올라 식민지 건설
봉하마을	노무현의 사고	노무현의 결정	마을 살리기 운동	노무현의 죽음	노무현 묘역 조성

표 3. 월평균 노무현 전 대통령 생가 방문객 수와 5월 방문객 수

(단위: 명)

년도	2010	2011	2012	2013	2014	2015	2016	2017[3]
월평균 방문객 수	66,941	127,230	60,987	59,852	58,926	53,695	66,457	109,736
5월 방문객 수	109,593	296,296	112,442	127,543	104,125	119,764	200,981	255,956

출처: 관광지식정보시스템

전시회, 추도식 등의 추모 행사도 열리고 있다. 그렇다면 왜 이토록 많은 사람들이 그를 추모하는 것일까? 여러 가지 이유가 있겠지만 아마도 가장 큰 것은 그가 인간적인 대통령으로서 우리나라의 지역주의 타파를 위해 많은 노력을 기울였기 때문이 아닐까 하고 필자는 생각한다.

우리나라에서 가장 노란 마을

노무현 전 대통령의 묘역이 조성된 이후 봉하마을은 우리나라에서 가장 노란 마을이 되었다. 가을이면 무르익는 봉하쌀의 손짓 때문이기도 하겠으나 묘역까지 인도하는 수백 개의 노란 바람개비와 노란 복장의 자원봉사자들, 노란 옷을 입은 정당 관계자들과 지지자들이 봉하마을을 찾고 있기 때문이다(그림 3). 그리고 정치색을 굳이 띠지 않은 시민들도 단지 그를 그리워하는 마음에 봉하마을을 찾고 있다. 그리고 시민들은 봉하마을에서 그 이미지의 조각들을 찾아 박석을 만들어 마음 한구석에 작은 묘역을 만들고 있다.

통일장 이론을 적용시킬 수 있는 공간이자 우리나라의 가장 노란 마을이기도 한 봉하마을은 이제 정치인들에게는 진보의 성지이자 각 진영의 화해의 메시지를 전달할 수 있는 공간이 되고 있다. 그리고 노무현 전 대통령을 기억하는 많은 시민들에게는 단순한 진보와 보수라는 정치색을 뛰어넘어 인간적인 그리움과 추모의 물결을 전달하는 공간으로 되새겨지고 있다. 그는 이미 이 세상에 없지만 그가 그토록 바라던 화합이 이곳에서 조금씩 이루어지길 기원해 본다. 마지막으로 노무현 전 대통령의 영면을 바란다.

그림 3. 노란색으로 단장된 봉하마을

제2부 주석

제3장

1. 섬의 주민들을 본토로 이주시키는 정책으로 당시 왜구의 노략질이 심해 자국민을 보호하려는 목적으로 실시되었다.
2. 1693년(숙종 19), 울릉도에서 고기잡이하던 중 이곳을 침입한 일본 어민을 힐책하다가 일본으로 잡혀 갔다. 일본에서 울릉도가 조선의 땅임을 강력히 주장하여 일본 막부로부터 울릉도가 조선의 영토임을 확인하는 서계(書契)를 받아 냈다. 이후 1696년 일본 막부는 도해금지령(渡海禁止令: 일본 어민이 죽도로 출어하는 것을 금지한 일본 막부의 명령)을 내렸다.
3. 물속에서 전기 통신 신호를 전달하기 위해 바다 아래에 놓는 케이블이다. 일반적으로 해저 광케이블로 알려져 있지만 역사적으로는 한때 광케이블이 아닌 구리 등의 재질이 이용되었다.
4. 국가에서 인정한 공식 지도를 뜻한다.
5. 1846년의 민간 해적판 지도는 에도막부시대의 어부였던 '하치에몽(八右衛門) 처형 사건' 이후에 작성된 것으로 조선과 일본 간의 감정적 갈등이 반영되었다. 하치에몽 사건은 1836년 에도막부시대의 하치에몽이 일본 막부의 도해금지령을 어기고 편법으로 울릉도와 독도를 오가며 나무를 베고, 어업 활동을 하고, 밀무역을 감행하다가 적발돼 처형당한 사건이다.
6. 메테인이 주성분인 천연가스가 얼음처럼 고체화된 상태로서 그 자체로도 훌륭한 에너지자원이며 동시에 석유가 묻혀 있는지를 알려 주는 지시(指示)자원이다.
7. 마레 노스트룸(Mare nostrum) 운동이라고도 한다. 마레 노스트룸은 우리의 바다라는 뜻으로, 특정 바다를 자국의 내해나 호수로 만들려는 것이다.
8. 현재 비무장지대는 모로코-에스파냐, 남한-북한, 캄보디아-태국, 쿠웨이트-이라크, 이집트-이스라엘, 시리아-골란고원, 키프로스, 핀란드-러시아-스웨덴, 노르웨이-러시아-영국-미국, 트란스니스트리아-몰도바, 세르비아-코소보, 남극 등 12개 지역에 분포하고 있다.
9. 임프린트(imprint)란 (표면 위에 누르거나 찍어서 생긴) 자국, (마음속에 새겨진) 각인을 뜻한다. 따라서 '경계 임프린트'란 비무장지대 일원의 철책과 철조망, 지뢰나 위험 표지판, 파괴된 기차, 무성한 잡초목 등의 경관을 통해 오랜 분단 상황과 시간을 인지함으로써 경계가 갖는 분리의 기능이 깊이 새겨지고 굳어진 것을 의미한다.
10. 국권 침탈 이후 일제가 주민들을 강제 동원하고 당시 러시아의 10월혁명으로 추방된 러시아인을 고용하여 1914년 8월 강원도 내에서 가장 먼저 부설된 철도이다. 서울~원산 간 221.4km를 연결한 산업 철도로 철원에서 생산되는 농산물과 원산의 해산물 등을 수송하는 간선 철도 역할을 하였다.
11. 한 국가의 국기, 우월 종교, 경제 법칙, 영웅, 우상 등 국민이 믿고 있는 전 표상 체제(whole system of symbols)이다. 이는 결속과 고착의 성격을 지닌다.

··제4장

1. 비슷한 업종이면서 서로 다른 기능을 하는 관련 기업과 기관들이 모여 있는 특정 지역이나 군집체이다. 기업들이 일정 지역에 모여 네트워크 구축과 상호 작용을 통해 사업 전개, 부품 조달, 인력과 정보 교류 등 지식과 정보를 공유함으로써 시너지 효과를 기대하는 것이다. 또한 기업과 대학·연구소가 밀집해 형성된 대규모 타운으로, 대기업과 중소기업이 분업하고 산업과 대학이 유기적으로 협동하기 위해 조성된 첨단 과학 단지라고도 볼 수 있다. 산업 집적(産業集積)이라고도 한다.
2. 2010년, 오스트리아 빈에 보성녹차 찻집을 열어 녹차를 이용한 비누와 화장품, 라떼 등 80여 종의 연관 제품을 판매한 바가 있으나 세계적인 브랜드로서의 명성을 얻었다고 하기에는 아직 이른 편이다.
3. 농수산물 및 가공품의 명성·품질 기타 특징이 본질적으로 특정 지역의 지리적 특성에 기인하는 경우 그 특정 지역에서 생산된 특산품임을 표시하는 제도이다. 이는 우수한 지리적 특성을 가진 농산물 및 가공품의 지리적 표시를 등록·보호함으로써 지리적 특산품의 품질 향상, 지역특화 산업으로의 육성을 도모하기 위한 것으로, 정부에서 그 품질을 보증하고, 국제적으로 산업재산권 보호에 관한 표시 협약에 의한 원산지 명칭의 개념으로 보호받는 제도이다. 즉, 하나의 특허권과 같은 기능으로 국제적인 보호를 받을 수 있다(세계무역기구 지적재산권협정 제22조 1항과 농산물품질관리법 제2조에 근거).
4. 박유전 선생은 전래의 서편제에 동편제를 가미하여 독특한 서편제 판소리인 강산제를 개발한 인물이다. 강산제는 대원군에게 '네가 강산에서 제일이다'는 칭찬을 받고 만들어진 이름으로, 보성소리의 모태이다.
5. 정응민 선생은 고종 황제의 어전명창으로, 박유전 선생이 만든 보성소리를 오늘날 판소리의 한 장르로 굳힌 인물이다. 정재근으로부터 정용민, 정권진, 정희천으로 이어지는 하동 정씨 일가의 세습소리제로 이 일문이 보성군 회천면 영천리 동강마을에 터를 잡고 소리꾼을 길러낸 뜻을 살려 현재는 이곳을 도강마을로 이름을 붙였다.
6. 타인의 주의를 끌기 위해 내세우는 기발한 문구로 독립된 표어나 슬로건이다.
7. 참고로 상주 하위지역은 상주, 구미, 김천, 문경 등을 포함한 지역이고, 경주 하위지역은 경주, 영천, 포항 등을 포함하며, 대구 하위지역은 대구, 칠곡, 고령, 성주, 경산, 청도 등을 포함한다. 또한 김해 하위지역은 김해, 양산, 부산, 울산, 창녕, 밀양 등을 포함하며, 마지막으로 진주 하위지역은 진주, 합천, 의령, 사천, 고성, 통영, 남해, 함안, 거창, 함양, 산청, 하동, 창원, 거제 등을 포함한다.
8. 경상북도 동북부에 위치한 울진과 영덕은 북에서 남으로 해안선을 따라 동해고속화도로인 7번 국도가 지나는 곳에 위치한다. 그 외 36번 국도, 88번 지방도로, 918번 지방도로, 34번 국도 등이 연결되어 있고, 여러 지방도로와 시·군도로가 울진과 영덕으로 연결되어 있지만 접근성은 좋지 않은 편이다.

··제5장

1. 인근에 위치한 독립적 도시들이 기능적으로 상호 보완적 협력을 통해 집적의 외부 경제를 달성하고자 하는 도시들을 말한다.
2. 울산, 경주, 포항은 해오름 동맹을 통해 울산 간절곶~포항 호미곶~경주 문무대왕릉 해돋이~해양레포츠~해파랑길~영남알프스~태화강~형산강 등과 포항 제철소~울산 현대자동차·석유화학단지 등 기간 산업을

관광자원화하기로 하였다.

3. 제1차 경제개발 5개년 계획을 강력하게 추진하기 위해 국가권력에 의해 지정된 최초의 공업지구이며, 이를 토대로 한 중화학공업의 발전은 우리나라 경제발전의 원동력이자 상징이 되었다.
4. 양적인 요소를 바탕으로 경제성장을 이룬 지역으로 인구의 증가는 노동량, 즉 잠재 생산량의 증가로 이어지는 도시이다. 반대로 내연적 성장도시란, 질적인 요소를 바탕으로 기술 혁신을 이루고 이는 곧 노동생산성 증가 등으로 이어지는 도시이다.
5. 경상남도 밀양시 산내면과 청도군 운문면, 울산광역시 울주군 상북면 등에 해발 고도 1,000m 이상 되는 7개의 산군(山群)을 일컫는 말이다. 가지산, 운문산, 천황산, 신불산, 영축산, 고헌산, 간월산으로 이루어져 있으며, 마치 유럽의 알프스처럼 아름답다는 의미에서 그 이름이 붙었다.
6. 조명으로 건축물을 만들거나 치장하는 축제이다.
7. 내연적 성장도시와 유사한 말로 질적인 요소를 바탕으로 기술 발전이나 제도 등의 개선과 혁신이 이루어지고 이는 곧 노동생산성 증가 등으로 이어지는 도시이다.
8. 형산강 이남에 위치한 포스코 포항 주택단지는 2009년이 되어서야 외부인에게 개방되기 시작하였다.
9. 빗장도시(gated city)란, 집값이 비싸고 학력 수준도 높아 바깥에서 새로 이주해 들어오기 어려운 도시를 비유적으로 이르는 말이며, 분단도시(divided city)란, 도시가 경제·사회적인 이유로 구분되어 끊어지고 갈라진 경우를 말한다.
10. 새천년을 축하하기 위해 포항시에서 제작한 조형물로, 인류가 화합하고 화해하며 더불어 사는 사회를 만들어 가자는 의미를 담고 있다. 바다와 육지에서 서로 마주보게 설치하여 화합과 상생의 의미를 담았다.
11. 석탄 산업의 채산성 악화에 따른 폐광으로 인한 사회적 문제 발생을 방지하기 위해 정부가 1989년 취한 비경제 탄광의 정리와 경제성이 높은 탄광의 집중 육성을 골자로 하는 석탄 산업 조정 정책이다.
12. 「폐특법」은 「산림법」, 「환경영향평가법」 등의 적용을 완화하고 각종 인·허가 사항을 의제 처리토록 하는 한편, 폐광지역 개발이나 대체 산업 창업 시에 재정 및 금융상의 지원을 할 수 있도록 하는 지원 근거를 마련하고, 폐광지역의 개발을 촉진하기 위해 내국인 출입이 가능한 카지노 사업장을 허가할 수 있도록 하는 등의 내용을 골자로 한다. 이로써 탄광지역을 대규모 고원 관광지로 개발하기 위한 법적인 뒷받침을 마련하게 된다. 1995년 한시법으로 제정되어 지금까지 시효가 10년씩 두 차례 연장돼 2025년 만료를 앞두고 있다.
13. 도시재생의 의미를 포함하는 동시에 지방 도시 및 촌락지역, 폐광지역과 같이 산업화·도시화 과정에서 소외되어 쇠퇴한 지역의 경제·사회·물리적 부흥까지 포함하는 개념이다. 일반적으로 지역경제의 활성화, 지역 고용 기회의 창출 등 총체적인 지역활력의 재생이라고 할 수 있다.

제6장

1. 이란의 테헤란시에는 '서울로(Seoul Street)'가 있다.
2. 3차 산업혁명은 IT를 기반으로 한 지식 정보의 사회로서 정보 확산과 무형의 지식이 빠르게 전달되고 공유되는 것이 중심이었지만, 4차 산업혁명의 주된 특징은 융합으로 그 중심에는 정보통신 기술을 통한 사물들의 지능성(intelligence)과 초연결성(super connected) 등에 있다. 예를 들면, 바이오 기술, 인공지능, 3D 프린팅,

사물 인터넷(IoT: Internet of Things) 등이 융합된 서비스를 일컫는다.

3. 고흥군의 산업구조는 1차 산업인 농수산업이 55.2%를 점하고 있고, 그다음이 서비스업인 3차 산업으로 41.9%이며, 제조업 등 생산 산업인 2차 산업은 2.9%에 불과하다. 또한 고흥군의 인구 현황을 살펴보면 1970년대 23만 명에 달하던 인구가 연평균 5%씩 급속히 감소하여 2012년 기준 71,646명이고, 65세 이상의 인구가 전체 인구의 33%를 상회하는 24,180 명으로 초고령 사회 기준인 20%를 훨씬 초과하였다(고흥군 통계정보, 2012년).
4. 나로 우주센터 우주과학관은 2009년 6월 개관 이래 당해년 199,380명, 2010년 202,458명이 방문한 데 이어 2014년 1월 27일 현재까지 약 100만 명 이상이 방문하였다.

··부록 2

1. 나라에 큰 일이 있을 때 전국의 주요 산정(山頂)에 봉화대를 설치하여 신호를 올리던 불이다.
2. 쿠바의 동쪽과 푸에르토리코의 서쪽에 위치한 섬이다. 서인도 제도에서 쿠바 다음으로 큰 섬으로, 섬의 서쪽 1/3은 아이티이고 동쪽의 2/3는 도미니카공화국이다.
3. 2017년 6월까지의 자료이다.

제3부

관광을 통한 국토읽기

제7장 현실과 가상의 경계

1. 영화와 만화의 도시, '부산'과 '부천'

1) 영화·만화를 통한 지역이벤트

지방자치제도가 실시됨에 따라 각 지방정부에서는 지역이미지 제고, 관광객 유치, 그리고 경제개발 등의 목적으로 각종 지역이벤트를 개최하고 있다. 지역이벤트란, "특정의 지역사회를 기반으로 문화제, 예술제, 민속 경연 대회 등 다양한 형태로 열리는 지방적이고 문화적인 의미가 내포된 이벤트"이다(김길수, 2001). 현재 많은 지자체들은 지역이벤트를 통해 지역주민들의 삶과 문화의 질을 향상시키고, 나아가 각 지역의 독특한 정체성과 이미지를 창출하고자 한다. 또한 지역이벤트가 갖는 독특한 매력 요인과 관광자원성을 통해 해당 지역으로 외부 관광객을 끌어들여 지역경제의 활성화를 도모하려는 노력을 꾀하고 있다.

지역이벤트 중에서도 영화제film festival는 가장 성장세가 빠른 문화이벤트이다(Grunwell & Ha, 2008). 그리고 만화축제comics festival는 영화제만큼은 아니지만 상당한 주목을 끄는 문화이벤트로 알려져 있다. 영화제와 만화축제가 관심의 대상이 되는 이유는 이러한 이벤트가 문화적 측면에서 관객들에게 평소에 접하기 힘든 다양한 국가, 다양한 장르의 작품들을 접할 기회를 제공하고, 산업적 측면에서는 관련인들에게 상호 교류 및 비즈니스의 장을 제공하는 역할을 함으로써 국가적으로는 영화와 만화 예술 및 이들 산업의 발전, 문화의 다양성 증진을 꾀할 수 있기 때문이다. 또한 행사를 개최하는 지역의 입장에서는 많은 수의 방문객으로 인해 지역경제 활성화에도 도움이 되기 때문이다(박조원, 2006; 임학순, 2013). 따라서 영화제와 만화축제는 문화관광지로서 지역의 정체성을 강화하는 데 도움을 주는데, 부산과 부천은 이러한 대표적인 사례이다.

2) 영화제·만화축제의 도시, 부산과 부천

국내에서 이루어지는 국제영화제로는 부산국제영화제BIFF, 부천국제판타스틱영화제BiFAN, 서울국제여성영화제SIWFF, 전주국제영화제JIFF, 서울국제청소년영화제SIYFF, 제천국제음악영화제JIMFF 등이 있고, 국내에서 열리는 국제만화축제로는 서울·부산코믹월드Comic World, 부천국제만화축제BICOF, 부천국제애니메이션페스티벌BIAF, 부천국제학생애니메이션페스티벌BISAF 등이 있다. 이들 영화제와 만화축제는 특히 부산과 부천에서 많이 열리고 있다(표 7.1).

먼저 부산은 1996년, 국내에서는 최초로 부산 지역 영상 산업 유치와 활성화 도모, 각종 국제행사 대비 문화예술도시로서의 이미지 고양, 그리고 문화 상품으로서의 관광자원화를 통한 관광객 유치를 목적으로 부산국제영화제를 개최하였다. 왜 서울이 아닌 부산에서 국제영화제가 시작되었냐고 묻는다면, 그 대답은 간단하다. 한국 최초의 영화 제작사인 조선키네마주식회사(1924)가 설립된 곳이 부산이며, 한국 최초의 영화평론모임인 부산영화평론가협회(1958)가 결성된 곳 역시 부산이기 때문이다.

부산국제영화제는 2017년 제22회에 이르기까지 국내외로부터 큰 호응을 얻어 세계적인 영화제로 부상하였고, 우리나라에서 가장 오래 지속되고 있는 국제영화제로서 그 명성을 알리고 있

표 7.1. 부산과 부천의 영화제 및 만화축제

시작 연도	지역이벤트명	콘텐츠
1996	부산국제영화제(BIFF)	영화
1997	부천국제판타스틱영화제(BiFAN)	영화
1998	부천국제만화축제(BICOF)	만화
1999	부천국제애니메이션페스티벌(BIAF)	애니메이션
1999	부천국제학생애니메이션페스티벌(BISAF)	애니메이션
2000	부산코믹월드(COMICW)	만화 · 애니메이션

다. 그러다 보니 이제 부산국제영화제는 단순한 지역행사가 아니라 부산 지역경제에 큰 영향을 주는 한 요소가 되었을 뿐만 아니라 시민들의 자긍심과 정체성을 알려 주는 중요한 무형 자산이 되었고, 더 나아가 부산이라는 도시 이미지를 세계에 알리는 행사로서 그 의미가 더해지고 있다.

이러한 국제영화제 외에도 만화와 관련하여 부산의 코믹월드[1]는 2000년부터 개최되고 있다. 우리나라의 대표적인 동인 행사로 자리 잡은 코믹월드는 대한민국의 코믹마켓으로 여겨질 정도로 많은 인기와 참가자 수를 자랑하고 있다.

부산이 상대적으로 규모가 큰 이벤트로서 유명세를 떨치고 있는 곳이라면, 두 번째로 살펴볼 지역인 부천은 '판타지아 문화도시'를 표방하며 보다 소수의 마니아적인 관객들을 대상으로 색다른 영화제와 만화축제를 개최하고 있는 곳이다. 지역적으로 부천은 대형 이벤트가 열리기에 좋은 지역은 아니다. 해운대를 기반으로 하는 부산국제영화제, 청풍명월淸風明月로 대변되는 자연경관의 매력을 기반으로 한 제천국제음악영화제 등과는 달리 부천은 관광 요소가 거의 전무하다. 그나마 서울에서 대중교통으로 쉽게 접근할 수 있다는 점이 장점이랄까? 그럼에도 불구하고 부천의 국제적 이벤트는 현재 4개나 진행되고 있다.

1995년 지방자치제도가 실시되고 얼마 지나지 않은 1997년, 당시의 부천은 서울의 위성도시, 쇠락한 공장도시라는 이미지를 탈피하기 위하여 '판타지아 문화도시 부천'이라는 슬로건을 처음 내세우면서 다양한 문화시설 인프라와 문화축제를 지원하였다. 그 시작은 부천국제판타스틱영화제였다. 1997년 시작된 이 영화제는 SF, 호러, 스릴러, 판타지 중심의 개성이 뚜렷한 영화들을 선보이고 있다. 이는 거장이라 일컬어지는 영화감독들의 작품을 프로그램의 중심에 두는 부산국제영화제와는 확연히 구분되는 부천국제판타스틱영화제만의 매력이라고 할 수 있다. (필자가 이 영화제를 통해 본 영화 〈킹덤The Kingdom〉, 〈테시스Tesis〉, 〈블레어윗치The Blair Witch Project〉, 〈큐브Cube〉 등은 이 영화제가 미지의 작품·감독·상상력을 만나게 해 준다는 설렘을 갖게 하는 계기를 만들어 주었고, 이는 추후 부천을 재방문하는 계기가 되기도 하였다.) 부천국제판타스틱영화제가 개최된 다음 해인 1998년에는 '만화문화도시 부천'이 기획되었다. 지자체 관계자의 인터뷰에 따르면 부천을 만화도시로 기획한 이유로, 첫째 한국만화영상진흥원이 부천에 있다는 점, 둘째 부천을 비롯한 인접 지역(부평·인천)에 만화가들이 많이 거주하여 만화 작업실이 밀접해 있다는 점을 들었다. 그 결과 1998년에는 부천국제만화축제,[2] 그리고 1999년에는 부천국제애니메이션페스티벌과 부천국제학생애니메이션페스티벌이 개최되었다. 이로써 부천은 축제라는 한시적 시간을 확장하고 다양한 지식과 배경을 가진 사람들 사이의 소통과 교류를 지원해 나감으로써 국제문화도시 이미지를 강화하고, 만화와 영상의 도시로서의 특성을 이어 나가고 있다(고민정 · 김은주, 2015).

이렇게 부산과 부천의 영화와 만화를 통한 지역이벤트는 타 지역이벤트에 비해 오랜 지속성을 나타내며, 높은 인지도를 구축하는 등 세계적인 축제의 장으로 거듭나고 있다. 동시에 이들 문화 이벤트의 영향을 받은 부산시 해운대구 우동과 중구 남포동, 그리고 부천시 소사구 송내동과 원미구 상동은 많은 경관상의 변화가 나타났다.

3) 영화 · 만화에 기반한 부산과 부천의 도시문화경관 논의

도시의 문화적 분위기를 조성하는 데에는, 지역이벤트가 많은 공헌을 하게 된다. 이벤트를 통해 새롭게 형성된 '도시문화경관'은 그 도시의 사람들이 공유하고 있는 문화와 기술을 드러내 주는 일종의 거울이자 텍스트를 뜻하는 것으로 도시의 건축물, 거리(조형물, 간판), 분위기 등의 집합체에 문화적인 의미와 조직이 부여된 개념이다(정은혜, 2011). 특히 영화제와 만화축제 같은 지역이벤트로 인해 독특한 상상력과 안목에 의해 변화된 부산과 부천과 같은 지역은 포스트모던한 경관으로 해석해 볼 수 있다.

데카르트 이후 오랫동안 정신세계와 문명 향상 의지를 지배해 오던 모더니즘modernism[3]에 식상한 오늘날의 사람들은 모더니즘의 여러 성격들에 반대되거나 그와는 거리가 먼 여러 가지 표현 양상을 보여 주고 있다. 이를 포스트모더니즘post-modernism[4]이라고 하는데, 이는 합리성 고집에서의 탈피, 특수주의, 반절대적 진리, 무질서(혼돈), 개별화, 차별화, 자기표현적인 이미지 등을 중시한다(Jameson, 1991; Relph, 1987). 그렇다면 영화와 만화의 도시인 부산과 부천은 이들의 영향을 받아 포스트모더니즘적 도시문화경관이 나타나고 있는가? 결론부터 말하자면 '그렇다'이다.

첫째, 부산과 부천에는 영화제와 만화축제로 인해 '포스트모던 건축'이 나타난다. 포스트모던 건축이란, 비장식적인 모더니즘을 거부하는 것이며, 또한 고풍스럽고 양식적이며 장식적인 것이다(Jencks, 1984; Relph, 1987). 즉, 포스트모던 건축은 다색多色과 다각多角의 형태를 취하며, 과거와 현대의 건축적 특징이 혼재되어 이질감heterotopia을 나타내므로, 경제적 부가 창출된 경관

그림 7.1. 부산 해운대구 우동의 시네마테크 부산(좌), 센텀시티의 영화의 전당(우)

그림 7.2. 부천 원미구 상동의 복사골문화센터

에서 상대적으로 더 많이 보인다(Rossi, 1984). 부산 해운대구 우동의 시네마테크 부산과 해운대 센텀시티Centum City[5]의 영화의 전당, 그리고 부천 원미구 상동의 복사골문화센터는 이들 지역의 영화제와 만화제를 반영한 대표적 포스트모던 건축물이다(그림 7.1, 7.2).

둘째, 건축물 외에도 도시문화경관의 새로운 발견은 '조형물'과 같은 미술적 경관을 통해 드러난다. 건축물보다는 조형물이 자유롭고 창조적인 표현, 특히 시각적인 외관에 의지하는 바가 많기 때문에, 조형물에 의해 도시문화경관이 형성되는 경우가 많다. 영화와 관련하여 80여 년 역사를 지니고 있는 부산 중구 남포동 영화거리[6]에는 상영관들이 밀집되어 있을 뿐만 아니라, 부산국제영화제를 상징하는 조형물이 곳곳에 자리 잡고 있다. 남포동 영화거리 입구마다 설치된 필름 모양의 조형물, 넘실대는 파도 혹은 필름 조각을 연상시키는 가로등 조형물, 영화 촬영 조명등을 재디자인한 가로등 조형물, PIFF[7]문구를 새긴 청사초롱을 재디자인한 가로등 조형물 등 부산 남포동 극장가의 조형물들은 영화라는 문화적 특성과 부산이라는 지역적 특성을 결합시킨 상징적 경관이다. 또한 영화거리의 바닥에는 PIFF라는 명칭이 새겨진 배수구, 유명 배우와 감독들의 핸드프린팅 조형물, 영화 필름과 PIFF라는 명칭으로 디자인된 인도人道 등이 만들어져 있어 이곳이 부산이라는 것을, 그리고 영화거리라는 것을 재확인시켜 준다. 그 외에도 필름이 지구를 감싸고 있는 조형물, 슬레이트를 재해석한 거리 안내도, 필름통을 재디자인한 가로수의 벤치 등은 남포동 영화거리를 특성화시키고 있으며, 문화대중을 끌어들이기 위한 기능을 수행하고 있다(그림 7.3).

한편 부천 소사구 송내동에는 둘리의 거리가 있다. 배수구와 가로등에 이르기까지 만화 〈아기공룡 둘리〉(1983)의 캐릭터들을 만나볼 수 있다.[8] 또한 원미구 상동 구지 공원에는 유명 만화작가의 작품을 감상할 수 있는 특색 있는 테마거리 '숲속 만화로'가 조성되어 있다. 이곳에는 1950년대부터 2000년대까지 전 국민의 사랑을 받았던 유명 만화 캐릭터 조형물 22점이 설치되어 있어, 가는 발걸음을 멈추고 추억에 젖게 한다(그림 7.4). 만화를 테마로 한 이러한 경관들은 부천이 명실상부한 만화도시라는 것을 보여 준다.

세 번째로 살펴볼 경관은 '상점 간판의 광고 언어와 그림'이다. 이들은 언어경관의 일종으로서 도시문화경관의 중요한 자리를 차지한다(Curry, 1991). 판매하는 상품을 간판에 강조해 써넣은 것이 아니라, 상품 홍보를 배제한 채 상점 이름만 써 붙인다든지, 간판을 거꾸로 단다든지, 로마자로만 표기해 붙인다든지, 이미지 부각용 그림만을 넣는다든지, 이벤트명만을 명시한다든지 하는 것을 포스트모더니즘적 언어경관이라고 한다. 특히 부산의 남포동은 판매하고자 하는 상품의 이미지나 연계성과는 상관없이, 극장가에 있다는 것만으로 영화적 특성을 내건 간판들을 심심치 않게 볼 수 있다. 예를 들면, 부산국제영화제의 구舊 영문 명칭인 PIFF란 이벤트명이나 영화 산업으로 유명한 할리우드Hollywood라는 지역명을 사용·인용된 간판, 아카데미·스타·키노 등 영화 관련 단어가 직접 표기된 간판이 그것이다. 이 외에도 유명한 작품명을 직접 간판에 적거나 유명 배우와 가수 등을 활용한 간판 등도 쉽게 접할 수 있다(그림 7.5).

한편 부천 송내동의 간판에 적힌 글씨는 온통 둘리와 관련되어 있다. 간판만으로도 둘리가 부천 출신임을 체감할 수 있는 곳이기도 하다. 또한 부천 상동의 경우는 만화도시로서의 특성을 살리고자 정류장마다 만화포스터가 붙어 있다. 정류장의 이름이나 지점이 의미하는 바와는 상관없

그림 7.3. 부산 남포동 영화거리의 조형물들

그림 7.4. 부천 송내동 둘리의 거리(상), 상동 숲속 만화로의 조형물(하)

그림 7.5. 부산 남포동 영화거리의 간판

그림 7.6. 상동 정류장의 간판언어와 그림

그림 7.7. 부천국제만화축제의 코스프레

이 단지 만화가 그려져 있는 것이다(그림 7.6).

마지막으로, 부산코믹월드와 부천국제만화축제에서 쉽게 접할 수 있는 '코스프레' 역시 도시

문화경관의 포스트모던적 논의가 될 수 있다. 코스프레는 만화와 애니메이션을 재생산하여 즐기는 방식의 하나로, 만화·애니메이션·영화 캐릭터를 옷과 메이크업, 머리 모양, 소품 등을 이용해 표현하고 이러한 모습을 타인에게 보여 줌으로써 자신은 물론 관객에게도 즐거움을 주는 놀이문화이다(장준도·윤은호, 2016). 코스프레 참가자는 점차적으로 만화축제를 돋보이게 하는 요소가 되어 가고 있는데, 과거에는 코스프레 행위 자체를 경멸시하거나 꺼리는 시선이 많았으나 이벤트가 활성화되면서 이제는 코스프레 행위가 자연스럽게 주목받고 있다. 포스트모더니즘은 종래 우리가 흔히 회피하거나 무시하거나 무가치한 존재로 여기던 것들을 가치 있는 것으로 간주한다(Harvey, 1989). 이러한 측면에서 코스프레가 과거에는 이질적인 것으로 여겨져 회피하던 것이었으나 점차 남과 다름을 표현하고 자신이 좋아하는 캐릭터를 개성 있는 옷차림으로 드러내게 되었다는 점에서 포스트모더니즘적 경관으로 파악할 수 있다. 이들 경관은 스펙터클하면서도 상업적이다(그림 7.7). 어쩌면 비주류인 이들의 코스프레가 다소 낯설고 부조화스러울지라도 이벤트 기간만큼은 그 공간에 공존해야 할 경관이라고 여겨진다. 이러한 공존이 도시문화를 더욱 도시답게 하고, 더욱 살아 있는 공간으로 만들어 주는 것이 아닐까 생각해 본다.

4) 영화·만화의 도시로서 부산과 부천의 과제

부산과 부천은 우리나라의 대표적인 영화와 만화의 이미지를 갖고 있는 도시이다. 특히 부산국제영화제, 부산코믹월드, 부천국제판타스틱영화제, 부천국제만화축제 등의 영화제와 만화축제의 지속적이고 성공적인 개최는 부산과 부천의 이미지를 문화도시로 확고히 만들어 주었다. 특히 영화와 만화 등의 문화이벤트를 통한 부산과 부천의 변화된 도시문화경관을 포스트모더니즘으로 해석해 볼 수 있었다. 즉, 부산과 부천의 건축물, 조형물, 간판, 코스프레 경관을 살펴봄으로써 도시문화경관의 특성이 영화와 만화라는 문화이벤트에 의해 모더니즘에서 포스트모더니즘으로 변화되었다는 점을 관찰하였다.

그러나 남은 과제가 있다. 먼저 부산의 경우 영화제 규모가 커지면서 영화제 개최지가 남포동에서 해운대 부근의 센텀시티로 이동하게 되었다는 점이다. 해운대로의 이전은 축제하기 좋은 공간에 대한 고민에서 비롯된 것이고, 센텀시티로의 이동은 산업 지향에 대한 의지의 산물이라는 해석이다(김기홍·정에릭, 2012). 하지만 관(광)객의 입장에서는 남포동의 영화거리 활용도가 떨어져 아쉬운 마음을 감출 수 없다. 부산국제영화제가 20년이 넘게 진행되는 동안 약 15년에 걸쳐 자연스럽게 형성된 남포동의 영화제 관련 경관을 뒤로 한 채, 거대한 센텀시티로의 의도적인 유도는 두 개의 백화점에 가둠으로써 마치 거대한 상업적 규모에 제압당하도록 만든다는 느낌이다. 영화제를 매력적이고 유용한 장소로 만들었던, 즉 관객으로 꽉 찼던 남포동의 영화거리, 몸을 부대끼며 걸어야 했던 거미줄 같은 골목길, 그래서 더욱 가깝게 관객·배우·감독이 어울려 만든 긴장감, 훈훈한 분위기, 인간적인 교감은 더 이상 찾아볼 수 없게 된 것은 아닐까? 물론 조금 더 시간이 지나봐야 알겠지만, 이러한 기우를 단순한 부산국제영화제를 탄생시킨 남포동에 대한 향수나 센텀시티라는 새롭고 낯선 것에 대한 두려움이나 거부감만으로 치부해서는 안 될 것이다. 그러한 이유로 센텀시티로의 개최지 변경으로 인해 외면당하게 된 남포동 경관의 활용도에 대한 연구는 지속되어야 할 것으로 보인다.

부천은 국제만화축제, 국제애니메이션페스티벌 등을 통해 어느 정도 문화적·사회적 활성화 측면에서는 성과를 거두고 있는 것으로 보인다. 앞서 살펴본 경관들이 증명하듯 부천시는 문화도시·만화도시로서 충분히 인지되고 있다. 그러나 부천의 경제 활성화를 달성했다고 단언하기에는 아직 이르다. 또한 부천국제판타스틱영화제가 경쟁력을 점차 상실해 가고 있다는 문제에도 관심이 필요하다. 이 영화제가 꼭 부천에서 개최되어야 한다는 정체성을 확립해 나가야 한다. 부천 경관의 특성은 만화에 집중되어 있다. 물론 만화 자체가 갖는 허구와 상상력이 판타스틱영화제로 자연스럽게 연결될 수도 있지만, 만화를 배제하고 영화제를 바라볼 수 없다는 전제가 존재하는 한, 국제영화제로서 부천국제판타스틱영화제만이 가질 수 있는 예술적 창작성과 독특함을 보다 강조할 필요가 있어 보인다. 판타스틱 영화제만이 가질 수 있는 장점은 통계에 있는 게 아니라 영화에 대한 다양한 담론 형성과 이를 통한 새로운 영화적 욕망을 발전시키는 데 있다는 것을 잊지 않았으면 한다. 단지 포스트모던한 건축물에서 이루어지는 영화제가 아니라 그 내용까지 충실해질 수 있는 부천으로 나아가길, 그래서 판타스틱영화제와 만화축제가 서로 유기적인 관계를 맺어 포스트모던한 경관의 변화로 그치는 것이 아니라 지역경제 활성화에도 도움을 주는 부천만의 관광 상품이 되길 기대해 본다.

2. 드라마의 도시, '춘천'과 '가평'

1) 한류 관광객들을 위한 춘천과 가평

관광 이미지란, 사람들이 어떤 장소나 목적지에 대해 가지는 일련의 반응·생각·인상의 총합이다(Crompton, 1979). 관광 이미지는 관광지와의 직접적인 접촉이 없어도 형성되므로 관광 목적지를 선택하는 데 있어 중요한 역할을 하는 기초석 요인이 되며(Gartner, 1993), 잠재 관광객들에게 하나의 판단 기준의 역할을 하기 때문에, 관광객의 관광 목적지 선택에 도움을 줄 수 있는 적합한 관광 이미지를 설정하는 것이 중요하다. 즉, 관광 이미지는 관광 전 관광의 동기뿐만 아니라 관광 후 재방문 의도에도 영향을 미친다.

이러한 측면에서 강원도 춘천과 경기도 가평은 '드라마 촬영지'라는 관광 이미지를 성공적으로 설정한 지역들로, 특히 한류 관광객들을 유치하는 데 큰 도움을 주었다. 1990년대 중반부터 한국 드라마의 영향으로 인접 국가인 중국과 일본의 한국 관광에 대한 관심이 증가하기 시작하였다. 이러한 한류 열풍은 중국과 일본을 거쳐 싱가포르, 베트남, 인도네시아와 같은 동남아시아 국가에까지 확대되어 드라마 촬영지를 답사하는 행위 자체가 관광 상품으로 자리매김하고 있다(장양례·박정욱, 2004). 특히 2003년부터 2004년까지 일본에서 〈겨울연가〉(2002)[9]가 방영되어 선풍적인 인기를 끌었는데, 당시 일본의 30~50대 여성에게 가장 인기 있는 여행 목적지가 한국의 춘천이었을 정도였다고 한다. 최근에는 〈별에서 온 그대〉(2013~2014)[10]가 인기를 끌면서 가평 쁘띠프랑스로Petit France의 관심이 증가되고 있다.

이처럼 매스미디어가 보여 주는 작품의 스토리와 이를 통해 노출되는 지역의 분위기는 직접 경험하지 못한 세계에 대한 이미지를 보고 싶다는 기대감을 형성한다(Altheide, 1997). 이러한 이유로 매스미디어는 관광지 홍보라는 중요한 의미를 가진다.[11] 춘천과 가평 역시 한류 드라마를 통한 매스미디어 효과를 톡톡히 누리고 있는 지역이다. 이제 관광객들은 스크린으로 만족하지 않는다. 간접적으로 시청하는 것을 넘어 드라마의 주요 촬영지를 직접 찾아가고픈 욕구를 강하게 표출하고 있다.

2) 춘천과 〈겨울연가〉

"조금은 지쳐 있었나봐 쫓기는 듯한 내 생활, 아무 계획도 없이 무작정 몸을 부대어 보며, 힘들게 올라탄 기차는 어딘고 하니 춘천행. 지난 일이 생각나 차라리 혼자도 좋겠네. 춘천 가는 기차는 나를 데리고 가네. …" (김현철 〈춘천 가는 기차〉 중에서)

"내게 올 수 없을 거라고, 이젠 그럴 수 없다고, 제발 그만하라고 나를 달래지. … 니가 보고 싶을 때마다 넌 이렇게 무너져버리고 마니까, 아무리 잊으려고 애를 써도 잊을 수 없게 하니까. …" (Ryu 〈처음부터 지금까지〉 중에서)

김현철의 〈춘천 가는 기차〉, 그리고 드라마 〈겨울연가〉 OST인 〈처음부터 지금까지〉를 흥얼거리며 춘천으로 향한다. 봄 춘春, 내 천川. '봄이 오는 시내'란 예쁜 이름처럼 춘천은 감성을 건드리는 지역이다. 유안진 시인의 시구詩句처럼 "춘천은 이름 자체가 바로 그곳"이기에 춘천은 단순한 지도상의 지역이 아니라 모든 이에게 청춘의 이정표 같은 상징성을 부여해 준다. 안개 가득한 호수와 봉긋한 산들이 감싸 주기 때문일까? 혹자는 춘천을 안개 중독자가 되어 사랑을 배우는 곳이라고도 하였다.

낭만과 호반의 도시인 춘천은 2009년 이후 매해 언론에서 선정한 '우리나라에서 가장 살기 좋은 10대 도시'에서 상위권을 차지한다. 아마도 그 이유는 춘천이 타 도시에 비해 뒤떨어지지 않는 문화적·경제적 풍요로움을 향유하면서도, 공해와 인간적 삭막함으로 찌들어 있는 현대인들에게 꿈과 향수와 생태적 자원을 보유한 도시로 여겨지고 있기 때문이 아닐까 한다. 춘천을 대표하는 관광 이미지는 굉장히 많다. 닭갈비·막국수 등의 먹을거리, 소양강·남이섬·명동거리·청평사 등의 관광지, 안개·호수·숲 등의 자연적 이미지를 보유하고 있는데, 이들 전반에 〈겨울연가〉가 연관되어 있다(그림 7.8). 그러니 춘천을 명실상부한 드라마 도시로 인정할 수밖에! 그렇다면 〈겨울연가〉를 회상하며 춘천을 거닐어 보자.

제일 먼저 간 곳은 춘천시청 건너편의 조양동이다. 이곳은 '명동'으로 불린다.[12] 이 명동거리는 춘천에서 가장 큰 중심가를 형성하고 있는데, 옷·신발·가방·액세서리·패스트푸드점·극장·나이트클럽 등 다양한 상점들이 거리를 가득 메우고 있다. 특히 드라마 〈겨울연가〉가 이곳에서 촬

그림 7.8. 〈겨울연가〉 촬영지 표지(標識). 춘천 명동거리(상), 소양강과 남이섬(하)

영되면서 일본 및 동남아시아 관광객들이 많이 찾아 더욱 유명해진 곳이다.

명동거리는 춘천중앙시장과 인접해 있다. 춘천낭만시장으로도 불리는 이 시장은 1962년에 생긴 춘천에서 가장 큰 재래시장으로 2002년부터 실시한 활성화 사업으로 현대화되었는데, 한복·가방·신발·의류·가전·귀금속·각종 먹을거리 등 다양한 상품과 소박한 인심이 있는 추억의 시장이다(그림 7.9 상).

또한 춘천중앙시장은 닭갈비 골목에 인접해 있어 외국인 선호도가 높은 곳으로 인정받아 한국관광공사가 뽑은 외국인이 가기 좋은 전통시장으로 선정되었다. 닭갈비 골목에는 춘천에서 가장 유명한 먹을거리인 닭갈비와 막국수[13]를 파는 음식점들이 몰려 있다(그림 7.9 하). 춘천 닭갈비가 유명한 이유는 이 지역에 예전부터 양계장이 많았기 때문이다. 현재에도 춘천시 관내에는 약 300여 개의 닭갈비 업소와 20여 개의 가공업소가 성업 중에 있으며, 양계사육농가 20호에서 연간 500만 수를 생산하고 있다(최윤상 외, 2012). 춘천 닭갈비 골목의 역사는 50여 년을 넘어선다. 1960년대까지만 해도 서민들을 위한 작은 식당의 메뉴 중 하나에 불과했던 닭갈비는 1980년대부터 유명해지기 시작하였다. 저렴한 가격에 푸짐하게 먹을 수 있는 음식인 닭갈비는 먼저 이 지

그림 7.9. 춘천 명동거리의 춘천중앙시장(상), 닭갈비 골목(하)

역에 임시로 머물던 군인과 M.T.를 온 대학생들에게 인기를 끌었고, 1990년대에 들어와 외식 문화가 보급되기 시작하면서 닭갈비는 추억의 음식이자 저렴한 외식 메뉴로 인식되면서 춘천의 명물이 되었다.

이번에는 춘천 남산면 방하리에 위치한 남이섬으로 발길을 돌려본다(그림 7.10). 많은 이들은 이곳을 〈겨울연가〉 속 준상과 유진이 행복하게 데이트를 즐기던 장소, 특히 메타세쿼이아 길을 인상적으로 기억할 것이다. 1965년부터 심기 시작했다는 나무들은 이제 무성히 자라 울창한 숲을 이루고 있다. 남이섬은 원래 섬이 아니었다. 홍수가 나면 섬이 되곤 했던 남이섬은 청평댐 건설로 인해 물이 차게 되면서 이제는 청평호 위에 떠 있는 완전한 섬이 되었다. 남이섬은 둘레가 약 6만 km, 넓이가 약 14km인 작은 섬이지만 이제는 규모 이상으로 많은 관광객이 찾는 곳이다. 1970~1980년대는 여름밤 젊음의 상징인 〈강변가요제〉의 단골 무대이자 영화 〈겨울 나그네

〉(1986)의 촬영지로, 1990년대에는 CF 촬영지로, 그리고 2002년부터는 〈겨울연가〉의 촬영지로 기억되는 곳이기도 하다.

육지였던 곳이 섬이 되어서일까? 남이섬은 제한된 자연의 공간 속에서 끊임없이 변화를 시도한다. 곧 추억으로 내달릴 시간 속에서 많은 관광객들은 자연과 인공이 만난 이곳 남이섬에서 돌무더기를 쌓고, 일렬로 늘어선 나무들 사이를 걷고, 펼쳐진 잔디밭을 거닐며, 밤하늘의 별을 세며 새로운 꿈을 꾼다.

마지막으로, 춘천에서 청평사를 빼놓을 수 없다(그림 7.11). 섬 속의 설로 불리는 청평사는 이 고장의 가장 유서 깊은 대찰로, 고려 광종 24년(973)에 창건되어 이자현李資玄이 은거하면서 유명해진 곳이다. 그가 벼슬을 버리고 이곳에 머물면서 도적이 그치고 호랑이와 이리가 자취를 감추었다고 전해진다. 그리고 그때부터 이곳을 '맑게 평정되었다'는 뜻의 청평淸平으로 부르게 되

그림 7.10. 남이섬 풍경

그림 7.11. 소양호(좌), 청평사(우)

었다. 이곳을 가려면 소양호 선착장에서 선박을 이용해 10분 정도 들어가야 한다. 청평사는 계곡을 따라 주변의 자연경관을 최대한 살려 수로를 만들고, 계곡의 물을 자연스럽게 정원 안으로 끌어들여 연못에 연결시켰으며, 주위에 정자와 암자를 세운 곳이다. 이렇게 자연의 섭리에 순응하여 선禪을 익히는 공간을 마주할 수 있다는 것은 감사한 일이다. 굳이 〈겨울연가〉가 아니어도 좋다. 대신 〈오월의 멜로〉(2012), 〈기황후〉(2013~2014), 〈다른 길이 있다〉(2017) 등 많은 드라마와 영화가 촬영된 곳이니 말이다.

3) 가평과 〈별에서 온 그대〉

가평은 춘천, 인제, 양구 등과 함께 북한강 물길의 맥을 같이 하는 곳이다. 북한강은 이 지역의 동쪽 경계를 따라 흐르면서 청평호를 이루고, 그 지류인 가평천과 조종천 연안에는 작은 분지와 곡저지대가 형성되어 있다. 가평군은 모두 수변을 가지고 있고 주변이 산지로 연결되어 훌륭한 녹지 네트워크가 기대되는 곳이다(김군수 외, 2000). 실제로 북한강 주변의 여러 자연 관광지들은 이러한 사실을 증명해 준다.

하지만 이들 못지않게 관광객들의 이목을 끄는 곳이 있다. 바로 쁘띠프랑스이다. 청평댐에서 남이섬 방향으로 호숫가를 따라가다 보면 왼쪽 언덕에 이국적 건물들이 옹기종기 모여 있는 것을 볼 수 있다. 건물만 보면 지중해 연안의 마을 같기도 하고, 호명산의 수려한 주위 배경과 함께 보면 마치 알프스 산록의 전원 마을 같기도 하다(그림 7.12 상). 그렇지만 쁘띠프랑스는 2008년 프랑스 마을을 콘셉트로 조성되었다. 이름 그대로 '작은 프랑스'라는 뜻인데, 발음상으로는 소설 『어린 왕자』(1943)의 프랑스어 제목인 쁘띠프랭스Le Petit Prince와도 비슷하다. 그래서인지 쁘띠프랑스의 공간 디자인은 주로 꽃과 별, 그리고 어린 왕자로 구성되어 있다(화장실 남녀 표지를 글자가 아닌 어린 왕자 실루엣과 색상으로 표현한 점도 이색적이다.). 이곳에는 『어린 왕자』를 주제로 한 테마공원, 생텍쥐페리Saint-Exupéry의 일생과 『어린 왕자』 등 작품 세계를 설명한 생텍쥐페리 기념관, 200년 된 오르골에서 나오는 감미로운 선율을 들을 수 있는 오르골 하우스, 프랑스 고택을 그대로 들여와 지은 프랑스 전통 주택 전시관, 프랑스의 상징인 닭 조각과 그림, 자기를 비롯해 프랑스 및 유럽에서 수집한 골동품을 볼 수 있는 골동품 전시관 등으로 구성되어(그림 7.12 하), 관람객들은 숙박을 하면서 19세기 전통 프랑스의 의식주 문화를 체험할 수 있다.

그림 7.12. 쁘띠프랑스 전경(상), 프랑스 문화 체험관(하)

초기에는 프랑스식 테마공원을 기초로 한 청소년 수련관으로 이용되었으나 드라마 〈베토벤 바이러스〉(2008), 〈시크릿 가든〉(2010~2011), 〈별에서 온 그대〉와 예능 프로그램 〈런닝맨〉(2010~)의 촬영 장소로 이용되면서 한류 드라마를 체험할 수 있는 대표적 관광지가 되었다. 특히 〈별에서 온 그대〉는 동화적이고도 환상적인 요소를 지닌 쁘띠프랑스에서 촬영되었다는 점에서, 작품과 장소의 결합이 잘 어우러진 경우라고 볼 수 있을 것이다. 드라마 작품명에 등장하는 '별'과 쁘띠프랑스의 '어린 왕자'와의 관계를 별도로 볼 수 없듯이 말이다. 여하튼 400년 전 지구에 떨어진 외계인 도민준과 여배우 천송이가 사랑을 확인하는 장소로서의 쁘띠프랑스는 매우 아름다워서 기억될 수밖에 없는 장소임에는 틀림없다.

4) 한류 관광지, 춘천과 가평이 나아갈 길

드라마에 등장했던 장소를 직접 찾아가 보는 것이 이제는 관광 코스의 일환으로 개발되어 관광 사업화되었다. 특히 한류 바람을 타고 아시아권 드라마 마니아들이 해당 지역을 관광함으로써 드라마 촬영지에 대한 인식을 새롭게 만들었고 이러한 장소는 산업적·문화적 중요성을 띠게 되었다.

이러한 측면에서 춘천과 가평은 아름다운 지역적 특성과 〈겨울연가〉, 〈별에서 온 그대〉 등의 작품과 연계해 '드라마 촬영지'라는 관광 이미지를 확고히 한 지역이다. 드라마와 관광이 복합된 클러스터를 구축해 활용함으로써 단순히 보고 느끼는 장소가 아니라 한류 문화에 대한 예술적 체험이 이루어지는 공간으로써 나름 성공적인 사례로 평가받는다.

하지만 과제도 남아 있다. 한류 관광이 꾸준히 증가하면서 매스미디어에 노출된 촬영지에 방문하는 외국인 관광객들이 증가하고 있기는 하나 한류 관광지로만 구성된 상품은 점점 매력도가 떨어지고 있는 실정이다. 드라마도 나이를 먹기 때문이다. 매스미디어의 노출을 경험한 관광객들은 스크린 속에서 보았던 해당 촬영 장소에 직접 방문하여 스크린 속 장면 이상의 체험을 기대하지만, 관련 관광지들이 이러한 기대감을 충족시켜 주지 못할 경우 이러한 상황은 더 악화된다. 즉, 매스미디어를 통한 간접 관광 체험이 실제 관광으로 이어졌을 때, 경험 이전에 형성되었던 이미지와 너무 상이하여 관광객들의 흥미가 떨어질 경우 지속적인 경제적 파급효과는 기대하기 어려울 수도 있다는 말이다.

따라서 체계적인 한류 관광지 상품 개발 및 구성을 위한 노력이 필요하다. 실제 한류 관광지 내에서의 관광객들의 이동 행태를 분석하여 이에 따라 적절한 매력물을 배치하고, 관광객들의 특성에 부합하는 동선을 계획하는 것이 필요하다. 이러한 측면에선 춘천이 가평보다 조금 더 높은 평가를 받을 수 있을 듯하다. 또한 잠재적 관광객들의 지속적인 방문 및 재방문을 유도하기 위해 매스미디어에 노출된 장면과 내용을 이해할 수 있도록 관광유인자원을 개발해야 한다. 그리고 오래전 드라마라도 낡은 과거로만 인식되지 않도록 지속적인 홍보와 유지·관리까지 책임질 수 있어야 한다. 그러기 위해서는 드라마 촬영지로서의 매력뿐만 아니라 자연경관까지 아름답게 보존하고 가꾸는 작업도 지속적되어야 할 것으로 보인다.

3. 디즈니피케이션disneyfication의 실현, 테마파크: '롯데월드'와 '에버랜드'

1) 관광환경의 테마화

관광 장소들은 시간의 흐름에 따라 지속적으로 사라지기도 하고 새로운 장소가 부각되기도 한다. 이 중 새로운 장소가 부각되는 과정에서—특히 근대 산업화 시대 이후 현대에 이르기까지—중요한 요인으로 작용하는 것은 관광환경의 테마화theming이다. 테마화란, 물리적 디자인과 이와 관련이 있는 문화적 이야기narrative 등의 개발을 통해 특정 장소에 체계화된 정체성을 이입하기 위해 계획된 과정이다(Stephen, 2009). 이러한 모든 과정은 하나의 공통된 주제theme 또는 일단一團, set의 상호 관련이 있는 주제들을 근간으로 한다. 테마화는 물질이나 상징적 방법을 도구로 사용하여 주로 다음과 같은 과정을 통해 조성한다. 즉, 테마를 상기시키는 조경의 개발, 장소·거리·공공 광장 등에 테마와 관련 있는 명칭 부여, 테마를 연상시키는 매력물(박물관·관광거리·오락 장소 등) 개발, 테마를 연상시키는 거리의 시설물이나 표지판 등의 스타일이나 로고 개발, 테마에 기반한 상점들의 운영 스타일 개발, 테마와 관련 있는 기념품 판매, 안내·광고용 책자brochure와 같은 장소 홍보 매체에 테마 이입 등의 과정으로 조성되는 환경의 테마화는 최근 도시의 건조환경을 중심으로 적극적으로 시도되고 있다. 이는 관광 산업의 성장이 도시의 전반적인 경제발전과 매우 긴밀한 관계를 가지고 있다는 인식의 확산에 기인한다.

하지만 테마화는 단순히 경제적인 이익만을 도출하는 도구로서의 기능을 하는 것은 아니다. 장소의 테마화는 경제적 이익과 더불어 다양한 문화적 정체성을 드러낼 수 있는 통로가 되기 때문이다.

2) 테마화의 장소적 실현, 디즈니랜드

환경의 테마화가 가장 극명하게 드러나는 곳은 테마파크이다. 테마파크에 대한 관심이 고조되는 이유는 다음의 세 가지로 요약할 수 있다. 첫째 문화의 세계화 과정에서 테마파크의 역할에 대한 중요성이 높아지고 있다는 점, 둘째 새로운 관광 장소들을 창출하는 과정에서 테마파크가 차지하는 중요성이 증가하고 있다는 점, 마지막으로 테마파크의 포스트모더니티가 관광 공간에 미치는 영향의 중요성 역시 증가하고 있다는 점 때문이다. 테마파크는 단순하거나 효율적인 공간이 절대 아니다. 즉, 테마파크는 상당한 재미와 멋을 추구하는 복잡한 공간으로 구성되어, 현실 감각마저 마비시키는 비현실적 공간(동화, 신비, 모험 등의 공간)으로 조성되므로 포스트모더니티의 성격이 강하게 나타나는 곳이다.

그렇다면 테마파크를 어떻게 정의할 수 있을까? 테마파크들의 개별적 특성은 장소에 따라 다양하게 나타나므로 공통된 정의를 도출하기에 다소 어려운 점이 있으나, 여기서는 '자족적인 가족 놀이공원의 형태로, 이곳을 구성하는 조경·배경·탈것·공연·전시 등의 요소들이 공통된 한 테마 또는 몇 가지 테마의 집합을 반영할 수 있도록 조성된 장소'로 정의한다. 테마파크의 대표적인 예로 디즈니랜드Disneyland를 들 수 있다(그림 7.13). 디즈니랜드는 1955년 만화영화 제작자 월트 디즈니Walt Disney가 미국 캘리포니아주 오렌지 카운티Orange County의 애너하임Anaheim에 세운 대규모 오락시설이다. 디즈니랜드는 2017년 기준 미국에 6곳, 일본·프랑스·중국에 각 2곳씩 총 12곳이 문을 열었는데, 입장객의 70%가 성인으로 알려져 있다.

미국 디즈니랜드는 바깥 둘레에 산타페 철도가 돌고, 안에는 1890년대의 미국 마을을 재현한 '메인 스트리트 U.S.A.'를 중심으로 '모험의 나라', '개척의 나라', '동화의 나라', '미래의 나라' 등으로 나누어진 구역이 테마별로 배치되어 있는데, 미국이 아닌 다른 나라의 디즈니랜드 역시 이러한 기본 테마의 틀을 크게 벗어나지 않는다. 이러한 테마를 통해 디즈니랜드는 꿈과 환상, 그리고 상상이라는 탈일상적·비일상적인 세계를 현실로 재현해 체험시키고, 여기에 오락적 요소와 재미를 가미해 전 세계 많은 사람들의 사랑을 받고 있다. 대표적인 어뮤즈먼트파크amusement park[14]로서 디즈니랜드는 전 세계 수많은 테마파크에서 복제되며 재생산되고 있다.

특히 영화·오락기업인 MCA, Time-Warner 등 대기업들의 참여를 통한 디즈니랜드의 상업적 성공은 디즈니랜드를 명실상부한 '디즈니 제국'으로 만들었고, 현대 대중문화와 엔터테인먼트 분야에서 미국의 주도권을 공고히 하는 계기가 되었다. 또한 디즈니랜드 테마파크의 세계화는 세계적 차원에서 문화적 교류와 영향력을 확산하는 데 매우 크게 기여하였다. 미키마우스Mickey Mouse, 미니마우스Minnie Mouse, 도널드덕Donald Duck, 데이지덕Daisy Duck, 구피Goofy, 플루토Pluto, 푸Pooh 등 친근한 캐릭터들의 이미지는 세계에서 가장 잘 알려진 문화 아이콘으로 인식되고 있다.

그림 7.13. 미국·일본의 디즈니랜드 테마파크 경관

물론 디즈니랜드 테마파크 및 오락 산업이 주는 부정적 측면도 간과할 수 없다. 디즈니 상품에 내포된 부분적이고 선택적인 이데올로기는 미국의 역사적·문화적 문제들에 대한 의식을 희석시키기도 한다.[15] 더욱이 디즈니는 현대 자본주의의 부정적인 면을 함축적으로 내포하고 있다. 다시 말해 진정한 문화authentic culture의 붕괴, 공공장소의 사유화, 시민권을 압도하는 상업주의의 승리, 문화적 다양성과 역사의 부정 등의 효과를 가진다는 비판에서 결코 자유롭지 못하다.

3) 디즈니피케이션의 실현, 롯데월드와 에버랜드

테마파크에 들어서면 어디까지가 현실이고 어디까지가 허구인가에 대한 혼동과 마주한다. 현실과 허구, 실재와 부재, 현재와 과거의 경계가 무너진 디즈니랜드 혹은 이와 비슷한 공간에서 우리는 자연스럽게 디즈니피케이션을 경험한다. 디즈니피케이션을 굳이 번역하자면 디즈니화化이다. 분명 현실에 살고 있음에도 디즈니랜드, 롯데월드, 에버랜드 등의 테마파크에 입장하는 순간 우리는 허구로 만들어진 환상의 또 다른 세상으로 진입하게 되는 것이다. 그리고 환상과 동화가 펼쳐지는 이 상업적이고 판타지적인 경관에 자연스레 흡수되면서 나이, 직위, 성별 등을 잊고 테마파크의 캐릭터와 친구가 되어 동심으로 돌아가게 되는데, 이러한 현상을 디즈니피케이션이라고 한다. 일상에서 느끼는 단조로움과 비효율적인 현실과는 반대되는 꿈이 상업적으로 나열된 이 꿈의 공간에서 우리는 현실을 망각한 채 디즈니피케이션을 경험한다(그림 7.14). 더듬이가

그림 7.14. 롯데월드와 에버랜드에서의 디즈니피케이션

달린 머리띠를 하고, 동물 귀가 달린 귀여운 모자를 쓰고, 하얀색의 천사 날개를 달고, 형광색 불이 번쩍거리는 마법사의 봉을 들고, 형형색색의 막대 사탕과 커다란 솜사탕을 먹으며, 귀여운 캐릭터가 새겨진 풍선을 들고 다닌다. 그리고 회전목마, 바이킹, 양탄자, 롤러코스터, 우주선, 공중자전거, 그네, 찻잔 등 각각의 테마로 이루어진 기구들을 타는 데 굳이 경제적 개념을 적용시키지 않는다. 이들 경험을 위해 지갑을 여는 데에는 그리 오랜 시간이 걸리지 않으며, 긴 줄을 기다려야 하는 수고도 기꺼이 불사한다. 디즈니랜드와 롯데월드, 에버랜드는 현실적 괴로움과는 거리가 먼 공간이다. 테마파크에서는 동심의 이름으로 모든 것이 허용되기 때문이다. (물론 이곳을 나서며 현실로 돌아온 순간부터 머리띠를 살며시 빼고, 모자를 벗고, 날개를 떼어 내며, 예상 밖의 지출에 새삼 놀라더라도 말이다.)

이처럼 테마파크의 경관은 수동적으로 감상되는 것만은 아니다. 일반적으로 경관은 소비를 촉진하거나 특정 이데올로기의 무의식적 주입 등의 효과를 가지는데, 특히 현대 자본주의 사회에서는 경관이 상업적 목적에 의해 조작되는 경우를 쉽게 찾아볼 수 있다. 대중이 대중문화를 선택하는 것이 아니라 오히려 대중은 생산자와 기업에 의해 조작되는 경우가 있다. 그래서 내가 선택하는 것이 결국 다른 사람의 선택과 모두 같아지는데, 이러한 장소의 가장 극단적인 형태가 바로 디즈니랜드, 롯데월드, 에버랜드와 같은 테마파크인 것이다. 이러한 테마파크는 역사와 동화, 그리고 현실과 환상 등을 초현실적으로 조합시킴으로써 그 지역의 특정한 지리적 맥락과는 거의 상관없는 경관을 창출한다. 또한 이들 테마파크는 원하지 않는 요소는 제거하고 원하는 것들만 모아 만든 판타지적이고 포스트모던적인 경관을 창출함으로써 우리의 경제관념을 순간적으로 망각시킨다.

4) 디즈니피케이션이 창출한 롯데월드와 에버랜드의 포스트모더니티

디즈니랜드, 롯데월드, 에버랜드 등 테마파크의 가시적인 시설이나 배경은 대부분 '만들어진' 것이다. 즉, 테마파크의 경관은 만화 주인공, 동화, 신화, 전설 등에 등장하는 상상의 인물이나 장소를 묘사하고 있는데, 이러한 가짜 현실이 나열되고 있는 공간임에도 불구하고, 많은 지역의 정부와 주민들은 테마파크의 입지가 해당 지역에 긍정적 영향을 유발할 것으로 보고 테마파크를 유치하고자 애쓰고 있다. 무엇보다 테마파크는 자연자원에 기반을 두지 않으므로 테마파크의 입지 과정에 대한 제약 조건이 상대적으로 미약한 편이기 때문이다. 이러한 입지의 유연성에 따라 테마파크는 전 세계 주요 국가의 새로운 관광 장소로 급속히 확산되었고, 세계적인 차원에서 새로운 관광지 분포를 창출하고 있다. 일부 테마파크는 미국 플로리다처럼 기존 관광지에 만들어지기도 하지만 많은 경우 기존의 관광지가 아닌 새로운 지역에 만들어져 색다른 관광지를 연출한다. 실제로 애너하임은 1955년 당시 약 7개의 중급 모텔이 있는 정도의 특징이 없는 지역이었으나 디즈니랜드가 개발됨으로써 유명 관광 장소가 되었다. 거시적인 관점에서, 미래의 도시 건설은 도시 전체를 테마파크로 만드는 작업이 될 수도 있다고 하니 가짜 현실이 창출한 테마파크의 의의는 새로운 관광지리를 창조할 가능성이 있다라는 측면에서 절대 가볍지 않다.

한편 가짜 현실에 기반한 공간의 테마화는 디즈니피케이션의 실현을 위해 보다 완벽한 세부 사항을 실현하고자 한다. '질서 있는 통제'와 '환대'라는 일견 상반된 개념으로, 캐릭터 중 악당도 명랑하고 유쾌하게 형상화한다. 또한 예측이 가능한 권선징악임에도, 오래 줄을 서 있어도 무언가 즐거울 것이라는 일종의 종교적 신념을 관람객에게 심어 준다. 앞서 언급했듯이 이곳은 현실, 시간, 공간 개념을 망각할 수 있도록 계산된 설계가 이루어져 있다. (실제로 롯데월드와 에버랜드는 출입구 외에는 시계가 설치되어 있지 않다.) 더욱이 언어의 개입이 없어도 소통이 가능하도록 설계된다. 오로지 감동과 감성을 자극하는 요소를 부각시켜 재미와 기쁨을 부여하도록 정교히 구성한다. 그 행복감은 건축 설계로부터 배치에 대한 세부 사항에 이르기까지 일관되게 장치되는 것이다.

이렇게 설계된 롯데월드와 에버랜드의 판타지적 특성은 포스트모더니티로 이어진다. 건축양식과 공간 형태가 세밀히 계산된 배합을 통해 콜라주collage[16] 또는 패스티시pastiche[17] 류의 분위기를 형성하고, 현실 세계와 가공의 세계를 의도적으로 혼합하여 초현실적인 분위기를 조성하며, 현실적으로 존재하지 않는 상상의 상황에 대한 오리지널리티originality를 적극적으로 창조한다. 또한 시·공간의 과장된 압축을 통해 방문객들이 쉽게 시·공간을 넘나들 수 있도록 함으로써 다양한 문화와 시대를 동시에 접할 수 있는 조건을 조성하고, 전통적으로 구별된 용도나 장소 간의 구별을 제거하여 다양한 용도들, 즉 판매·오락·숙식 등의 용도들이 자연스럽게 혼재하는 공간을 조성한다(그림 7.15). 이러한 롯데월드와 에버랜드의 포스트모더니티적 환경들은 '포스트관광객post-tourist'[18]에게 매우 강력하게 어필하고 있다. 테마화가 진행된 테마파크라는 공간에서 포스트관광객들은 자연스럽게 주연 배우가 되고, 운영자나 종업원은 조연이 될 수 있으니 말

그림 7.15. 가짜 현실 및 디즈니피케이션에 기반한 롯데월드와 에버랜드의 포스트모더니티

이다.

이렇게 테마파크라는 새로운 관광 장소의 창조는 포스트모던적인 특성과 함께 관광의 능력을 반영한다. 디즈니랜드, 그리고 롯데월드와 에버랜드가 막강한 경제적 능력을 바탕으로 새로운 관광 장소를 창조한 사실은 부인할 수 없다. 그리고 우리는 이제 이 새로운 장소, 새로운 왕국을 통해 어렵지 않게 디즈니피케이션을 경험할 수 있게 되었다. 경제력이 창출한 가짜 현실에 기꺼이 속아 줄 마음만 있다면 충분히 행복할 수 있는 신新관광의 시대가 펼쳐진 것 아니겠는가?

제8장 과거와 현재의 공존

1. 외유내강, 전주 '한옥마을'

1) 슬로시티와 해찰의 고장, 전주

일에는 마음을 두지 않고 쓸데없이 다른 짓을 하는 것을 '해찰'이라 한다. 요즘처럼 무엇이든지 빨라야 하는 시대에 해찰을 하며 시간을 흘려보내는 것은 자칫 무능력하거나 게으름 피우는 것처럼 보이기 십상이다. 하지만 빠름에서 벗어나, 해찰을 하며 천천히 시간을 보내는 것이야말로 우리에게 필요한 것 중 하나이다. 빠름은 기술 혁명이 인간에게 선사한 황홀감의 한 형태로, 속도가 주는 편리함을 손에 넣기 위해 느림의 즐거움과 행복을 희생시킨 것이기 때문이다(슬로시티, 2017). 우리는 느림이 주는 즐거움과 행복을 찾을 권리가 있다.

그러한 의미에서 슬로시티[1]로 지정된 전주全州는 해찰의 고장이라고 할 만하다. 빠르고 실용적인 것을 최우선으로 하는 고층 빌딩들 속의 삶에서 벗어나, 느리지만 깊이와 품위가 있는 한옥마을에서의 삶은 그 자체로도 충분히 매력적이다(그림 8.1). 더구나 전주는 경기전慶基殿, 오목대梧木臺, 전동성당, 전주사고全州史庫, 전주향교全州鄕校, 풍남문豐南門 등이 있는 명실상부한 한국 전통문화의 수도일 뿐만 아니라 전주 비빔밥, 전주 한정식, 전주 콩나물국밥, 전주 오모가리탕, 전주 모주, 등의 전통 먹을거리까지 풍부해 방문객의 즐거움을 더하는 곳이다.

이렇게 느림의 미학과 전통문화 그리고 먹을거리까지 풍부한 전주는 통일신라시대 때부터 군

그림 8.1. 전주 한옥마을 전경

사·행정의 중심지로서 완산주完山州로 불리다가 신라 경덕왕景德王 16년(757), 완산주를 전주로 개명해 지금에 이르고 있다. 현재 전주는 전라북도 도청 소재지로 전라북도 행정의 중심지이며, 덕진구와 완산구로 이루어져 있고, 면적은 205.5km^2이며, 2017년 6월 기준 약 26만여 세대, 65만여 명이 거주하고 있다(통계청, 2017).

2) 패스트푸드의 등장에 따른 슬로푸드의 감소

여행의 즐거움에는 여러 가지가 있지만, '금강산도 식후경'이라는 말처럼 맛있는 음식을 먹는 즐거움을 빼놓을 수 없다. 특히나 전주는 유네스코가 지정한 음식 창의도시創意都市[2]로, 앞서 언급한 바와 같이 '전주'라는 이름이 붙은 전통음식들이 많다(그림 8.2). 이처럼 전주에 유명한 전통음식들이 많은 이유가 지리적으로 보았을 때 김제평야의 풍부한 쌀, 임실·진안 등의 산지에서 나는 나물들, 그리고 군산의 해산물이 모이는 곳이기 때문이라는 주장이 있는데, 이는 상당히 설득력이 있어 보인다(tvN, 2017. 7. 21.).

하지만 지금의 전주 한옥마을(이하 한옥마을)은 전통적인 슬로푸드들이 패스트푸드들에게 자리를 많이 빼앗긴 상태다. 특히 꼬치구이를 파는 가게들이 한옥마을 내 16곳이나 들어서 있어

그림 8.2. 전주 대표 음식들. 비빔밥과 한정식
출처: 전주시 문화관광 홈페이지

그림 8.3. 한옥마을의 꼬치가게들(좌·중), 관광객들이 버리고 간 쓰레기 더미(우)

'꼬치마을'이라는 불명예스러운 별명마저 생겼다(한겨레, 2017. 2. 20.). 꼬치구이 가게에서 나는 각종 냄새와 연기가 한옥마을의 정취를 앗아가고 있을 뿐만 아니라, 테이크아웃을 하며 발생되는 각종 쓰레기들로 인해 한옥마을의 중심도로인 태조로太祖路가 악취와 쓰레기 더미들로 몸살을 앓고 있다(그림 8.3).

3) 부드러운 처마 끝에서 느껴지는 강인한 항일 정신

비록 전주가 쓰레기와 악취로 더럽혀지고 있지만, 태조로를 중심으로 한 한옥마을의 역사는 쉽게 훼손될 수 있는 것이 아니다. 태조로는 이름에서부터 알 수 있듯이 조선을 건국한 태조 이성계와 관계가 깊은 길로, 한옥마을의 시작을 알리는 경기전에서부터 길의 끝에 있는 오목대를 잇는 약 1km의 도로를 지칭한다(그림 8.4).

경기전은 태조의 어진御眞을 모신 곳으로 전국에 있는 5개의 태조진전太祖眞殿[3] 중 유일하게 현재까지 남아 있는 곳이다(그림 8.5 상좌). 또한 경기전 안에 『조선왕조실록朝鮮王朝實錄』(1863)

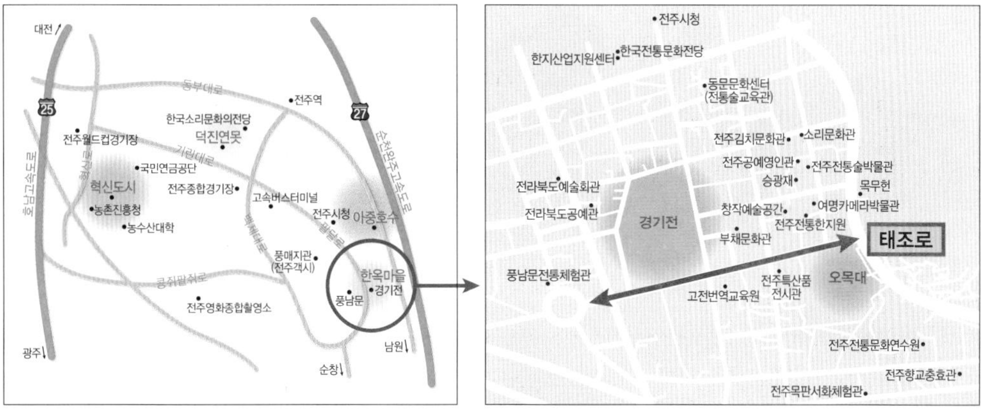

그림 8.4. 전주한옥마을의 세부 지도
출처: 전주시 관광지도 팸플릿(2017) 자료 재구성

을 보관하던 전주사고가 있어 조선 왕실에게 있어 그 어느 곳보다 중요한 장소였음을 알 수 있다(그림 8.5 상중). 그러나 경기전도 임진왜란의 화마에서 벗어날 수 없었는데, 다행히 손홍록과 오희길이 태조의 어진과 실록을 내장산 용굴암으로 옮겨 현재까지 보존할 수 있었다.

또한 경기전에는 예종의 태실胎室이 위치한다. 태실은 왕족의 태胎를 묻은 곳으로, 태 항아리라는 석실을 만들어 왕족의 태를 담아 산봉우리 근처에 조성한다. 원래 예종의 태실도 경기전 내 평지가 아닌 전라북도 완주군 구이면 구이초등학교 뒷산 정상 부근에 있었다. 그러나 1928년 조선총독부가 태 항아리를 일본으로 가져가면서 예종의 태실은 파괴되고 오랫동안 폐허로 남아 있었다. 현재 모습은 그나마 남아 있던 비석과 태실 등을 1970년에 경기전 안으로 자리를 옮겨 복원한 것이다(그림 8.5 상우).

경기전을 나와 태조로 끝까지 걸어가면 작은 언덕을 마주하게 된다. 이 작은 언덕 위에 있는 정자가 바로 오목대이다(그림 8.5 하). 태조 이성계는 1380년 남원에 있는 황산荒山에서 왜구를 크게 물리치고 돌아가던 중 이곳에 올라 승전 잔치를 벌였고, 조선 건국 후 정자를 지어 오목대라고 칭하였다. 후에 고종 황제가 이를 기념하기 위해 친필로 태조고황제주필유지太祖高皇帝駐畢遺址4라고 쓴 비석도 아직 오목대 옆에 남아 있다(그림 8.5 하). 이처럼 태조로는 왜구에 맞서 승리한 기억과 목숨을 걸고 어진과 실록을 지킨 충정, 일제에 의해 파괴된 전통을 복원한 역사, 태조처럼 침략 세력을 무찌르길 기원하는 마음이 길의 시작부터 끝까지 공존하고 있다.

이러한 항일의 역사는 일제강점기 한옥마을 조성까지 이어진다. 애초에 한옥마을은 백성들이

그림 8.5. 태조진전(상좌), 전주사고(상중), 예종 태실(상우), 오목대(하)

살던 마을로 현재 유일하게 남아 있는 성문인 풍남문 밖에 형성되었다. 그러던 1911년, 일제는 유서 깊은 전주성을 남문(현 풍남문)만 남기고 모조리 철거한 후 전주와 군산을 잇는 '전군가도全群街道'[5]를 만들었다. 전군가도를 통해 호남에서 생산된 쌀들이 군산항으로 빠르게 실려 나갈수록 농민들의 삶은 피폐해졌고, 상대적으로 호남에 거주하는 일본인들의 삶은 풍족해졌다. 이 과정에서 많은 부를 축적한 일본인들은 이미 헐린 전주성 안에 일본식 집을 짓고 상권을 형성하며 자신들만의 공간을 만들기 시작하였다. 이때 일제에 저항하던 선비들이 한옥마을 터에 모여들어 마을을 만들었다. 그렇게 다시 만들어진 한옥마을은 일본 상권을 마주 보는 방향으로 조성되었고, 그 안에는 태조의 어진을 모신 경기전과 전주향교를 배치하였다(이병천 외, 2013). 즉, 왜구를 무찌른 태조의 어진과 조선 왕조의 기틀이던 향교를 품고, 일본인들의 공간을 정면으로 바라보며 조성된 한옥마을은 그 자체로 일제에 대한 저항이었다.

4) 평등한 세상을 꿈꾸며 – 전봉준과 전동성당, 그리고 청년몰

그런데 외세에 대한 저항은 이미 한옥마을 조성 이전부터 진행되고 있었다. 바로 녹두장군 전봉준이 활약한 '동학농민운동'이다. 신분제의 굴레에서 벗어날 수 없었던 조선시대의 농민들과 하층민들에게는 모든 사람이 평등하다는 동학[6]의 사상이 매력적으로 다가왔을 것이다. 결국, 탐관오리들의 폭정으로 피폐한 삶을 살아가던 농민들은 전봉준을 중심으로 뭉쳐 봉기를 일으켰고 1894년 전주성을 점령하기에 이른다. 이 시기에 전봉준은 전주성 남문 밖 시장에 들러 국밥이나 비빔밥을 즐겨 먹었다고 한다(이병천 외, 2013). 전주성을 점령한 1894년 봄이 전봉준에게는 꿈과 같은 시간이었겠으나 봄은 너무도 짧았다. 같은 해 겨울, 전봉준은 옛 동지의 배신으로 잡혀 참수형에 처해졌다. 전봉준의 꿈은 비록 이루어지지 못했지만, 평등을 외치던 그의 발자취가 남아 있는 전주성, 현 한옥마을의 동학혁명기념관에서는 1894년의 뜨거웠던 함성이 들리는 듯하다(그림 8.6).

동학이 비록 서학, 즉 천주교에 대항해 만들어진 종교지만 모두가 평등한 세상을 꿈꾸었다는 점에서는 천주교와 공통점이 있다. 특히 한옥마을 초입에 자리 잡은 전동성당은 우리나라 천주교 역사상 가장 중요한 곳 중 하나이다(그림 8.7). 바로 1791년 윤지충과 권상연이 한국 천주교 역사상 최초로 순교했던 자리에 세워진 성당이기 때문이다. 두 사람이 순교한 후 100년이 지난 1891년, 참수가 행해졌던 풍남문 밖에는 성당 터가 마련되었고, 100년 전의 순교를 지켜보았을 전주성의 성벽은 성당의 주춧돌이 되어 1914년, 마침내 전동성당이 완공되었다. 둥근 아치가 특징인 로마네스크 양식으로 설계된 전동성당의 돔 안에는 죽음으로 자신의 신앙을 지키고자 했던 순교자들의 강인한 정신이 깃들어 있다.

한옥마을 안에서 동학혁명기념관과 전동성당이 평등한 세상을 외치고 있다면, 풍남문 밖 남부시장에서는 청년몰이 경제적으로 불평등한 세상에서 평등을 외치고 있다. 청년몰은 전주 남부시장 2층에 '적당히 벌고 아주 잘 살자'라는 모토로, 청년들이 모여 만든 젊은 감성을 품은 시장이다(그림 8.8). 2012년 5월, 12명의 청년들로 시작한 청년몰은 2017년 8월 현재 32개의 청년가게가 함께하는 복합문화쇼핑몰이 되었다(전주 남부시장 2층 청년몰 페이스북, 2017. 8. 10.). 전주 청년몰이 무엇보다 특별한 점은 경제적 성공을 최고의 가치로 여기는 세상에서 적당히 벌고 잘 살자라고 주장하는 데 있다. 자본주의 사회에서 '경제적 성공'보다 '사람다운 삶'을 택한 청년들의 주장은 신분제의 굴레에서 벗어나고자 했던 동학과 만인의 평등을 외쳤던 전동성당의 정신이 자본주의 사회에서 경제적 평등과 사람다운 삶을 외치는 청년몰로 이어지고 있는 것으로 보인다.

그림 8.6. 동학혁명기념관

그림 8.7. 로마네스크 양식으로 지어진 전동성당

그림 8.8. '적당히 벌고 아주 잘 살자'라는 모토를 내건 청년몰

5) 한옥과 주민이 사라져 가는 전주 한옥마을

이처럼 전주의 한옥마을 속 부드러운 처마 끝에는 강인한 항일 정신이 서려 있고, 전동성당의 둥그러한 아치 속에는 평등한 세상에 대한 열망이 가득 차 있다. 겉모습은 부드럽지만 그 속에 스민 강인한 역사는 한옥마을을 외유내강의 마을이라고 부를 수 있을 것이다.

하지만 지금의 한옥마을은 이러한 소중한 역사를 잊어 가고 있다. 실질적으로 한옥마을이 유명해지기 시작한 시기는 1999년으로, 2002년 한일 월드컵 개최 도시로 지정되면서부터이다. 월드컵을 즐기기 위해 세계 각지에서 몰려들 관광객들에게 보여 줄 거리가 필요했던 전주는 '전통문화'를 키워드로 한옥마을을 재개발하기 시작했는데, 이러한 개발은 한옥마을 내 여러 문제점을 가져왔다. 첫째, 일제강점기에 형성된 한옥마을은 조선시대의 한옥과는 다른 형태로, 타 지역에서 볼 수 있는 한옥들과는 달리 '근대 도시한옥'[7]의 모습을 갖추고 있었다. 그러나 개발 과정에서 일제강점기 당시 지어진 한옥들을 변형·철거하면서 한옥마을이 가지고 있던 근대 도시한옥이라는 정체성이 훼손되었다(홍성덕, 2015). 심지어 현재 한옥마을은 한옥들이 줄어들고 있는 추세이다.[8] 이제는 한옥들이 사라져 간 자리에 벽돌집과 콘크리트구조물로 지어진 가옥들이 들어서고 있다(그림 8.9).

둘째, 관광객이 급격하게 늘어나면서 나타난 지나친 상업화 현상을 들 수 있다(표 8.1). 원래 한옥마을은 주민들이 사는 거주 공간이다. 그러나 관광객의 증가로 인한 생활상의 불편함(실거주민의 주차 문제, 관광객이 무단으로 민가를 촬영하는 문제, 소음·환경 문제 등)과 지가 상승[9] 등

그림 8.9. 시멘트를 사용한 근대 도시 한옥들(좌), 벽돌·콘크리트를 사용한 가옥들(우)

표 8.1. 연도별 한옥마을 관광객 수

연도	2004년	2005년	2006년	2007년	2008년	2009년	2010년
관광객(명)	275,524	524,870	1,399,039	737,708	950,597	2,518,769	3,204,294
연도	2011년	2012년	2013년	2014년	2015년	2016년	2017년
관광객(명)	3,791,978	2,278,574	847,621	1,320,148	1,197,107	1,095,266	264,996

출처: 관광지식정보시스템 자료

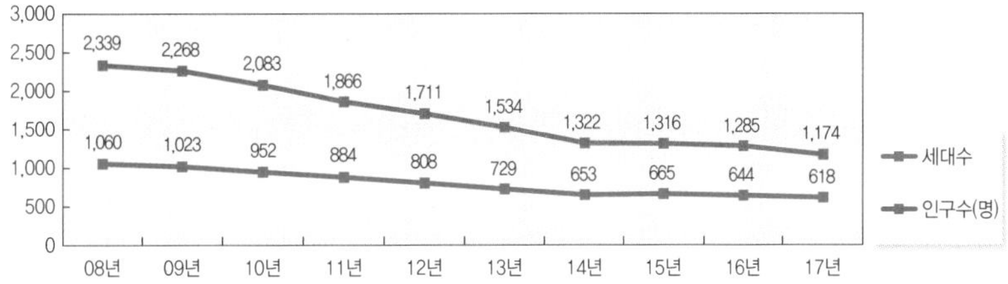

그림 8.10. 감소 추세에 있는 연도별 한옥마을 세대수 및 인구수
출처: 전주시 문화관광체육국 한옥마을지원과

으로 인해 한옥마을에 사는 주민들은 점차 줄어들고 있는 실정이다(그림 8.10).

6) 공존의 공간으로 돌아가야 할 한옥마을

전주는 태조 이성계의 본관으로 조선의 심장과도 같은 곳이었다. 이 때문에 경기전, 오목대, 전주사고, 전주향교 등 조선에 있어서 중요한 건물들이 전주에 모여 있다. 일제강점기에 전주는 호남 지방의 쌀을 모아 군산항으로 실어 나르는 데 탁월한 위치에 있어, 일제에 의해 전주성이 헐리고 전군가도가 들어서는 수모를 겪기도 하였다. 현재에도 전주는 전라북도청 소재지로 전라북도 행정의 중심지 역할을 수행하고 있다.

특히 전주는 일제강점기부터 형성된 한옥마을로 인해 많은 관광객들을 끌어 모으고 있다. 하지만 전통문화를 앞세워 관광 산업을 육성하겠다던 한옥마을에 꼬치구이, 햄버거, 랍스터 등을 파는 가게들이 난립해 한옥마을 본연의 정취를 깨뜨리고 있다. 더욱이 이로 인해 발생하는 쓰레기들로 인해 한옥마을의 중심 도로인 태조로는 악취에 시달리고 있다. 또한 한옥마을이 관광지화되어 많은 관광객들이 찾아오자 실거주민들은 주차 문제와 급격한 지가 상승, 관광객들의 무분별한 주거 침입 등의 문제로 하나둘씩 한옥마을을 떠나고 있는 추세이다. 애초에 한옥마을을 관광지화할 당시 한옥마을이라는 주거지를 관광자원으로 활용하자는 것이었지, 주거지를 상업지구로 바꾸자는 계획은 아니었다(진양명숙·문보람, 2014). 전주시는 지금이라도 전주시가 내세우는 전통문화와 슬로시티로 돌아가 지역주민과 관광객이 공존할 수 있는 한옥마을을 조성해야 할 것이다.

2. 풍부한 전통문화의 메카, '안동'

1) 안동과 왕건

안동이라는 지명은 이름과 고려 태조 왕건과는 매우 밀접한 관계가 있다. 혁명을 통해 고려 황제에 오른 왕건은 미리 신라 점령에 나선 견훤에게 연전연패 당한 후 당시 고창군으로 불리던 안동까지 밀리게 된다. 이곳에서 전개된 병산전투에서 역전하여 승리한 왕건은 이를 계기로 후삼국 통일의 기틀을 마련한다(김광수, 2001). 이때 비로소 안동은 고창군에서 안동이라는 이름을 얻게 되며 왕건을 도운 안동의 호족 김선평, 권행, 장길은 왕건에게 성을 받아 안동을 본관으로 하게 되었다. 그러한 이유로 안동에는 KBS 역사 드라마 〈태조 왕건〉(2000~2002)의 촬영지가 만들어졌고, 또한 안동민속박물관 내의 기념품 상점에는 안동 김씨, 안동 권씨 등의 족보책이 비치되어 있다(그림 8.11).

안동은 고구려와 신라의 접경 지역에 위치하여 신라에서는 고타야군古陀耶郡, 고구려에서는 굴화현屈火縣으로 부르다가 통일신라시대에는 고창군高昌郡, 일계군一界郡, 지평군地平郡, 화산군花山郡, 고령군古寧郡, 고장군古藏郡, 석릉군石陵郡 등으로 명칭이 변경되기도 하였다(부산발전연구원, 2007). 고려 건국(918) 이후에는 태조 왕건에 의해 안동安東이라고 불렸으며, 이후 부府, 도호부都護府, 대도호부安東大都護府 등으로 승격·강등을 거듭하다가, 조선 고종 때(1896) 전국을 13도로 정비하면서 경상북도 안동군으로 개편되었다. 안동군 안동읍이 1963년에 안동시로 승격되었고, 1995년에는 안동시와 안동군이 통합되어 현재의 안동시에 이르고 있다.

이상의 역사에서 보듯 안동은 고려 개국부터 조선시대에 이르기까지 천 년이 넘는 세월 동안

그림 8.11 〈태조 왕건〉 촬영지(좌·중), 안동민속박물관의 안동 권씨 족보책(우)

도호부나 대도호부, 즉 지금의 도청 본거지 역할을 수행하였다. 특히 유교가 국가의 중심이었던 조선시대에는 '우리나라 유림의 절반은 영남에 있고, 영남 유림의 절반은 안동에 있다'는 말이 있을 정도였다(표준방송FMTV, 2016. 7. 5.). 이처럼 안동은 역사의 중심에 서서 꼿꼿한 선비의 역사를 만들고, 또한 유교 문화를 통해 수많은 명현거유名賢巨儒를 배출해 낸 고장이다.

2) 안동의 지리적 특성

안동시는 경상북도 북부의 중앙에 위치하여 이 지역의 행정·경제·사회·문화의 중심지 기능을 수행하고 있으며, 일찍이 중앙선이 개통되어 영천, 영주 등과 연결되어 있다. 사방에 국도가 나 있어 안동은 인접 소도시의 구심지 역할을 하고 있는데, 북측으로는 영주시, 봉화군, 동측으로는 영양군, 청송군, 영덕군, 남측으로는 의성군, 대구시, 서측으로는 예천군, 문경시, 상주군과 접해 있다. 중앙고속도로와 예천공항 등의 연계로 교통 접근성이 상대적으로 좋은 편이다(그림 8.12).

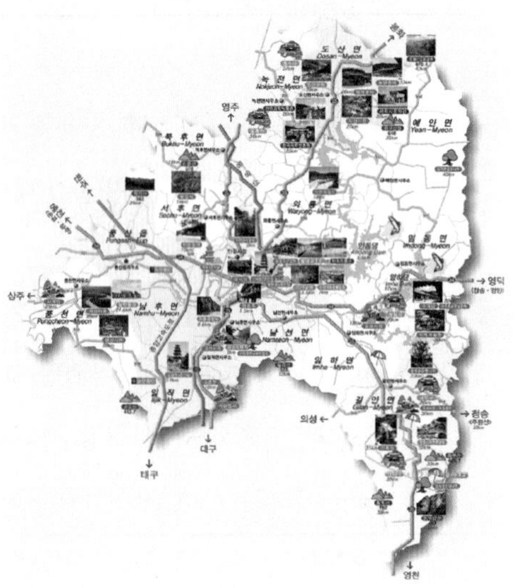

그림 8.12. 안동시 관광안내도
출처: 안동시

또한 안동시는 청량산, 사일산, 산지봉, 봉화산, 학가산 등으로 둘러싸여 있고 낙동강이 북에서 남으로 흐르다가 시가지 동측에서 반변천과 합류하여 서쪽으로 관통하여 흐르고 있다. 지역의 북동측은 산이 험준하고 남서측은 비교적 평탄하나 풍산평야를 제외하고는 평야가 극히 적은 편이다.

면적은 1,521.10km^2, 인구는 약 16만 8,000명으로(안동시청, 2017), 경상북도에서 면적이 가장 넓을 뿐만 아니라 서울 면적의 2.5배나 되지만 이에 비해 인구는 크게 못 미친다. 사실 안동은 특별히 발달한 산업이 없다. 군 지역민들은 주로 농업에 종사하고, 시 지역민들은 상업과 서비스업에 종사하고 있는 정도이다.

3) 풍부한 전통문화의 메카, 안동

안동은 인물의 고장, 양반의 고장, 유교문화의 중심지, 성리학 중흥지로서 하나의 '도시 브랜드'[10]를 형성하는 지역이다(Anholt, 2005). 그만큼 유교적 덕목을 중요시 여기는 전통문화의 메카로서, 안동은 학문과 지체를 존중하고 가문과 선조를 중시하는 경향이 강한 지역이다. 현재에도 유교의 도리에 입각하여 집안 행사를 치르는 것을 가문의 자랑으로 여긴다.

하지만 1990년대만 하더라도 안동은 유교의 잔재들이 뿌리 깊이 남아 있는 지체되고 고루한 도시로 인식되었다. 안동이 낙후될 수밖에 없었던 원인에 대해 일부 유림 유력 가문 출신들은 항일 투쟁과 사회주의 운동에서 찾기도 한다. 즉, 안동은 한국에서 가장 많은 독립운동가를 배출한 도시여서 일본 식민 세력의 가혹한 탄압을 받았고, 불교나 유교, 기독교, 그리고 사회주의와 같은 외부 문물을 적극적이고 능동적으로 수용했다는 이유로 여러 사회적인 지원에서 배제되었기에 성장할 수 없었다고 말한다(조관연, 2011). 하회마을 내에 삼신당과 하회교회가 공존하고 있는 풍경은 아마도 안동이 다양한 문화를 수용할 줄 알았기에 가능했던 것이리라(그림 8.13 좌·중).

그럼에도 불구하고 안동이 갖는 강한 유교적 입지와 특색은 안동을 조선시대의 영욕이 담긴 유교의 잔재 도시로 인식하게 만들었다. 사실상 우리나라 사람들에게 있어 유교는 다소 애증적 관계에 놓여 있기도 하기 때문이다. 그런데 이러한 인식은 1999년 영국 엘리자베스 여왕 2세 Elizabeth II가 방문하면서 많이 바뀌게 되었다. 방문 일정 동안 여왕은 하회마을과 봉정사를 방문하고 탈춤도 구경했는데, 이러한 모습이 미디어에 소개되면서 안동이 전통문화를 간직한 곳으로서 세계적으로 알려지는 계기가 되었기 때문이다(그림 8.13 우).

그림 8.13. 하회마을 내의 삼신당 표지판(좌), 하회교회 표지판(중), 엘리자베스 방문기념 전시관(우)

그림 8.14. 안동소주(좌), 하회탈(중), 안동찜닭(우)

"안동이 갖춘 것은 대한민국 어느 지역과 비교해 보아도 가장 풍부한 문화유산의 집적지라고 할 수 있다. 한 마디로 '한국 속의 또 하나의 한국'이요, '한국 전통문화로 들어가는 플랫폼'이 바로 안동이다(안동시, 2003, 23)."라고 소개되고 있듯이, 안동은 시대별·계층별·종교별로 다양한 전통문화 유적을 보유하고 있다. 신라, 고려, 조선 시대를 거치는 동안 많은 고찰·석탑·전탑·서원·문중의 종택 등 유·불교 문화의 융성을 입증해 주는 문화 유적들이 많이 남게 되었으며, 지역문화재로 봉정사 극락전 등 국보 4점, 봉정사 대웅전 등 보물 61점, 송사동 소태나무 등 천연기념물 7점이 지정되어 있다. 지역특산품으로는 안동 소주,[11] 하회탈, 안동 한지,[12] 안동포,[13] 안동 간고등어,[14] 안동 빙어,[15] 안동 한우, 안동 찜닭[16] 등이 있고(그림 8.14), 지역축제로는 안동국제탈춤페스티벌[17]과 안동민속축제[18]가 있다.

그 외에도 하회마을, 병산서원屛山書院, 도산서원陶山書院, 왕모산성王母山城, 안동민속박물관, 안동댐 등 많은 관광자원이 있는데, 그중에서도 하회마을과 병산서원이 가장 대표적이다.

2010년 8월 유네스코 세계문화유산으로 등재된 하회마을은 낙동강이 태극 모양으로 돌아 흐른다 하여 하회河回 혹은 물도리동이라 불렸다. 조선 초 공조전서工曹典書를 지낸 류종혜 선생이 하회마을에 터를 잡은 후 풍산 류씨가 600여 년간 세거世居해 온 곳이다. 조선 중기 유학자인 겸암 류운룡 선생과 임진왜란 시 영의정으로 국난 극복에 큰 공을 세운 서애 류성룡 선생 형제로 인해 널리 알려졌다(김수자, 1999). 이곳은 산과 강으로 둘러싸인 천혜의 지리적 여건으로 인해 외침을 한 번도 겪지 않아, 상류층의 기와집으로부터 민가의 초가집에 이르기까지 계급적 특성을 알 수 있는 고가古家와 민속 문화가 잘 보존되어 있다(그림 8.15). 특히 류성룡의 종택宗宅인 충효당忠孝堂, 류운룡의 종택인 양진당養眞堂 등을 거닐다 보면 옛 선인들의 풍류와 전통을 느낄 수 있다. 그래서일까? 하회마을을 방문할 때마다 매번 촬영 장면을 목격하게 되는 것은 결코 우연

이 아니리라(그림 8.16).

한편 하회마을의 주산主山인 화산을 넘어 강변 유교문화길을 가다 보면 강변 산기슭에 병산서원이 자리하고 있다. 이는 원래 고려시대 안동부 풍악현에 있던 풍악서당이 모체로, 조선시대(1572)에 서애 선생이 지금의 자리로 옮겼고, 철종 14년(1863)에 사액서원賜額書院19이 되었다(박영순, 2015). "병산서원은 우리나라에서 가장 아름다운 서원 건축으로 한국 건축사의 백미이다."라는 말이 있을 정도로 역사적·미적 가치가 뛰어난 서원이다(유홍준, 1997, 148). 정문인 복례문復禮門을 들어서면, 정면 7칸, 측면 2칸으로 이루어진 웅장한 만대루晩對樓와 강당으로 사용된 입교당立敎堂 등이 있다. 무엇보다 병산서원의 만대루는 우리나라 목조 건축물의 아름다움을 이야기할 때 결코 빠뜨릴 수 없는 건물로, 벽·문·창이 없어 시선이 사방으로 통하도록 되어 있어 공간과 시선이 막힘없이 흐르도록 배려되어 있다(류경수, 2012). 당나라 시인 두보杜甫가 쓴 시, 『백제성루白帝城樓』에는 "취병의만대 백곡회심유翠屛宜晚對 白谷會深遊", 즉 "푸른 병풍처럼

그림 8.15. 계급적 특성이 반영된 하회마을의 기와집과 초가집

그림 8.16. 하회마을 안내도(좌), 촬영 중인 충효당(중), 충효당 내부(우)

그림 8.17. 병신서원의 민대루

둘러쳐진 산수는 늦은 저녁에 마주 대할 만하고, 흰 바위 골짜기는 여럿 모여 그윽이 즐기기 좋구나."라는 표현이 있는데, 실제로 만대루는 이 시구를 그대로 옮겨 그려 놓은 듯 경관의 운치가 뛰어나다. 만대루 앞의 병산과 낙동강이 자연 그대로 배경이 된 천혜의 조경은 무릉도원처럼 선경을 이룬다. 인공의 미 대신 자연 한가운데에 들어앉은 만대루의 안온함은 가두거나 소유하지 않고 자연을 누려 왔던 선인들의 자연관이 잘 반영되어 있다(그림 8.17).

4) 관광객의 시선으로 본 안동

안동은 현재 세계화·지방화라는 시대의 조류에 부응하여 고도 경제성장 과정에서의 상대적 낙후를 슬기롭게 극복하고 찬란한 전통문화유산을 계승하여 발전시켰다. 실제로 2004년부터 안동의 공공건물에 '한국정신문화의 수도 안동'이라는 현판이 걸리기 시작했고, 2006년부터는 도시 고유 브랜드로 특허청에 특허 등록하였다. 무엇보다도 정신문화수도로의 지정은 안동시민에게 자긍심을 불러일으켰고, 아직도 무시할 수 없는 전통 기반 가문들의 존재와 가치를 공식적으로 인정함으로써 도시 발전을 위해 이들의 적극적인 참여를 동원하는 역할도 담당하였다. 또한 정신문화수도 슬로건이 전국적으로 확산되고, 자연스럽게 인정되기 시작하면서 도시의 위세와 지위도 강화되었다.

이러한 전통문화 관광지로서의 안동의 명성은 아마도 '관광객의 시선tourist gaze'[20]라는 용어로 더욱 쉽게 이해될 수 있을 것이다. 즉, 관광객은 독특한 대상이나 장소를 통해 다른 사람들의 일상 속에서 자신의 비일상적인 시선을 느끼거나 혹은 자신에게 친숙하지 않은 환경에서 자신의 일상적인 시선을 선택적으로 즐기는데, 이와 같은 관광객의 시선은 현대에 와서 관광 장소를 형성하고 소비하는 과정에 핵심적인 역할을 한다는 것이다(Urry, 1990).

이를 안동에 대입시켜 본다면, 안동에 대한 관광객의 시선은 '전통'이라는 주제로 구성되고 체계화되었다고 할 수 있다. 다시 말해 안동은 사라져 가는 우리의 것에 대한 강조를 통해 전통에 대한 이미지를 구축함으로써 관광객을 끌어들이는 중요한 동기로 작용하고 있고, 이는 또한 안동을 차별화된 관광 장소로 이끌고 있다고 할 수 있을 것이다.

하지만 전통의 보존과 관광객 유치를 통한 지역 활성화라는 주제 속에 안동에 대한 관광객의 시선 구성은 지역주민들의 실재적인 삶마저 은폐와 해체의 대상으로 규정하고 있는 것은 아닌지 한번 생각해 보아야 한다. 특히 관광의 맥락 속에 구성된 안동 하회마을의 전통 만들기가 조금은 인위적으로 이루어지고 있는 것은 아닌지, 그럼으로써 지역주민들의 삶이 주체가 아닌 관광객의 시선에 보여지는 객체적 존재로 변하고 있는 것은 아닌지에 대한 깊은 성찰이 필요할 듯하다. 그에 반해 관광객의 시선에서 보다 자유로운 병산서원과 그 안의 만대루는 공간의 연속성과 흐름의 자연스러움으로 인해 더욱 빛나고 있음은 부인할 수 없을 것이다.

3. 찻길에서 공중공원으로, '서울로 7017'

1) 서울을 가지세요

서울의 시내버스를 타니 그 안에 설치된 모니터에서 공익광고가 나온다. "서울을 가지세요."라는 문구와 함께 '서울로 7017'을 홍보하고 있었다. 도시재생 프로젝트의 일환이라는 설명과 함께 아름다운 야경을 배경으로 고가도로에서 산책을 즐기는 시민들의 모습이 그려지고 있었다.

그렇다면 '서울로 7017'은 무엇일까? 이것은 1970년 만들어진 고가도로가 2017년 17개의 사람이 다니는 길로 다시 태어났다는 뜻에서 명명된, 구 서울역 고가도로[21]의 새 이름이다. 그리고 2015년 12월 13일 서울역 고가도로가 폐쇄된 후 공사를 거쳐 2017년 5월 20일에 개장된 '서울역 7017 프로젝트(일명 서울의 공중공원 프로젝트)'[22]의 결과물을 의미하기도 한다.

이렇게 버스에서 광고를 마주한 지 약 한 달 후인 2017년 6월, 서울로 7017을 방문해 보았다. 고가의 다리를 활용한 여행자 카페(관광 안내소를 겸한 곳이다.)는 모니터에서의 홍보만큼이나

그림 8.18. 서울로 여행자 카페(상)와 그곳에서 가져온 서울로 7017 팸플릿 및 안내도(하)

밝고 화사한 노란색 배경의 공간으로 만들어져 있었다. 이곳에는 서울로 7017에 관한 다양한 관광지도와 팸플릿이 구비되어 있었고, 여러 나라의 언어를 구사하는 관광 안내원들이 있어 이곳에 관한 친절한 설명도 들을 수 있었다(그림 8.18). 팸플릿에서도 홍보하고 있듯, '도시재생'의 의미를 "산업 구조의 변화 및 신도시·신시가지 위주의 도시 확장으로, 상대적으로 낙후되고 있는 기존 도시에 새로운 기능을 도입·창출함으로써 경제·사회·물리적으로 부흥시키는 것"이라고 본다면(전상인 외, 2010), 서울역 7017 프로젝트의 의도와 방향은 도시재생의 차원에서 틀리게 가고 있지는 않다고 생각되었다.

2) 자동차 중심의 근대화 유산, 서울역 고가도로

서울역 고가도로는 중구 남대문로5가에서 만리동 사이를 잇는 도로 시설물로서 1970년 8월 15일 개통되었다. 1970년대는 국가주도적 근대화가 강도 높게 추진되던 시절로, 이른바 근대성modernity의 구현을 위한 노력이 도시계획 분야에서도 다양하게 이루어지던 시대였다. 당시 신설된 고가도로, 로터리, 지하도, 자동차 전용도로 등은 이러한 시대를 입증한다. 밀려드는 인구와 팽창하는 도시 활동을 수용하기 위해 도시 공간을 면적으로 확장하는 가운데, 서울역 고가도로는 자동차 중심의 도로로서 도심과 서울 서남부(마포, 여의도, 영등포)를 연결하는 축의 하나로 건설되었다. 서울역 고가도로에 의해 서울역 철도 부지의 동측과 서측이 자동차 통행으로 직접 연결됨으로써 이 일대의 교통 흐름 개선에 크게 기여하였다. 따라서 서울역 고가도로는 우리나라의 1970년대 근대화를 상징하는 구조물이자 지방에서 상경한 이들에게는 서울의 첫 얼굴이었으며, 40여 년 동안 고가도로를 지나온 서울시민에게는 추억이 담긴 대로大路 중 하나였다(그림 8.19).

그러나 40여 년이 지나 교량의 노후화가 진행되고, 급기야 2006년에는 정밀안전진단 D 등급 판정을 받으면서 존폐 문제가 거론되기 시작하였다. 이후 서울시는 안전과 미관 등의 문제를 고려해 2007년 기존 고가를 철거하고 새로운 고가를 신설하는 계획을 결정하였다. 이 계획에 맞추어 서울시는 임시적인 보수·보강과 더불어 13톤을 초과하는 대형 차량의 통행을 제한하는 등의 기능 축소를 진행하였다. 그 와중에 미국 서브프라임 모기지 사태subprime mortgage crisis[23]로 촉발된 경기 침체와 사업성 악화로 인해 대체 고가의 신설이 요원한 상황이 되었다.

그림 8.19. 옛 서울역 고가도로(좌)와 현 서울로 7017(우)
출처: 서울시 네이버 포스트(좌)

이러한 상황에서 서울시가 제안한 대안은 바로 서울역 고가도로의 공원화 추진이었다. 이는 경제성장기 동안 억압되고 배제되었던 인간 중심 도시 가치를 참여시정을 통해 복원·구현하고자 한 것으로, '서울역 7017 프로젝트'를 통해 서울역 고가도로를 자동차를 위한 길에서 사람을 위한 길로 전환하고, 서울 도심의 끊어진 축을 연결하자는 취지로 시작되었다.

3) 인간 중심의 도시재생 문화자원, 서울로 7017

도시재생은 넓은 의미에서 정태적인 도시 토지이용과 물적 환경을 사회경제 구조나 생산 기술 등 동태적인 사회경제적 환경에 적응시켜 나가기 위한 일체의 교정 또는 회복적 변화를 의미하며, 좁은 의미에서는 도시계획 틀 속에서 추진되는 도시 공간에 대한 교정이나 회복적인 변화를 의미한다(이혜은·최재헌, 2009). 조금 더 구체적으로 말하면, 도시재생이란 역사적·문화적 가치가 있는 근대 문화를 보존하여 장소의 가치를 재인식시키고, 여기에 트렌디trendy한 감각을 융합시킴으로써 과거·현재·미래의 시간적 차원을 중첩시키는 신역사의 구현을 의미한다.

이러한 도시재생의 방법 중에서 도시에 녹지 공간green space을 만드는 도시녹화urban greening 과정은 도시의 쾌적성을 높이는 수단이 된다. 특히 서울역 고가도로와 같이 도시 내부의 노후한 기반시설을 녹지 공간으로 재창조하는 것은 도심 환경의 정비와 개발 잠재력을 높일 수 있는 방법이다.

2014년, 서울시는 총 8조 4,053억 원을 투입해 서울을 안전한 도시(안전), 따뜻한 도시(복지),

꿈꾸는 도시(경제), 숨 쉬는 도시(환경)로 만들겠다고 공표하고, 그 일환으로 서울역 고가도로를 녹지 공간으로 리모델링하여, 사람 중심의 개발에 초점을 맞출 것이라고 발표하였다(이혜주·서리인, 2014). 서울시는 서울역 7017 프로젝트를 통해 뉴욕의 공중공원인 하이라인 공원High Line Park[24]의 사례를 벤치마킹 하여 서울역 고가도로의 용도를 보행전용고가로 전환함으로써 남산과 침체된 남대문은 물론이고, 낙후된 서울역 서부(공덕동, 청파동 등)를 유기적으로 연결하고, 이를 통해 보행 환경 개선과 주변부의 지역재생 촉진, 랜드마크 구축을 통한 관광자원 개발 등을 이루겠다는 포부를 밝혔다. 이러한 서울시의 발표는 서울역 고가도로가 차도로서의 수명을 다했지만 역사적 의미와 가치를 감안하여 이것을 철거하지 않고 공공 공간으로 활용함으로써 새로운 관광 목적지로 설정했음을 의미하며, 이를 통해 쇠퇴 지역의 재생을 도시 관광으로 적극적으로 활용하겠다는 의지를 담은 것으로 볼 수 있다. 결국 이러한 과정을 거쳐 서울역 고가도로는 2017년 '서울로 7017'로 변모하였다.

그렇다면 새로운 관광지가 된 서울로 7017로 가 보자! 서울역 7017 프로젝트의 추진 결과, 서울로 7017은 다음과 같은 다섯 가지의 특징이 나타나고 있었다. 첫째, 이곳에 대한 홍보가 제법 잘 되고 있어 많은 관광객들이 이곳을 찾고 있다는 점이다. 앞서 언급했듯이 동영상, 전단지, 팸플릿, 포스터, SNS 등을 통한 장소마케팅 활용 덕분에 새로운 관광지로서의 효과를 누리고 있었다(그림 8.20). 둘째, 서울로 7017에서 바라본 전망view은 새로운 시각적 경험을 안겨 주었다. 새롭게 단장된 고가 위에서 빌딩, 도로, 자동차, 구 서울역사와 현재의 서울역사 등의 도심 환경과 파란 하늘을 함께 바라볼 수 있다는 점은 분명 새로운 경험이었다. 그리고 늦은 밤, 야경이 선사하는 도심의 전망은 여러 가지 색상의 네온사인과 함께 어우러져 깊은 인상을 전해 주었다(그림 8.21). 셋째, 자동차 중심에서 인간 중심으로의 가치의 변화가 내재된 곳이니만큼 시민의 산책로이자 쉼터로 잘 활용되고 있었다. 특히 길 중간중간에 놓인 시설물과 놀이기구는 어린이들의 놀이터로서의 역할을 하고 있었다(그림 8.22). 다섯 가지 특징 중 이 세 가지의 특징은 서울로 7017만이 가질 수 있는 커다란 장점으로 볼 수 있다.

그러나 현실적으로 지닌 문제점들도 만만치는 않아 보이는데, 그러한 의미에서 남은 두 가지 특징은 단점으로 지적될 수 있다. 넷째, 서울로 7017은 도심 속 자연을 표방함으로써 형성된 녹지공원임을 홍보하고 있으나 막상 가 보니 숲과 정원의 느낌은 별로 받을 수 없었다. 단지 시멘트로 만들어진 화분에 꽃과 나무들이 가나다 순으로 심어져 있는 정도에 불과하였다(그림 8.23).

그림 8.20. 서울로 7017 공익광고(좌), 이곳을 찾은 많은 관광객의 모습(우)

그림 8.21. 서울로 7017에서 바라본 전망

더욱이 강한 태양열에 고사된 식물들도 많았다. 누군가 게시판에 적어 놓은 '식물의 학대'라는 글귀가 공감되는 부분이었다. 나름 활발히 이루어진 홍보 덕분에 많은 관광객들이 이곳을 찾고는 있었으나 시멘트 화분에 의한 조경, 고가 위의 탁한 공기, 강한 태양열, 그리고 그늘의 부족 등은 쾌적한 공중 산책로를 기대했던 관광객들에게는 큰 실망을 안겨 주었다. '숲을 만들어 맑은 하늘을 이루어 내자', '살아 있는 식물 도감' 등의 홍보 문구에 걸맞으려면 (숲까지는 아니더라도) 적어도 꽃과 나무들이 충분히 심어진 정원이 형성되었더라면 하는 아쉬움이 든다.

마지막으로, "서울로 7017이 관광 목적지로서 과연 매력적인가?"하는 질문을 던져 봤을 때 그

그림 8.22. 서울로 7017의 시설물을 이용하는 관광객의 모습

그림 8.23. 도심 속 숲, 정원과는 거리가 있어 보이는 시멘트 화분의 식물들

그림 8.24. 아직은 부족해 보이는 서울로 7017의 관광 매력 요소

대답이 그다지 긍정적이지 않다는 점을 들 수 있다. 관광 목적지로서의 매력성은 관광 매력물 자체뿐만 아니라 역사적 건축물·박물관·이벤트·공연장과 같은 관광객을 유인하는 '주요 요소'와 이와 연계된 체험 기회를 제공하는 음식점·선술집·가로 상점 등의 '2차적 요소', 그리고 관광 편의시설과 같은 '부가적 요소'를 포함하고 있어야 한다(Karski, 1990). 이러한 측면에서 봤을 때, 서울로 7017은 아직 매력물 간의 연계와 부가적인 도시 서비스의 제공이 부족하다는 특징이

있다. 즉, 서울로 7017이 도시 관광자원으로서의 매력은 있지만 도시 관광 스펙트럼urban tourist opportunity spectrum[25]은 아직 나타나고 있지 않았다. 좀 더 시간을 두고 지켜보아야겠지만, 현재로서는 지하철 1호선 서울역의 지하도에 마련된 작은 전시회와 몰mall, 그리고 고가 위에 놓인 작은 상점과 카페, 한 군데의 공연장만으로는 서울로 7017을 매력적으로 보이게 하는 데에는 다소 불충분하다고 생각되었다(그림 8.24).

4) 점진적인 개선의 요구, 서울로 7017

서울시는 이 프로젝트를 통해 도시재생은 물론 주변 상권의 활성화 및 도심 속 도보 관광이라는 새로운 관광명소로의 전환을 기대하고 있다. 무엇보다도 사용할 수 없는 도시 속 건축물을 도심 속 자연을 표방한 새로운 관광자원으로 탈바꿈하겠다는 의도와 시도는 긍정적인 평가를 받을 만하다. 하지만 서울역 7017 프로젝트를 실시하는 과정에서 교통 정체와 상권 위축이라는 문제에 대해 지역주민과 시민들의 의견을 제대로 수렴하지 못했다는 비판과 현 시점에서 드러나는 문제들로 인해 아직 긍정적 평가만을 다루기는 어렵다.

정리해 보자면, 서울로 7017의 다양한 장소마케팅, 고가에서 바라본 멋진 전망, 시민(특히 어린이)의 쉼터 및 놀이터로서 기능 등은 매우 긍정적으로 바라볼 수 있는 측면이다. 무엇보다 다양한 방법으로 이루어지는 홍보와 그로 인한 새로운 관광지로의 유도, 그리고 많은 관광객은 향후 서울로 7017가 발전할 여지가 크다는 점에서 잠재력이 있다. 그럼에도 불구하고 이곳이 자연의 숲이 아닌 시멘트 숲으로 일구고 있다는 측면, 그리고 서울로 7017과 연관된 관광 부속시설이 미비하다는 점 등은 단점으로 지적될 수 있다.

따라서 공중공원으로서 서울로 7017이 점진적으로 개선되기 위한 구체적인 방안은 다음과 같다. 먼저, 서울로 7017이 단순한 식물 전시장이 되지 않도록 식물의 아름다움을 알릴 뿐만 아니라 올바르게 관리해 나가는 방안을 고려해야 한다. 그리고 인간 중심의 산책길로 변화되었다는 말이 무색하지 않도록 최소한 햇빛이나 비와 같은 날씨의 변화에 대처할 수 있는 그늘이나 숲, 정원을 충분히 갖춘 공간으로 바뀌어야 할 것이다. 마지막으로 관광 매력물로서 서울로 7017의 가치가 더욱 향상되려면, 이 안에 내재된 매력물 간의 연계와 부가적인 도시 서비스의 제공을 더욱 확충해 나가야 할 것으로 보인다.

제9장 자연적인 것과 의도적인 것

1. 다양성과 복잡성의 특성화지구, 인천 '월미관광특구'

1) 인천은 어디에 있는가?

인구 300만 명에 달하는 대도시인 인천을 역사도시로 인식하고 있는 사람은 그리 많지 않다(행정안전부 주민등록인구통계, 2017). 더욱이 인천은 그 고유의 정체성을 두고 '인천이 있다, 없다'를 반복하는 도시이다. 그래서 때로는 인천이 지방인지 아닌지를 말하는 것조차 쉽지 않다고들 말한다. 그래서인지 이곳을 배경으로 한 영화 〈고양이를 부탁해〉(2001)는 인천을 관문도시, 혼재도시, 서울과 비교되는 주변도시, 그래서 떠나고 싶은 도시라는 특성으로 그려 낸다(그림 9.1). (이 영화에서 떠돌이로서의 정체성을 갖는 '고양이'는 '인천'에 비유된다.)

근대를 전후한 우리의 도시사에서 인천은 그 내외적인 변화의 가장 중요한 무대가 되었다. 지리적인 환경과 위치는 물론이고 정치, 경제, 문화를 포함하여 변화의 수용과 다양성의 실험에서 중심이 되었기 때문이다. 이러한 과정에서 인천은 스스로 지니고 있었던 정체성을 자의로 또는 타의로 포기하게 되었고, 변화의 움직임에 따라 실험과 함께 시행착오가 반복적으로 이루어졌다. 그래서 인천은 지금도 그 정체성의 문제와 더불어 지방화와 지역화의 문제를 어렵게 풀어 가야만 하고, 또 정책과 현안에 대해서도 매우 복잡한 주제들을 거론할 수밖에 없는 입장에 있다. 또 한편으로는 세계화에 있어서 가장 선도적인 의견이 제시되고 있으며, 그 가능성을 두고 희망

그림 9.1. 영화 〈고양이를 부탁해〉에서 그려지는 떠나고 싶은 도시 '인천'의 모습
출처: 영화 〈고양이를 부탁해〉

과 좌절이 교차하고 있기도 하다. 그래서 인천에서 만들어지는 대부분의 주제는 이중적이고 혼합적이다.

황해의 중심hub에 위치한 인천은 과거에도 지금도 서해안의 남북을 잇고, 상하이와 홍콩을 연결하고 있어 미래의 동아시아 지도에서도 매우 중요하게 여겨지고 있다(임종엽, 2006). 즉, 세계와 소통하는 환황해권의 중심 거점인 것이다. 그럼에도 인천은 주체성 있게 세워졌다기보다는 인천으로 몰려드는 물결에 의해 '다양성'과 '복잡성'의 특성으로 의도적으로 만들어진 곳이다. 그러다 보니 인천은 다양성이 분열성으로, 복잡성이 무질서함으로 느껴지기도 한다. 따라서 지금 '인천은 있다, 없다'가 아니라 '인천은 어디에 있는가?'라는 질문에서부터 다시 출발해야 한다. 즉, 인천은 정체성과 변화라는 주제를 동시에 다룰 필요가 있는 지역이다.

2) 항만에 월미관광특구를 조성하다

동아시아의 관문인 영종도의 인천국제공항과 수도권 최대 항만을 보유하고 있는 인천은 개항장도시로서 잔존하는 차이나타운 일대 근대역사문화권(자유공원 포함), 월미도권(월미놀이공원 포함), 신포국제시장권, 연안부두권 등 다수의 관광자원을 가진 잠재력이 풍부한 도시이다. 이들 네 지역은 2001년 이후 '월미관광특구'로 조성되어 많은 관광객들을 불러 모으고 있다(그림 9.2 좌). 그리고 지금의 이러한 모습이 조성되기까지 인천은 한국 근현대사에서 많은 '의도적인 의미'를 내포하며 변화되어 왔다.

먼저 차이나타운 일대 근대역사문화권의 이야기부터 시작하자. 1883년, 인천은 한국에서 세 번째로 개항되었다. 개항 이후 중국인과 일본인이 많이 들어와 살았고, 고로 이 시기는 우리나라에서 처음으로 차이나타운이 생기게 된 시점이기도 하다. 중국인들은 1884년 청국 조계지[1]가 설치되면서부터 인천의 선린동과 북성동 일대에 정착하였다. 인천 차이나타운은 인천역 바로 앞쪽, 그리고 인천항에서도 멀지 않은 교통의 요지에 자리 잡고 있다.

한편 1899년 9월 18일, 철마의 기적 소리로 고요한 아침의 나라 '조선'이 깨어났다. 노량진과 제물포(현재의 인천) 사이를 잇는 경인선의 첫 기적 소리였다. 이는 한국 땅에 근대의 새벽이 왔음을 알리는 신호탄이었다. 당시 한국 첫 기차의 종착역은 인천이었는데, 이는 이미 인천이 한국에서 가장 번화한 항구도시 가운데 하나였음을 의미한다. 1930년대 경성의 한량들에게는 기차 타고 인천으로 와 청나라 요리를 먹고 월미도에서 뱃놀이를 하는 것이 하나의 유행처럼 번졌다고 한다(한홍구, 2009).

현재 인천 차이나타운에는 3개의 패루牌樓[2]가 있는데, 역 광장으로 나오면 길 건너편에 보이는 것이 제1패루이다. 제1패루는 인천시 중구와 자매결연을 맺은 중국 산둥성山东省 웨이하이시威海市가 직접 제작해 기증한 것으로, 두 나라의 우정을 확인할 수 있는 증표이자 차이나타운의 대표적인 상징물이다. 그 이후에 만들어진 제2패루는 한중문화관 입구에 있고, 제3패루는 차이나타운에서 자유공원으로 나아가는 입구인 중화기독교 부지 상단에 위치해 있다(그림 9.2 우).

당시 한국으로 이주한 화교들은 산둥성 사람이 대부분이었다. 그들은 중국에서 가지고 온 식료 잡화, 소금, 곡물 등을 팔고, 한국의 사금 등을 중국으로 보내 상권을 장악하며 세력을 넓혀 나갔다. 그러나 중일전쟁(1937), 중화인민공화국의 수립(1949), 이승만 정부의 창고 봉쇄령과 외화 사용 규제책(1949), 6·25전쟁(1950), 박정희 정부의 외국인 토지 소유 금지법(1961) 등으로 화교

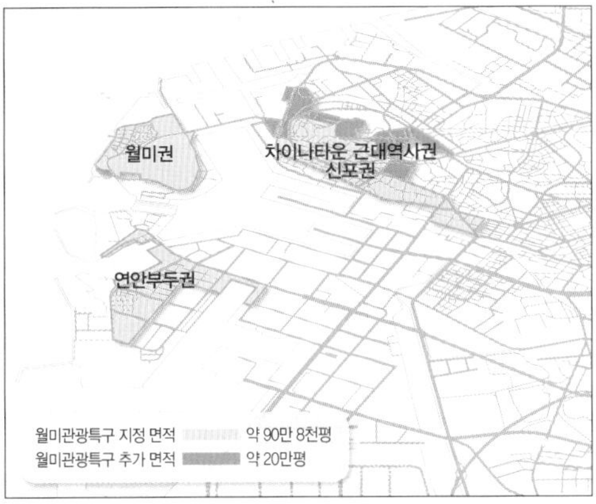

그림 9.2. 월미관광특구 위치도(좌), 인천역과 차이나타운의 제1·2·3패루(우)

그림 9.3. 인천 차이나타운 거주민들의 생활상

들은 대만, 미국, 동남아시아 등지로 떠났다. 일부가 남아 음식점과 잡화상을 운영하였는데, 차이나타운이 들어선 지 130여 년, 이들 화교 1세대를 이은 2, 3세대가 여전히 이곳에서 중국의 풍습을 간직하며 생활하고 있다. 빛바랜 낡은 건물들과 굽이굽이 좁은 골목길은 이곳 주민들의 녹록치 않은 생활상을 반영하고 있다(그림 9.3).

제1패루를 지나면 곧바로 경사진 언덕길이 나오는데, 그 길에는 차이나타운을 알리는 가로등이 줄지어 서 있다. 그 길의 왼편에는 공영주차장이, 오른편에는 북성동 주민센터와 짜장면거리가 있다. 중국풍으로 만들어진 가로등, 공용주차장, 그리고 북성동 주민센터는 관광개발특구라는 구색에 맞추어 급하게 만들어 놓은 듯 보인다. 이들 경관이 보여 주는 차량 우선의 교통체계, 그리고 그곳에 있어 왔던 공동주택과의 정서적 충돌 등은 아쉬운 부분이다. 특히 북성동 주민센터에는 용 조각상이 놓여 있어 관광객들의 눈길을 끌기에는 충분하지만 언뜻 보면 규모가 큰 중국 음식점 같기도 하다(그림 9.4의 상).

차이나타운에서 빼놓을 수 없는 것이 바로 짜장면이다. 인천 차이나타운의 짜장면거리는 우리나라에서 처음 짜장면을 만들어 팔았다는 공화춘共和春3이 있던 거리를 말하는데, 지금은 박물관이 들어서 있다. 짜장면은 원래 중국에 있던 음식이 아니라 한국에서 새롭게 만들어진 음식이다. 중국식 된장인 춘장을 볶아 국수에 얹은 음식으로, 화교들이 여기에 야채와 고기를 넣어 한국인의 입맛에 맞게 각색한 것이다. 사실 짜장면을 언제, 누가 만들었는가에 대해서는 의견이 분분하다. 다만 확실한 것은 1905년에 정식으로 짜장면이라는 이름으로 음식을 판매하기 시작한 곳이 공화춘이었다는 것과 이 공화춘이 인천 차이나타운에 있었다는 사실이다. 공화춘이 성업을 이루자 화교 유지들이 앞다투어 주변에 중국 음식점을 내기 시작했고, 그래서 지금도 이곳에는

그림 9.4. 차이나타운의 가로등·공영주차장·북성동 주민센터(상), 짜장면 박물관과 중국 음식점들(하)

'복福'자가 새겨진 수많은 중국 음식점들이 늘어서 있다(그림 9.4의 하).

짜장면 거리를 지나 조금 더 높은 언덕마루로 올라가면 인천의 유일한 화교 학교[4]인 중산학교中山學校가 나온다. 원래는 청국영사관 회의청이었으나 1934년 학교가 되었다. 일반적으로 화교 학교는 화교 사회에서 커뮤니티 형성의 중심 기구 역할을 하기 때문에 학교 근처에는 교회나 협회가 들어서 있다. 그리고 학교 바로 앞에는 전통 중국 과자점이 자리하고 있어 월병과 공갈빵 등의 간식 거리를 즐기는 학생들을 쉽게 만나볼 수 있다(그림 9.5).

중산학교를 지나면 가파른 경사의 청일 조계지 경계 계단이 나온다. 이 계단은 1883년 일본 조계지를 시작으로 1884년 청국 조계지가 설정된 경계 지역인데, 계단을 중심으로 왼편에는 중국식 건물들이, 오른편에는 일본식 건물들이 들어서 있어 우리나라 개항기의 모습을 한눈에 볼 수 있다. 조계지 계단의 상단에는 중국 칭다오시青島市가 기증한 공자상이 놓여 있다. 인천항을 바라보며 서 있는 공자상을 보노라면, 비록 몸은 타국에 있지만 공자의 가르침만은 간직하며 살고 싶었던 화교들의 마음을 읽을 수 있다. 공자상을 지나 조계지 계단을 다 오르면 삼국지 벽화거리가 나온다. 거리의 벽에는 『삼국지三國志』(14세기 추정)의 명장면이 77장의 벽화로 그려져 있어, 『삼국지』의 내용을 보다 친근하게 접할 수 있다(그림 9.6).

반면 청일 조계지 경계 계단의 아래쪽은 일본 조계지가 있던 곳으로, 일본풍의 거리가 조성되어 있다. 해방 이후에도 화교들이 계속 이곳에 거주했던 것과는 달리 일본인들은 1945년 이후 대

그림 9.5. 인천 화교 중산학교(상), 학교 주변의 중화교회·화교협회·중국 과자점(하)

그림 9.6. 청일 조계지 경계 계단의 공자상(좌)과 삼국지 벽화거리(우)

부분 본국으로 돌아갔다. 그 당시에 남아 있던 건물들에 나무를 대어 일본 느낌이 나도록 거리를 재조성하여, '역사 문화의 거리'로 명명하고, 근대역사문화권 관광지로 조성하였다. 이 거리에 있는 중구 구청 건물은 옛 일본 영사관이었던 곳으로, 1883년 설치되었다. 1910년 일제강점기부터

그림 9.7. 일본 조계지가 있던 역사문화의 거리(상), 중구 구청과 그 주변(하)

그림 9.8. 구 일본 58은행과 18은행(좌), 구 제물포 구락부(중), 구 일본 주택(우)

는 인천시청으로 사용하다가 1986년 이후부터 중구 구청으로 이용하고 있다(그림 9.7). 그 외에도 이곳에는 구 조선은행 인천 지점, 58은행,[5] 18은행,[6] 제물포구락부,[7] 일본인 저택[8] 등이 남아 있다. 특히 18은행 건물은 인천 개항장 근대건축전시관으로 재탄생하여 인천의 변천사와 주요 건물들을 한눈에 볼 수 있도록 꾸며 놓았다(그림 9.8).

차이나타운의 마지막 패루인 제3패루를 넘어서면 우리나라 최초의 서구식 공원인 자유공원이 나온다. 이 공원은 1888년 미·영·러·청·일 등 각국 외교관이 공동 서명하고, 러시아인 토목 기사 사바틴Sabatin이 측량하여, 이곳 일대를 각국공원으로 획정함으로써 공원의 모습을 갖추었다.

그림 9.9. 자유공원 맥아더 장군 동상

초기에는 각국공원, 만국공원, 서공원 등으로 불리다가 1957년 9월 15일 인천상륙작전 7주년을 기념하여 맥아더MacArthur 장군 동상이 들어서게 되면서 자유공원으로 이름이 바뀌었다. 맥아더 장군 동상이 세워져 있는 자유공원은 친미반공의식이 강하게 반영된 공간이라는 점에서 여전히 논란의 여지가 있지만, 이곳이 우리나라의 개항기, 일제강점기, 해방기, 6·25전쟁 전후에 이르는 한국 근현대사의 흐름이 강하게 반영한 공간이라는 점에서는 이의가 없다. 그래서일까? 공원 앞으로 내려다보이는 거대한 인천항의 모습이 더 거대하고 망망하게 보인다. 역으로 자유공원이 내포하는 심오한 근대사적 의미와는 상관없이 시민들에게는 그냥 평범한 일상적 공간일 뿐이기도 하다(그림 9.9).

월미관광특구는 앞서 언급한 차이나타운 일대의 근대역사문화권 외에도, 월미도권, 신포국제시장권, 그리고 연안부두권으로 구성되어 있다. 우리나라의 이민사를 살펴볼 수 있는 한국이민사박물관이 자리한 월미도는 사실 그보다도 아슬아슬한 기구가 많다고 알려진 놀이공원이 있어 젊은이들의 여가와 데이트 장소로 애용되는 곳이다. 평소에도 관광객이 끊이지 않아 많은 횟집과 카페들이 늘어서 있다. 신포국제시장은 인천의 개항 이후 형성된 전통시장으로, 개항기 때 외국인이 살았던 조계지 인근에 위치하여 외국 문물이 수입되는 창구 역할을 해 왔다. 오늘날에는 다양한 먹을거리와 생활에 필요한 상품들을 판매하고 있다(그림 9.10). 또한 항구와 직면한 연안부두는 어시장의 풍물과 유람선이 오가는 부두의 정취를 느낄 수 있다. 이곳에서 팔미도행 유람

그림 9.10. 월미도권(좌), 신포국제시장권(우)

그림 9.11. 연안부두의 팔미도행 유람선, 인천대교, 유람선 공연, 팔미도 등대

선을 타면, 배 안에서 펼쳐지는 작은 공연과 함께 인천대교의 풍경을 감상할 수 있다. 팔미도에는 1903년에 설치된 우리나라의 최초의 등대가 있다. 하지만 유유자적 감상할 틈도 없이 짧은 시간 내에 유람선으로 되돌아와야만 하는 일정으로 짜여 있어 여유로운 관광을 즐기기에는 역부족이다(그림 9.11).

3) 월미관광특구의 의도적 지정에 대한 고민

인천은 항구라는 이유로, 그것도 수도와 가까운 항구라는 이유로 일찌감치 개항이 이루어진 곳이다. 1883년에는 일본 조계지가 들어서면서 일본인 거주 구역이 형성되었으며, 중국과는 지리적인 근접성으로 인해 1884년부터 청국 조계지가 들어서면서 차이나타운이 형성되었다. 또한

미·러·영·중·일 등의 각축장이 되면서 우리나라 근현대사를 오롯이 흡수한 도시가 되었다. 이러한 특성을 의도적으로 조성한 월미관광특구는 인천 앞바다와 접한 항구를 중심으로 우리나라 근대 역사와 문화를 엿볼 수 있어 우리에게 있어 의미가 크다.

더욱이 인천은 바다라는 자연자원, 인천항이 갖는 입지, 육·해·공 모두를 이용할 수 있는 편리한 교통망, 수도로의 접근성 등의 강점이 주어진 곳이다. 이러한 이유로 인천은 인천만이 가질 수 있는 역사적 특수성에 다양성·복잡성이 반영되었다. 하지만 이러한 혼재성은 인천의 정체성에 문제를 제기하게 한다.

특히 인천항 개항 당시 청나라 조계지였던 차이나타운과 일본 조계지였던 곳을 근대역사문화 탐방이라는 테마로 묶어, '역사 문화의 거리', '개항누리길' 등으로 홍보하고, 여기에 월미놀이공원, 신포시장, 그리고 연안부두를 활용한 팔미도행 유람선 운행 등을 더함으로써 지속적인 관광정책을 유도하고 있음은 고무할 만하다.

하지만 차이나타운 일대 근대역사문화권의 경관 조성은 다소 과한 측면이 있다. 이들 경관이 과거의 청나라와 일본을 상징하는 랜드마크인 것은 부인할 수 없지만, 정책에 의해 급조된 경관들은 지역주민들의 생활상과 대조되면서 다소 부자연스러운 모습을 연출하고 있다. 또한 중국 음식점과 상점의 과도한 밀집, 나무를 덧대어 조립해 누가 봐도 새것이구나 싶은 일본식 거리 조성 능은 역사에 대한 신중한 접근이 아닌 단순히 관광지로의 상업적 조장으로 여겨져 방문들의 눈살을 찌푸리게 한다. 나아가 아직 차이나타운에 남아 있는 화교들이 과연 이곳에서 진정한 커뮤니티를 형성할 수 있을까하는 생각도 든다.

따라서 인천이 다양성과 이질성이라는 독특함으로 강한 매력을 지닌 곳임을 부인할 수는 없지만, 이와 동시에 서울, 동아시아, 세계로까지 이어질 수 있는 지리적 이점을 지닌 지역인 만큼 지역주민들과 방문객들의 정체성을 조금 더 고려할 필요가 있다. 물론 차별화된 경쟁 요소로서 근현대사적 특성을 부각시키는 관광정책은 필요할 것이다. 그러나 월미관광특구의 지정이 단순한 상업적 관광 요소의 나열이 아닌 인천만의 정체성을 느낄 수 있는 지역이 되려면, 지금과 같이 겉모습과 상업으로 치중된 하드웨어적인 접근에서 탈피하여 보다 소프트웨어적인 접근(지역주민의 특성과 교류를 반영한 문화적인 접근)으로 나아가야 할 것으로 보인다.

2. 근대사의 음영이 서린 계획도시, '군산'

1) 식민지 교통체계 모형이 적용되는 군산

많은 경우, 항구도시는 관문도시로서의 역할을 가지며, 그에 따라 지역의 공간적 변화를 불러일으키는 시발섬 구실을 한다. 즉, 관문도시로서의 항구도시는 그 배후지를 넓혀 가며 지역 전체를 연결하는 교통체계를 이루고, 나아가 인구를 늘리며 새로운 도시들을 창출한다.

이러한 과정을 설명하는 지역교통망 발달모형 중에서 '리머Rimmer의 식민지 교통체계 모형'은 원주민의 내부 지향적인 지역체계에 식민 세력이 만든 외부 지향적 도시-교통체계가 덧붙여 가는 과정을 묘사한다(그림 9.12).

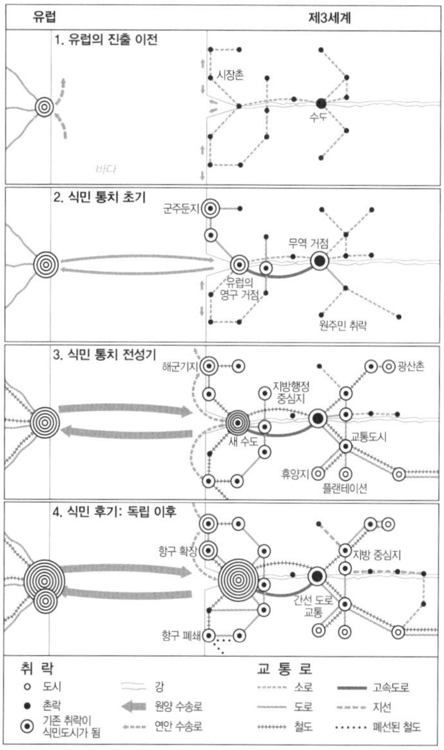

그림 9.12. 리머의 식민지 교통체계 모형
출처: Rimmer, 1977, 138.

첫 번째 단계는 외부 세력과의 접촉이 이루어지기 이전의 상황으로, 주로 강과 해안을 따라 교통망이 이루어져 있으며, 규모는 크지 않지만 나름대로 도시체계가 발달되어 있다. 또한 강을 따라 내륙으로 조금 들어간 곳에 이 지역을 통치하는 수도가 자리 잡고 있다. 두 번째 단계는 외부 세력에 의해 식민지가 된 이후의 상황으로, 원주민의 도시-교통체계는 그대로인 채 주로 해안을 따라 군 주둔지나 무역 거점 등 식민 세력의 거점이 새로 들어선 것을 볼 수 있다. 강어귀에 외부 세력의 진입을 돕는 본격적인 관문도시가 세워진 것이 이 시기의 가장 큰 특징이다. 세 번째 단계는 외부 세력의 통치가 지역 전체로 확장되어 전성기에 이른 상황이다. 해안과 강어귀를 중심으로 큰 규모의 항구도시들이 발달하고, 종래 내륙에 있던 원주민의 수도 대신 강어귀에 입지한 새 관문도시가 이 지역의 수위도시首位都市[9]로 바뀌어 있다. 그리고 교통의 획기적인 변화를 볼 수 있는데, 특히 해안과 내륙의 주요 도시를 잇는 도로망과 철도망이 개설된 것을 볼 수 있다. 이와는 대조적으로 과거 원주민의 교통체계는 크게 나아지지 않았고, 과거의 지방 중심지들은 퇴락하고 있다. 마지막 단계는 식민 통치에서 벗어난 20세기 후반을 묘사한 것으로, 비록 정치적으로 독립을 이루었으나 도시와 교통체계의 기본 틀은 식민 전성기의 것을 그대로 답습하고 있는 모습을 보여 준다. 내부 지향적이고 국지 연결 위주의 원주민 교통체계와 식민 세력이 만든 외부 지향적 교통체계가 독립 이후에도 여전히 병존하고 있음을 알 수 있다.

이 모형은 호남평야 일대의 변화와도 부합된다. 즉, 군산은 제3세계 국가에서 식민지 모국의 필요에 따라 의도적으로 계획된 도시의 성장 형태를 보여 주는 전형적인 사례에 속한다. 개항 전인 1899년에는 서해안에서 멀리 떨어져 내륙 깊숙이 자리 잡은 전주가 호남을 거느리는 최대 중심지였고, 따라서 호남의 교통망은 전주를 정점으로 방사상 구조를 이루며 발달하였다. 그러나 개항 이후 일제강점기에 접어든 1938년에는 호남평야의 중심지가 항구에 입지한 군산으로 바뀌었음을 알 수 있고, 이에 군산은 개항장으로서 새 관문도시가 되면서 철도망을 구축하고, 이를 중심으로 번성했음을 알 수 있다(그림 9.13). 그 흔적은 현재 군산에 남아 있는 낡은 철로를 통해서도 쉽게 확인할 수 있다(그림 9.14).

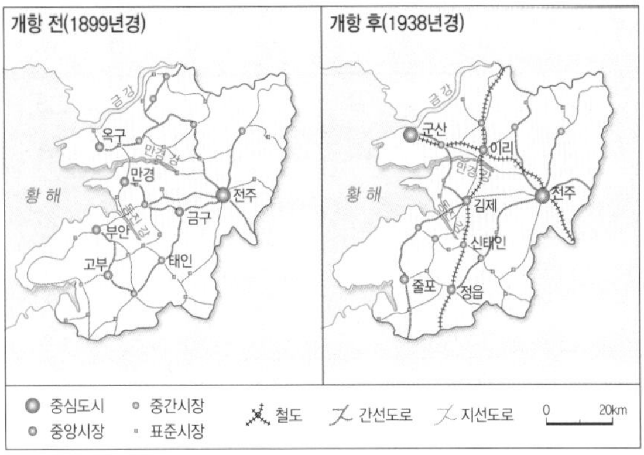

그림 9.13. 호남평야의 중심지와 교통망 체계의 변화
출처: 허우긍, 2012, 252

그림 9.14. 군산의 낡은 철도

2) 개항지 군산의 의도적인 도시 형성

1899년 5월 1일, 고종 황제의 칙령에 의거하여 군산은 개항되었다. 이때부터 군산에 조계지가 설치되어 일본인을 중심으로 한 외국인들의 거류지가 형성되기 시작하였다.

개항 이후 일제강점기에는 근대적 시설인 철도, 도로, 항만 등이 건설되면서 급격히 성장하며 도시가 변모되었다. 이 시기 총 4차례에 걸친 축항 공사로 군산항과 군산 시가지가 확장되었다(이희진·유재우, 2016). 또한 시가지 및 항만 사업 이면에 있던 식민정책에 따라 불합리한 조합들에 의해 미곡 수탈을 위한 중심항으로 성격이 바뀌면서, 군산은 미두장米豆場[10]으로서의 명성을 가졌다. 그만큼 쌀과 인연이 깊은 지역으로, 군산의 장미동藏米洞, 미장동米場洞, 미성동米星洞, 미원동米原洞, 미룡동米龍洞 등의 지명은 이를 증명한다. 기름진 호남평야에 자리 잡아 경지의 90%가 논이였던 이 지역이 일본에게 쌀의 주도권을 빼앗긴 역사적 설움은 결국 군산의 아픔이자 원망이었다. 조정래의 소설『아리랑』(2007)에서는 "당시 군산포구를 통해 광목·석유·성냥·남포등·잡화 등 소비상품을 실어온 배들이 들어 왔고, 배마다 쌀을 가득가득 싣고 떠나갔다."라고 표현하고 있다. 현재에도 군산항에 남아 있는 뜬다리 부두는 밀물과 썰물에 맞추어 자유로이 아래위로 움직이게 만든 것으로(그림 9.15), 물때에 관계없이 3천 톤급 배 4척을 동시에 접안하여 호남평야의 쌀을 일본에 반출하도록 한 시설이다(한국대학박물관협회, 2010).

개항장의 도시화는 외부 세력에 의해 형성된 도심을 중심으로 진행되었다. 군산의 원도심 지역은 개항과 동시에 외국인 거류지 조성을 위해, 거류지 중앙의 낮은 평지를 중심으로 격자형 가로망의 신시가지를 계획하였다. 반면 거류지의 남쪽 외곽 지역은 조선인이 거주하던 지역(구시가지)으로 길 폭이 좁고 구불구불하여 이른바 미로형 시가지를 이루었다. 현재까지도 구시가지와 신시가지는 경관상 뚜렷이 구분된다(그림 9.16).

이렇듯 일제강점기 최고의 번성기를 누린 군산이지만 해방 이후에는 오랫동안 침체를 벗어나지 못하였다. 해방이 되자 일본인들은 떠났고, 그들이 남긴 재산은 미군정을 거쳐 민간에 불하되었지만 일제강점기의 운영 방식은 크게 변하지 않았다. 또한 1970년대 산업화가 시작되고 수출주도형 경제정책이 수도권과 영남권을 잇는 축으로 설정되면서 호남 지방은 다시금 경제 침체를 맞게 된다. 이러한 도시 침체가 이루어지면서 군산의 주요한 근대의 공공 건축물들은 특별한 변화를 겪지 않은 채 본래의 기능과 원형을 유지해 왔다. 그러나 1990년대 이후 문민정부가 출범하

그림 9.15. 군산항의 구 여객 터미널(좌), 뜬다리부두(우)

그림 9.16. 구 시가지(좌)와 신시가지(우)의 대비되는 도로

고 일제 잔재를 청산해야 한다는 민족주의적 관심이 커지면서 군산의 일제강점기를 상징하는 일부 건축물(구 군산역, 구 군산시청 등)들도 철거되기 시작하였다(원도연, 2016). 이러한 식으로 군산의 식민지 경험이 남긴 거리와 건물들은 우여곡절을 겪으며 철거되거나 유지되었다. 그러다가 2000년대 이후 지방자치의 시대를 맞아 일제강점기에 형성된 근대도시가 역사적 자원으로 새롭게 조명되기 시작하면서 근대문화유산에 대한 복고 프로젝트가 시작되었다. 무엇보다도 군산의 경관은 일제강점기의 식민성이라는 관점에서만 볼 수 있는 것이 아니라는 점, 즉 군산의 남은 거리와 건축물들은 정치적 의미를 넘어 문화적 의미가 더 크고, 존중되어야 할 물리적·정신적 가치로 인정되고 있다는 인식이 확산되면서 지금은 '근대문화도시 조성사업'[11]이 진행 중에 있다.

3) 근대사의 음영이 서린 군산의 문화유산

군산 원도심에는 1899년 조계지 설정 이후 일제강점기 무역항의 기능을 위해 조선은행 군산 지점, 군산세관, 18은행, 동국사, 일본식 가옥 등 많은 근대식 건물이 건립되었다. 아직까지 남아 있는 이들 건물로 인해, 지금도 군산은 우리나라 개항장 중에서 일제의 잔재가 가장 많이 남아 있는 도시로 꼽힌다. "군산에서 일제의 잔재를 모두 없애려면 군산시 전체를 없애야 한다."라는 말이 있을 정도이다(김일수, 2000, 75). 그러한 이유로 해방된 지 70여 년이 지났지만 군산은 여전히 그들의 음영이 곳곳에 서려 있는 지역이다.

다행히 군산의 남아 있는 근대시설물을 문화유산의 시각으로 바라보게 되면서, 철거보다는 보존으로, 보존에서 활용으로 담론이 변화하였다. 따라서 근대역사문화의 보존과 활용을 통한 지역정체성 구축을 위해 근대문화도시 조성사업이 시작되었다. 이러한 지자체의 노력으로 근대역사 경관이 재조명되었고, 방송과 인터넷을 비롯한 여러 미디어 보도를 통해 이질적인 매력이 있는 도시로 홍보되었다. 여기에 서해안고속도로의 개통으로 서울–군산 간 물리적 거리가 가까워진 배경이 근대문화유산에 관심이 커진 방문객들의 유입으로 이어지면서, 군산은 근대역사문화 체험 공간이자 교육 공간으로서 재도약하고 있다.

현재까지 남아 있는 군산의 근대문화유산으로는 장미동에 위치한 진포테마해양공원, 호남관세전시관(구 군산세관), 근대역사박물관, 근대건축관(구 조선은행), 근대미술관(구 18은행)과 신흥동의 일본식 가옥(구 히로쓰 가옥), 금광동의 동국사, 경암동의 철길마을 등을 들 수 있다. 이들 장소를 통해 군산의 근대사적 경관을 하나씩 들여다보도록 하자.

장미동 내항에 위치한 진포해양테마공원은 고려 말 최무선 장군이 함포를 만들어 왜선 500여 척을 물리쳤던 진포대첩을 기념하기 위해 2008년에 개관한 해양공원이다. 항만을 끼고 있는 광활한 바다를 배경으로 입지한 이곳에는 나라를 지키다가 퇴역한 육·해·공군 장비들이 전시되어 있다(그림 9.17).

진포해양공원과 가까운 거리에 있는 호남관세전시관(구 군산세관)은 본관 건물만 남은 건물로, 적벽돌과 3개의 뾰족한 첨탑이 인상적이다(그림 9.18 좌). 안내문에는 독일인이 설계하고 벨기에에서 적벽돌과 건축 자재를 수입하여 지어졌다고 되어 있는데, 이는 확인된 내용은 아니다. (추후에도 다시 언급하겠지만 군산의 근대사적 문화유산들에 대한 부정확한 안내문은 문제점으로 지적될 수 있다.)

군산 원도심의 구심점 역할을 하는 근대역사박물관은 '역사는 미래가 된다'는 신조로 과거 수탈의 아픔을 간직한 채 역사의 뒤안길로 사라졌던 일제강점기 군산의 근대 역사와 문화들이 항일 독립의 역사로 재탄생한 것으로, 2011년 개관하였다(그림 9.18 우).

채만식의 소설 『탁류』(1939)에도 등장하는 근대건축관(구 조선은행 군산 지점)은 일제강점기 식민지 지배를 위한 대표적인 금융시설로, 일본인 건축가 나카무라 요시헤이中村與資平가 설계한 것이다. 일제 식민지정책의 총본산이었던 조선은행의 군산 지점으로 1923년 건립되었다고 알려져 있으나 이 시기 역시 확실하지 않다.[12] 당시의 건축 상황에서 이와 같이 웅장한 건물이 경성 이외에는 없었다고 하여 등록문화재 제374호로 지정되었다. 이 건물은 1909년 대한제국 국책 은행으로 설립된 한국은행에 기원을 두고 있으며, 한일합병이 되자 총독부에 의해 조선은행으로 명칭이 변경되었고, 조선총독부의 직속 금융기관 역할을 하였다. 해방 이후 조선은행은 한국은행으로 바뀌어 전주로 지점이 이전되면서 한일은행 군산 지점으로 사용되었고, 이후 유흥시설('플레이보이' 간판은 이를 대변한다.)로 바뀌었다가 이번 사업을 통해 근대건축관으로 재단장되었다(그림 9.19).

또한 등록문화재 제372호인 근대미술관(구 18은행 군산 지점)은 일본 나가사키에 본사를 두었던 18은행의 군산 지점으로 1907년에 설립되었다. 일본에서 미곡을 반출하고 토지를 강매하기 위한 목적으로 설립된 금융기관이었는데, 대부업을 통해 일본인에게 싼 이자로 대출을 주고, 이 돈으로 일본인들은 조선인에게 토지를 담보로 한 고리대금업을 통해 우리 농민들의 농토를 갈취하였다. 광복 이후 대한통운 군산 지점으로 사용되다가 현재는 근대미술관으로 사용되면서 기증된 미술 작품과 지역 작가의 전시 공간으로 운영되고 있다(그림 9.20).

한편 소설 『아리랑』은 친일파 백종두를 통해 일본식 가옥을 다음과 같이 이야기한다. "그는 일본식 집에 반한 지 이미 오래였다. 한 일 자로만 된 한옥에 비해 일본식 집은 마루를 중심으로 방과 부엌 같은 것들이 둘러싸듯 배치되어 있는 것이 아주 그럴 듯했던 것이다. 변소가 따로 멀리 떨어져 있지 않은 것이 좋았고, 특히나 좋은 것은 목욕탕이었다. 집집마다 목욕탕이 있다는 것은 참으로 희한하고도 기막혔던 것이다. 거기다가 2층 집에 이르면 그는 그만 넋을 놓았다. 높은 2층 집에 떡 버티고 앉아 아래를 내려다보는 것은 상상만으로도 기분 달뜨는 일이 아닐 수 없었다(조정래, 2007, 77)." 이처럼 묘사되는 일본식 가옥은 군산 신흥동에서 쉽게 만날 수 있다. 특

그림 9.17. 진포해양테마공원

그림 9.18. 호남관세전시관(좌), 근대역사박물관(우)

그림 9.19. 구 조선은행 군산 지점(좌)에서 근대건축관(우)으로의 변모

히 등록문화재 제183호인 신흥동 일본식 가옥(구 히로쓰 가옥)은 2층으로 되어 있다. 안내문에는 일제강점기 군산의 유명한 포목상이었던 일본인 히로쓰 게이사브로廣津慶三郎가 지은 것으로 소개되고 있으나 이 역시 잘못된 것으로, 실은 미곡상을 하던 히로쓰 기치사브로廣津吉三郎가 지은 것이다(김선희, 2013; 매거진 군산, 2017. 4. 1.). 히로쓰 가옥은 ㄱ자 모양으로 붙은 건물 2채

그림 9.20. 구 18은행 군산 지점(좌)에서 근대미술관(우)으로의 변모

그림 9.21. 신흥동 일본식 가옥(구 히로쓰 가옥)

가 있고, 두 건물 사이에 꾸며진 일본식 정원에는 큼직한 석등이 놓여 있다(그림 9.21). 영화 〈장군의 아들〉(1990), 〈바람의 파이터〉(2004), 〈타짜〉(2006)의 촬영 장소이기도 하다.

금광동의 동국사東國寺는 우리나라에 남아 있는 유일한 일본식 사찰로, 동국사 대웅전은 2003년 등록문화재 제64호로 지정되었다. 1913년, 일본인 승려 우치다內田에 의해 금강사錦江寺라는 이름으로 건립되었는데, 당시 일본에서 모든 건축 자재를 들여와 만든 것이다(그림 9.22). 최근 일본 이치노혜 쇼코一戸彰晃 스님이 과거 전쟁과 식민지정책에 협력했던 것을 참회하고 반성의 뜻을 밝히는 '참회비'를 동국사에 설립함으로써 이를 매개로 한일 교류가 나타나고 있다(연합뉴스, 2012. 9. 16.). 이는 역사 문제로 여전한 갈등을 겪고 있는 한일 관계의 현실을 감안하면 뜻깊은 시사점을 안겨 준다.

마지막으로 살펴볼 곳은 경암동 철길마을이다. 이 역시 일제강점기에 조성되었다. 경암동 일대는 원래 갯벌이었는데 일제가 이곳을 메우고 2.5km의 철길을 놓아 그들이 세운 제지공장까지 이어지게 만든 공간이다.[13] 이 공간에 가난한 조선민들이 모여들어 철로변에 오막살이를 짓고

그림 9.22. 동국사

그림 9.23. 경암동 철길마을

살기 시작한 것이 마을의 시초이다. '기찻길 옆 오막살이'라는 동요가 그대로 재현되는 곳이다. 아침에 원료를 싣고 제지공장으로 들어간 열차는 오후에 완제품을 싣고 나왔는데, 열차에 안전 요원들이 매달린 채 철길에 있는 마을 사람들에게 기적 소리를 울리며 주의를 주었다고 한다.[14] 열차에 받히면 문짝이 날아갔기 때문에 이곳은 미닫이문이 많다는 특징이 있다. 이렇듯 경암동 철길마을은 수탈의 역사에서 조선민이 겪어 온 가난한 생활을 보여 주는 곳으로 지금도 여전히 사람들이 살고 있다(그림 9.23). 하지만 이곳이 TV 광고나 드라마 속 로맨틱한 공간으로, 사진작가들의 인기 촬영지로서만 알려지는 것 같아 한편으로는 안타까움이 들기도 한다.

4) 근대사의 음영이 서린 군산이 주는 의미

근대도시는 균일성과 중층성이 씨줄과 날줄이 되어 도시 공간을 형성한다. 이제 우리는 근대도시에 대한 보다 중층적이고 복합적으로 나타나는 근대적 일상과 공간의 변화에 더 많은 관심을 가질 필요가 있다. 이상에서 살펴보았듯이 식민지 수탈의 상징인 군산에서 근대성의 한 줄기는 소설『아리랑』에서 친일파 백종두가 그렇게 좋아했던 일본식 건축과 거리로 나타났다. 식민경험의 잔재였던 이들 경관은 근대문화도시 조성사업을 거치면서 한 세대를 넘어 현재는 역사적 잘못을 다시 겪지 않기 위한 공간으로서, 그리고 아픈 역사 속에서 무엇을 얻고 잃었는지에 대한 자각의 기회로 삼는 공간으로서의 역할을 하고 있다. 또한 이 사업을 통해 변모하고 있는 경관은 많은 방문객들의 관광으로 이어지게 하였고, 군산을 새로 읽는 역사의 공간으로 재인식하게 만들었다.

하지만 군산의 근대사적 문화유산을 이질적인 일본식 건물을 상품화시킨 관광자원으로서만 여겨서는 안 된다. 오히려 이들 문화유산을 매개로 그 공간에서 당시 삶을 향유한 사람들의 이야기로 나아갈 수 있도록 한국인들의 기억도 담아낼 수 있어야 할 것이다. 나아가 앞서 호남관세전시관(구 군산세관), 근대건축관(구 조선은행 군산 지점), 신흥동 일본식 가옥(구 히로쓰 가옥) 등의 내용에서 지적했듯이 이들 문화유산의 안내문과 자료집에는 아직도 부정확한 정보들이 소개되고 있다. 그리고 이것을 그대로 인용한 대부분의 선행연구나 미디어 기사 역시 인터넷을 통해 유포되고 있는 실정이다. 따라서 이에 대한 잘못된 정보의 수정과 보완도 시급히 이루어져야 할 과제로 남는다.

3. 놀멍 · 쉬멍 · 걸으멍,[15] 제주 '올레길'

1) 제주도 푸른 밤, 떠나요 둘이서

"떠나요 둘이서 모든 것 훌훌 버리고, 제주도 푸른 밤 그 별 아래, 이제는 더 이상 얽매이긴 우리 싫어요. 신문에 TV에 월급봉투에, 아파트 담벼락보다는 바달 볼 수 있는 창문이 좋아요. … 그동안 우리는 오랫동안 지쳤잖아요. 술집에 카페에 많은 사람에 도시의 침묵보다는 바다의 속삭임이 좋아요.…" (유리상자 〈제주도 푸른 밤〉 중에서)

'제주도'하면 떠오르는 노래가 있다. 가수 유리상자가 부른 〈제주도 푸른 밤〉인데 가사가 인상적이다. 제주도로 떠나자는 가사 속에는 '여럿이'보단 '둘이서', '아파트 담벼락'처럼 인위적인 것보다는 '바다'와 같은 자연을 볼 수 있는 창문이 좋다는 내용이 있다. 이 노래에서 제주도는 인공적인 도시와 반대되는 자연적 공간으로 그려지고 있는 것이다.

실제로도 제주도는 둘이 떠나자는 노래의 가사처럼 단체 관광객보다 개별 관광객이 더 많다. 2013년부터 2016년까지 제주도를 방문한 관광객의 추이를 살펴보면 개별 여행객의 비중이 약 76%로, 패키지 여행객의 비중보다 3배 이상 많은 것을 알 수 있다. 또한 개별 여행객은 2013년부터 꾸준한 증가 추세를 보이는 반면, 같은 기간 패키지 여행객은 감소 추세가 나타난다(표 9.1). 이는 제주도를 찾는 관광객들이 여럿이 왁자지껄 떠나는 패키지보다는 개별 여행을 더 선호한다는 것을 보여 준다. 그 이유를 살펴보면, 개별 관광객들의 제주도로의 접근성이 (여객 편수 및 운항 시간대의 증가, 저가 항공의 등장 등으로 인해) 예전보다 좋아졌다는 점, 제주도 내 관광지들이 단체 관광객보다 가족이나 친구 단위 위주로 설계된 곳이 많다는 점, 제주도 관광객 다수가 조용히 자연을 즐기는 것을 선호한다는 점 등을 들 수 있다(제주특별자치도관광협회, 2017).

이렇게 매년 천만 명이 넘는 관광객들이 찾는 제주도는 화산활동으로 만들어진 우리나라 최대의 화산섬으로, 섬의 중심에는 남한에서 가장 높은 한라산이 위치해 있으며, 산 주변에는 약 360개의 크고 작은 오름[16]들이 둘러싸고 있다. 취락은 대체로 용천湧泉[17]을 따라 해안가에 조성되었다.

이렇게 취락이 있는 해안가를 끼고 조성된 '제주 올레길'은 제주도 내 약 940곳의 관광지 가운

표 9.1. 제주도 개별 및 패키지 관광객 증감 추이

단위: 명(%)

	2013년	2014년	2015년	2016년	합계
개별 여행	5,470,910(64%)	6,781,586(76%)	8,424,404(76%)	10,153,104(83%)	30,830,004(76%)
부분 패키지*	1,752,507(21%)	1,444,508(16%)	1,750,211(16%)	1,281,249(10%)	6,228,475(15%)
패키지	1,294,000(15%)	719,507(8%)	865,520(8%)	815,606(7%)	3,694,633(9%)
소계	8,517,417(100%)	8,945,601(100%)	11,040,135(100%)	12,249,959(100%)	40,753,112(100%)

* 부분 패키지는 여행사가 숙박과 이동 수단을 제공하고, 일정은 자유 여행의 형식을 취하는 관광 상품을 뜻한다.
출처: 제주특별자치도관광협회

데 가장 유명한 곳 중 하나이다(비지트제주, 2017). 제주 올레길은 옛날 제주 사람들이 찾아 걸었던 길을 다시 잇고, 관광객과 지역주민이 만날 수 있는 기회를 늘려 지역경제를 활성화하려는 의도로 만들어졌다.

2) 놀멍·쉬멍·걸으멍, 제주 올레길

제주 올레길은 2013년부터 2016년까지 제주도를 찾은 약 4,000만 명의 관광객 중, 대략 400만 명이 찾았을 정도로 제주도의 대표적인 관광지이다(관광지식정보시스템, 2017). 이러한 제주 올레길은 서명숙 제주 올레 이사장과 자원봉사자들이 2007년 9월에 만든 제 1코스를 시작으로, 약 4년 만인 2012년 11월에 제 21코스까지 개장하였고, 여기에 우도, 월드컵경기장-서귀포, 가파도, 저지오름-서광, 추자도 등 5곳을 추가하여(제주 올레, 2017), 총 26코스(425km)로 구성되어 있다(그림 9.24).

이렇게 탄생한 제주 올레길은 이곳을 찾는 관광객들에게 1코스부터 26코스까지 각각의 길에 새겨진 다양한 이야기들과 함께 도시에서는 볼 수 없는 아름다운 경관을 선사한다. 실제로 올레길을 걷다 보면 일제가 남겨 놓은 흔적들과 제주 4·3 사건의 아픈 기억, 각 지역의 전설 등을 마주할 수 있다. 제주 올레길을 '놀멍·쉬멍·걸으멍' 하다 보면 이곳의 수려한 자연경관에 빠져 관광객들은 자신도 모르는 사이에 간세다리(제주도 방언으로 게으름뱅이를 의미)가 되기 십상이다. 그리고 또 다른 간세다리 친구들(방목 중인 소나 말, 길고양이, 달팽이 등)도 어렵지 않게 만날 수 있다(그림 9.25). 올레길의 목적이 놀멍·쉬멍·걸으멍 하는 것이기에 평상시 빨리 걷느라 미처 보지 못했던 아름다운 것들을 이곳을 통해 만날 수 있는 것이다. 이렇게 주위를 둘러보는 여

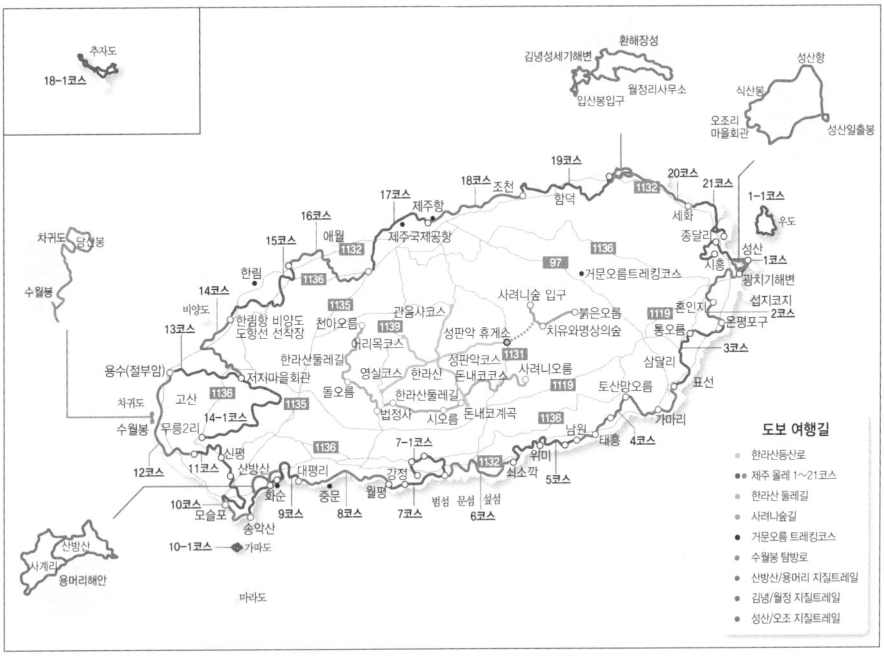

그림 9.24. 제주 올레길 코스와 기타 도보 여행 코스
출처: 비지트제주, 제주관광지도

그림 9.25. 올레길에서 만난 간세다리 친구들

그림 9.26. 올레길의 각종 이정표

유, 그것이 바로 올레길의 묘미이다.

비록 올레길에서 간세다리가 되었을지라도 길을 잃어버리지는 않을 것이다. 왜냐하면 올레길에는 구멍이 송송 뚫린 현무암, 전봇대, 나무 등에 예쁜 색으로 칠한 화살표와 리본, 간세[18] 등으로 꾸며진 이정표가 있기 때문이다. 이들 이정표는 파란색과 주황색이 한 쌍으로 구성되어 있는데, 파란색은 제주도를 오른쪽으로 도는 정正코스, 주황색은 제주도를 왼쪽으로 도는 역逆코스를 의미한다(그림 9.26).

3) 제주의 틈새를 보다

제주도는 수많은 국내 관광지 중에서 국내 여행객의 재방문 의향과 여행 만족도가 가장 높은 곳이다(환경일보, 2016. 5. 12.). 그중 올레길은 기존 관광지들이 하지 못했던 관광시장의 '틈새'를 공략해, 다른 관광지들보다 색다른 경험을 할 수 있는 상품들로 관광객들을 불러 모으고 있다. 이러한 것을 '틈새관광Niche Tourism'이라고 하는데, 즉 틈새관광이란 특별한 흥미를 가진 소수의 관광객이 특징적인 장소 자산을 가진 관광지의 문화를 체험하거나, 특별한 활동 등을 하기 위한 관광을 의미하는 것으로, 일반적으로 단체 관광Mass Tourism과 반대되는 개념이다(Novelli,

그림 9.27. 제주올레 패스포트(상좌), 제주해변(상우), 정낭(하좌), 주상절리[19](하우)

2004).

올레길을 찾은 사람들은 대체로 제주 올레 패스포트[20]를 들고 개별 혹은 소수로 제주를 찾는다. 그러한 이유로 올레길에서는 깃발을 들고 단체로 여행하는 사람들을 거의 찾아볼 수 없다. 이러한 올레길에서 관광객들은 놀멍·쉬멍·걸으멍 여유를 부리며 현무암이 드러난 해변과 각종 용암 지형, 구불구불 돌담으로 구분된 밭과 골목, 물질하는 해녀, 정낭[21]으로 불리는 제주 전통 가옥의 대문 등 제주의 일상적인 풍경을 감상하며 틈새관광을 체험한다(그림 9.27).

4) 제주의 어두운 역사를 느끼다

자연 속에 조용히 녹아 있는 이정표들을 따라 올레길을 걷다 보면, 수려한 자연경관에 절로 발길이 느려지기도 하지만 아름다움 속에 숨어 있는 가슴 아픈 역사를 마주할 때도 있다. 그중 가장 인상 깊은 코스가 바로 올레 10코스이다. 이 코스 또한 빼어난 자연경관으로 많은 관광객들에게 사랑을 받고 있지만[22] 다른 코스들과는 다르게 산과 오름이 많아 육체적으로 힘들게 느껴지는 코스이기도 하다. 더욱이 제주도의 아픈 역사를 볼 수 있어서 심적으로도 힘든 구간이다.

태평양 전쟁이 막바지에 이르던 일제강점기 말, 일제는 본토가 미국에게 점령당할 위기에 놓이자 제주도를 본토 방어진지로 이용하였다. 이에 만주에 있던 부대와 서울에 주둔 중인 일본군 약 7만 여 명이 제주도로 집결했고, 제주도는 빠르게 일제에 의해 요새화되었다. 그 당시 제주도에 살고 있던 22만 여 명의 주민들은 진지 구축, 기지 설치, 비행장 건설 등의 강제 노역과 공출에 시달리며 엄청난 고초를 겪었고, 그 흔적은 제주도 곳곳에 남아 당시의 고통을 증언해 주고 있다(그림 9.28). 그중에서도 자살 특공대인 가미가제 격납고가 있던 '알뜨르 비행장'은 특히 인상적이다. 신의 바람이라는 뜻의 가미가제는 전투기에 폭탄을 가득 싣고 적 군함으로 돌진해 자살공격을 하는 특공대였다. 한번 뜨면 다시는 돌아오지 못하는 전투기들을 보관하던 격납고가 이제는 지역주민들이 수확한 농산물들을 보관하는 장소로 쓰이고 있다. 콘크리트 구조물로 이루어진 격납고가 외부보다 온도가 낮고, 비를 피할 수 있으며, 지금은 밭으로 쓰이는 비행장에 넓게 분포되어 있어 농작물을 보관하는 데 안성맞춤이기 때문이다. 죽음의 땅에서 생명의 땅으로 탈바꿈한 격납고를 보면, 세월의 흐름이 참으로 아이러니하다.

해방이 찾아 왔지만 제주의 고통은 끝나지 않았다. 1947년 3월 1일 경찰의 발포 사건을 기점으로 하여, 경찰·서북청년단의 탄압에 대한 저항과 단일선거·단일정부 반대를 기치로 1948년 4월 3일 남로당 제주도당 무장대가 무장봉기한 이래 1954년 9월 21일 한라산 금족지역禁足地域이 전면 개방될 때까지 제주도에서 발생한 무장대와 토벌대 간의 무력 충돌과 토벌대의 진압 과정에서 수많은 주민들이 희생당한 사건인 '제주 4·3 사건'이 일어난 것이다. 이 사건으로 인해 당시 제주도 인구의 약 1/9인 3만 명의 소중한 생명이 토벌대와 경찰들에 의해 집단적으로 학살당했는데, 이 중 어린이·노인·여성이 무려 33%를 차지하였다(제주4·3연구소, 2017). 특히 이승만 정부는 중산간지대를 통행하는 자를 폭도배로 간주하여 총살하겠다는 포고문을 발표하고 중산간 마을에 대한 대대적인 진압 작전을 실시했는데, 이 과정에서 중산간 마을의 95%가 불타 없어지는 참사도 있었다. 이러한 제주 4·3 사건의 흔적은 추모비와 학살터가 있는 올레 10코스뿐만 아니라, 제주4·3평화기념관을 포함해 제주도 전역 68곳에 흩어져 당시 아픔을 고스란히 전하고 있다(그림 9.29).

이처럼 비극적인 사건이 있었던 곳이나 참사 현장, 재난 지역 등 부정적 이미지의 장소를 방

그림 9.28. 일제가 만든 군사시설들

그림 9.29. 제주 4·3 사건을 추모하는 비석과 학살터를 알리는 표지판

문하여 반성과 교훈을 얻는 여행을 다크투어리즘이라고 한다(Lennon·Foley, 2000). 다크투어리즘은 크게 전쟁 지역 관광·묘지 방문 관광·식민지 역사 관광·홀로코스트 관광·재난지역 관광·고스트 관광·감옥관광 등으로 분류할 수 있는데(류주현, 2008), 무엇보다도 올레 10코스는 일제강점기라는 전쟁 및 식민지 역사와 제주 4·3 사건이라는 홀로코스트를 간접적으로나마 경험할 수 있는 곳으로서 다크 투어리즘적 장소라고 볼 수 있다.

5) 제주 올레? 제주로 갈래!

제주도는 우리나라에서 가장 큰 섬으로 우리나라의 대표적인 관광지 중 하나이다. 제주도는 특히 패키지 관광보다는 개별 여행이 많은 곳인데, 이는 2007년부터 만들어진 제주 올레길의 성공이 큰 영향을 미친 결과이다. 올레길 여행은 혼자 또는 소수의 인원으로 올레 이정표가 이끄는 대로 놀멍·쉬멍·걸으멍, 제주도를 한 바퀴 돌며 제주도의 특별한 자연과 역사를 만끽하는 것이다. 즉, 올레길은 너와 나 모두 간세다리가 되어 제주의 아름다운 생태와 일상을 마주하며 편안함을 경험하는 곳이다. 또한 올레길은 제주의 아픈 역사를 보고 느끼며 다시금 과거를 생각해 볼 수 있는 교육적 공간이기도 하다. 결국 올레길은 틈새관광과 다크투어리즘적 요소를 모두 체험하는 공간으로서 그 가치가 크다.

따라서 제주 올레길 체험을 짧은 관광 열풍으로 끝낼 것이 아니라, 누구든 '제주로 올레?'라고 물으면, 곧바로 '응! 제주로 갈래!'라는 대답이 나올 수 있도록 올레길을 잘 가꾸고 보존해 나가야 할 것이다.

부록 3 소규모의 한류 체험관, 롯데월드타워의 '스타에비뉴'

롯데월드타워의 등장

롯데월드 바로 옆, 우리나라에서 가장 높은 건물이 등장하였다. 바로 롯데월드타워이다(그림 1). 롯데월드타워는 서울시 송파구 신천동에 위치한 롯데월드몰 복합단지에 있는 초고층 빌딩으로, '제2롯데월드' 혹은 '롯데슈퍼타워'라고 불리기도 한다. 롯데월드타워는 지상 123층, 높이 555m의 초고층 건물로서,[1] 호텔, 사무실, 오피스텔, 백화점, 면세점, 마트, 영화관, 아쿠아리움, 공연장 등의 기능을 두루 갖춘 복합 건물이다. 지하 광장을 통해 송파대로 맞은편에 있는 기존의 롯데월드와 연결되어 있다.

롯데그룹은 1987년 현 위치에 부지를 마련하고, 1994년 12월부터 제2롯데월드 건설 사업을 추진하였으나 1998년 외환 위기IMF가 불어 닥치는 한편, 근처에 있는 서울공항 활주로의 시야 문제로 인해 오랫동안 건설 허가를 받지 못하였다. 그러나 2009년, 정부가 서울공항의 활주로 각도를 변경하는 조건(활주로 변경 비용을 롯데그룹이 지불)으로 최종 허가를 내줌으로써, 본격적인 공사에 들어갔다. 그리고 마침내 지난 2016년 12월 22일 완공하였으며, 2017년 2월 9일 최종 사용 승인을 받은 뒤 4월 3일에 공식 개장하였다.

소규모의 한류 체험관, 롯데월드타워 내 스타에비뉴

한국 전통 도자기와 붓의 형상을 모티브로 설계되었다는 롯데월드타워에는 특급 호텔 시그니엘서울과, 화려한 서울의 야경을 볼 수 있는 전망대인 서울스카이, 최고급 레지던스와 오피스 공간, 복합 기능 공간 등으로 구성되어 있다. 또한 롯데월드몰은 국내 최대의 명품 백화점인 에비

그림 1. 우뚝 솟은 롯데월드타워의 외부(상)와 내부(하)

뉴엘과 국내 시내 면세점 중 최대 면적을 자랑하는 롯데면세점, 롯데하이마트, 쇼핑몰, 롯데마트 등이 위치해 있는 쇼핑 관광의 명소로 다양한 국내외 브랜드를 만날 수 있는 공간이다. 이러한 쇼핑 공간 외에도 문화·예술 공간으로, 아시아 최대 규모의 멀티플렉스인 롯데시네마 월드타워관, 롯데월드 아쿠아리움, 그리고 국내 최초 빈야드vineyard 스타일[2]의 롯데콘서트홀이 있어 쇼핑과 엔터테인먼트를 함께 즐길 수 있다(한국관광공사).

이러한 거대하고 복잡한 수직도시 속 한 작은 공간에 '스타에비뉴'가 있다(그림 2). 스타에비뉴는 한국을 대표하는 스타들과 결합된 엔터테인먼트 콘텐츠가 있는 공간이다. 스타와 함께 소통하며, 한국 문화 콘텐츠를 좀 더 가까이에서 느끼고 체험할 수 있는 곳으로, 좋아하는 스타와 만나는 꿈같은 경험과 다양한 볼거리를 제공한다.

스타에비뉴에는 한류 스타와 관련된 기념품 상점(star shop), 자신의 얼굴이 스타의 사진과 합성되는 경험을 할 수 있는 스타모자이크(star mozaic), 실물 사이즈의 한류 스타와 포토 타임을 즐길 수 있는 공간인 스타존(star zone) 등이 마련되어 있다(그림 3).

그림 2. 롯데월드타워의 스타에비뉴 출입구

특히 디지털 인터랙티브 멀티미디어Digital interactive multimedia를 이용해 제작된 공간은 매우 놀랍다. 즉, 이 공간은 한류 스타 모델을 활용한 예술 문화적 콘텐츠에 입체적 상호 작용 체험을 덧입혀 시각적 착시 효과와 미디어를 느낄 수 있도록 꾸며져 있다. 예를 들면, 자신이 좋아하는 한류 스타의 핸드프린팅에 손을 갖다 대면 창밖으로 스타를 불러낼 수 있는 스타터치star touch, 그리고 대형 스크린 앞에 서 있으면 자신의 모습이 사진으로 담겨 귀여운 잠수함에 배우 최지우·이민호와 함께 탑승하여 롯데월드타워 주위를 돌며 여행을 떠나는 영상을 보여 주는 스타비전star vision 등의 공간은 이 장소의 재미를 더한다. 또한 살짝 터치하는 것만으로 스타들을 그림자 영상으로 불러내 직접 음악과 춤을 감상할 수도 있고, 한류 스타들과 직접 대면해 영상 메시지를 주고받을 수도 있으며, 좋아하는 스타를 연인으로 설정하여 타로카드나 별자리 점 등의 결과를 받아볼 수도 있다(그림 4).

원한다면 상시 대기 중인 직원의 안내를 받을 수도 있다. 그리고 굳이 이곳에 있는 한류 스타의

그림 3. 스타에비뉴의 기념품 상점(좌), 한류 스타존(중), 스타모자이크(우)

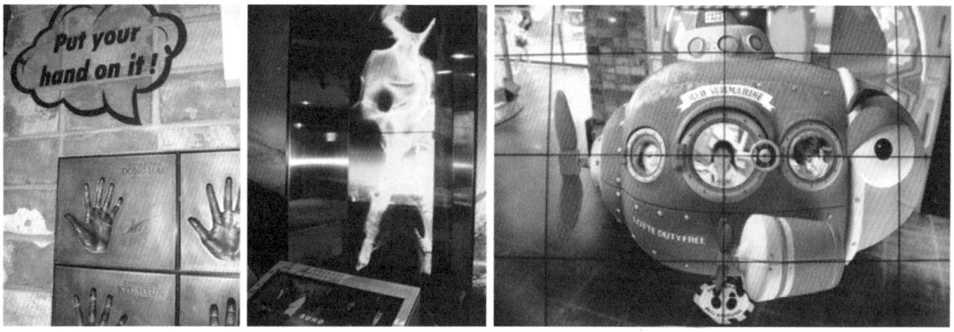

그림 4. 스타에비뉴의 스타터치(좌), 스타비전(중·우)

팬이 아니더라도, 어차피 관람은 무료이다. 그러니 이곳을 즐길 마음가짐과 시간만 허락된다면, 포스트관광객으로서 롯데월드타워 구경과 함께 이곳도 한번 들러보길 권한다.

롯데월드타워의 스타에비뉴를 나서며

지난 2008년쯤 우리나라에 등장한 신조어가 있다. 바로 '몰링(maling)'이다. 몰링이란 복합 쇼핑몰에서 쇼핑과 동시에 엔터테인먼트와 외식·여가 활동 등을 즐기는 소비 형태를 말한다. 몰링은 파급 신조어도 만들어 내고 있다. 몰링을 즐기는 사람을 '몰링족'으로, 몰링하는 소비자들은 '몰고어', 쇼핑과 함께 영화·카페 등을 이용하는 젊은 여성들은 '몰리'라고 칭한다. 여기에 몰 곳곳을 둘러보는 것을 운동 삼아 즐기는 사람들을 '몰워커'라고 표현한다.

어떻게 보면 복합 쇼핑몰은 그냥 '큰 쇼핑' 건물에 불과할 뿐인데 이러한 신조어를 만들어 낼 수 있을까? 이유는 간단하다. 소비자 입장에서 몰링은 이제 소비 형태를 넘어 하나의 '문화'가 되고 있기 때문이다. 이제 복합 쇼핑몰은 단순히 물건을 사는 곳이 아니다. 이곳에서 친구들과 만나 물건도 사고 영화도 보고 커피도 마시고 이야기를 나누고 사진을 찍는 공간이다. 또 가족들과 함께 쇼핑몰에 들러 소위 '아점'이라 일컫는 식사를 하고, 몰워커를 즐긴다. 그다음 쇼핑도 하고 저녁까지 해결하며 하루를 보내는 것이다.

이러한 면에서 최적의 조건인 롯데월드타워와 스타에비뉴는 색다른 의미를 갖게 된다. 이미 이곳에서의 '몰링 투어'가 시작된 것을 의미하기 때문이다. 한편으로는 롯데월드타워 안에 소규모의 한류 체험관을 형성하여 한류 문화를 지속시키려는 기업의 의도는 반갑다. 이렇게나마 몰리나 몰워커들에게 이곳을 방문하게 하는 하나의 계기와 관심을 만들어 주니 말이다. 이 한류 체험관의 규모는 작을지라도 한류에 열광하는 외국의 몰리들에게는 분명 매력적인 관광 장소가 아닐까 한다.

개인적으로 영국 런던 멜리본 거리에 위치한 마담 투소와 일본 도쿄 오다이바에 위치한 덱스도쿄비치 내의 마담 투소 도쿄에 간 적이 있다(그림 5). 두 곳 모두 스타에비뉴처럼 유명 인사나 스타들을 밀랍 인형이나 사진을 통해 간접적으로 만나며 체험할 수 있는 곳이다. 특히 덱스도쿄비치는 도쿄만灣이 내려다보이는 관광명소로, 오락시설, 레스토랑 및 패션 아웃렛 등이 결합된 상업단지이다. 친구와 함께 몰링을 하다가 들렸던 곳이었는데, 이곳에서 굉장히 즐거운 시간을 보냈던 기억이 있다. 분명 덱스도쿄비치 내의 마담 투소가 애초의 관광 목적지는 아니었지만 여행 후의 기억으로 목적지가 될 수 있었던 경우이다.

이처럼 스타에비뉴도 롯데월드타워에서의 몰링 투어로서 큰 역량을 가질 수 있다. 많은 외국

그림 5. 런던의 마담 투소(상), 오다이바 덱스도쿄비치의 마담 투소 도쿄(하)

인들에게, 특히 한류 문화를 사랑하는 관광객들에게 이곳은 분명 매력적인 장소가 될 수 있을 것이라 생각된다.

따라서 롯데월드타워의 존립과 반대에 대한 의견은 아직도 분분한 상태이지만 몰링 문화에 익숙한 소비자들과 관광객들을 외면할 수만은 없는 일이다. 결국 이곳을 나서며 매우 조심스레 드는 생각은 과연 롯데월드타워와 같은 복합 쇼핑몰을 규제만 한다고 해서 전통시장이 살아날까 하는 점이었다. 소상공인 및 전통시장 보호를 위한 대책은 절대적으로 강구되어야 하는 것이지만, 유통 산업 규제만이 정답은 아닌 것이다. 오히려 몰링을 즐기기 위해 자동차를 타고 번 외곽으로 나가는 수요자들을 몰링 투어라는 이름으로, 그리고 더 작게는 한류 스타 체험관이라는 명목으로라도 붙잡아야 하는 것이 아닐까? 그래야 장기적으로 보았을 때 해당 지역과 주변 지역 상권 부흥에 더 효과적인 일이 아닐까 하는 생각이 든다. 물론 거대하고 웅장하게 창출된 이 공간의 권력이 과연 약자로 칭하는 이들에게 얼마나 긍정적인 영향을 미칠지에 대해서는 의구심이 들기는 하지만 말이다.

제3부 주석

제7장

1. 한두 달에 한 번꼴로 열리는 아마추어 만화·애니메이션 박람회로, 만화 용품 판매 기업인 에스이테크노(S.E Techno)가 서울과 부산, 대만, 홍콩 등에서 개최한다. 서울에서는 1999년, 부산에서는 2000년에 제1회가 개최되었다. 많은 이들이 코믹으로 줄여 부르고 있으며, 서울과 부산에서 이루어지는 코믹을 각각 서코와 부코로 줄여 부르기도 한다. 주요 행사로 동인지·팬시 제품 판매전, 코스프레, 노래 대회, 일러스트 콘테스트 등이 매회 열리고 비정기적으로 만화가 및 성우의 초청 이벤트가 열린다.
2. 출판 만화에 초점을 둔 축제로서 만화 창작 활성화, 만화문화 발전, 그리고 만화 산업 발선 등 만화 생태계를 부흥시켜 지역의 이미지 제고와 지역경제, 국제화 등의 가치 추구에 나서고 있다.
3. 합리성, 보편주의, 영속적인 절대 진리, 질서, 표준화, 기능 및 효율성 등을 중요시하는 사조로, 모더니즘적 도시경관은 정형성, 투박성, 경직성, 자연미의 결여와 비인간성 등으로 요약될 수 있다.
4. 주관성, 반권위, 반본질, 반경직성, 탈중심화 내지 분산화, 주변적이거나 하찮은 것에의 의미 부여, 잡탕주의 등과 관련된 여러 가지 표현·행동 양식을 중요시하는 사조로, 포스트모더니즘적 도시경관은 고풍성, 아름다움, 세련됨, 자연 및 지역특색 지향성, 인간 중심성 등으로 요약될 수 있다.
5. 라틴어로 100을 뜻하는 센텀과 시티의 합성어로 100% 완벽한 첨단도시이다. 해운대구 재송동에서 우동까지의 수영강변 구역에 위치해 있다. 첨단기술과 자연이 결합된 미래 복합형 도시, 즉 정보·업무·관광·상업·주거·엔터테인먼트 등 다양한 복합 기능을 갖춘 도시로, 현재 센텀시티 내에는 대규모 아파트단지를 중심으로 한 주거지와 벡스코, 신세계백화점과 롯데백화점을 중심으로 한 상업지구, 부산정보산업진흥원과 부산문화콘텐츠콤플렉스, 영화의 전당, 부산시청자미디어센터, 부산디자인센터, KNN(Korea New Network), 영화진흥위원회, 세종텔레콤 해저통신국, SK텔레콤 부산데이터센터, 부산월드비즈니스센터(WBC) 등이 들어서 있고, APEC 나루공원이 조성되어 있다.
6. 부산 남포동 영화거리는 80여 년의 역사를 갖는 지역으로, 1930년 소화관, 1934년 부산극장이 개관했고, 1957년 제일극장, 1961년 동명극장, 1969년 부영극장과 국도극장이 생기면서 부산의 대표적인 영화거리의 이미지를 형성하였다. 1990년대 중반 이후 국제영화제 개최 지역으로서 멀티플렉스 전용관의 등장과 화려한 쇼핑몰을 구축하여 하나의 문화거리로 인정받으며 과거의 명성을 이어갔으나, 최근 센텀시티의 개발로 이 공간의 미래가 불투명해지고 있는 상황이다.
7. 부산국제영화제 조직위원회는 2011년 2월 24일자로 부산국제영화제의 영문명칭을 PIFF(Pusan International Film Festival)에서 BIFF(Busan International Film Festival)로 변경하였다. 즉 15년간 PIFF였다가 BIFF로 바뀌었기에 부산의 영화제와 관련한 경관은 여전히 PIFF로 표기된 것들이 많다.
8. 부천시는 둘리가 만화가 김수정 작가를 통해 이곳에서 태어난 것을 기념하여 만화 캐릭터인 둘리에게 주민등록증과 모범시민증을 발급하였다(아시아경제, 2017. 4. 22.).

9. KBS에서 2002년 제작·방영한 TV 드라마로, 윤석호 PD의 계절 시리즈 중 〈가을동화〉(2000년)에 이은 두 번째 작품이다. 준상과 유진의 애절한 사랑을 담은 스토리로 일본

에 한류 열풍을 불러일으킨 기폭제가 되었다. 2006년에는 뮤지컬로, 2009년에는 애니메이션으로도 제작되었다.

10. 2013년 12월 18일부터 2014년 2월 27일까지 SBS에서 방영한 TV 드라마이다. 1609년 9월 22일(음력 8월 25일) 강원도에서 미확인 비행 물체가 목격되었다는 『조선왕조실록 – 광해군 일기』의 기록을 소재로 한 공상과학·로맨스 드라마이다. 이 드라마는 400년 전 지구에 떨어진 초능력 외계인 도민준과 한류 스타 천송이의 기적과 같은 사랑 이야기를 담고 있다.

11. 매스미디어를 이용한 초기 노출은 특별한 홍보 비용 없이 새로운 장소를 홍보하고 잠재적 관광객들을 유인하는 데 용이하다는 장점을 가지고 있으므로 관광 분야에서 관심 있게 다루어져 왔다. 관광 상품은 대부분 경험재이기 때문에 간접적으로 해당 관광지를 체험하는 것은 실제 관광 경험에 앞서 중요한 홍보 수단이 되기 때문이다.

12. 실제로 춘천에는 명동이라는 지명이 없지만, 서울의 명동거리를 축소해 놓은 듯 번화하다고 해서 춘천시 조양동 골목을 춘천 명동거리라고 부른다.

13. 춘천 닭갈비는 남원 추어탕과 함께 향토 음식 중 가장 많이 간판에 쓰이고 있는 지리적 명칭 사례로 알려져 있다. 크게 토막 친 닭고기에 고추장이 들어간 매콤한 양념장을 고루 발라 하루쯤 재워 둔 후 양배추, 양파, 고구마, 떡을 같이 넣고 무쇠철판에 구워 먹는 요리이다. 막국수는 메밀국수를 김칫국물에 말아 먹는 강원도 향토 음식으로 담백하고 시원한 맛을 지녔다.

14. 단순한 오락적 요소만을 추구하는 것이 아니라 테마파크의 분위기, 그리고 방문객의 다양한 욕구 충족을 위해 다양한 특성에 맞는 이벤트 프로그램을 개발하고, 서비스나 기타 편의시설을 제공해 복합적인 엔터테인먼트의 이미지를 구축한 테마파크이다.

15. 1936년에서 41년 사이에 제작된 초기 만화영화 〈백설공주〉·〈피노키오〉·〈밤비〉·〈덤보〉·〈판타지아〉 등은 하나같이 동일한 주제를 담고 있는데, 그것은 가족의 신성성과 그 신성성이 깨졌을 경우에 도래하는 비극이다. 그 외에도 비평가들은 디즈니 만화영화들이 미국우월주의(인디언을 추방한 미국 개척사에 대한 정당성), 인종차별, 여성의 수동적 이미지 강화, 비민주적 사회관계의 찬양 등의 문제를 안고 있다고 지적한다.

16. 본래 '풀로 붙이는 것'을 의미하였으나 이 기법이 순수 미술의 영역에서 채택되어 화면에 종이, 인쇄물, 천, 쇠붙이, 나무조각, 모래, 나뭇잎 등 여러 가지 조각들을 붙여서 구성하는 회화 기법, 또는 그러한 기법에 의해 제작되는 회화를 가리킨다.

17. 다른 작품으로부터 내용 혹은 표현 양식을 빌려와 복제하거나 수정하여 작품을 만드는 것 또는 그 작품이다. 일반적으로 다른 작품의 요소를 통일된 양식으로 재창조하지 않는 것, 즉 절충적인 작품에 대한 경멸적인 의미로 쓰인다. 패스티시는 흔히 패러디(parody)와 비교되는데, 패러디는 다른 작품의 내용이나 양식을 빌리되 특정 의미를 표현하기 위한 목적의식을 갖고 있는 데 반해 패스티시는 목적의식 없이 다른 작품들의 요소를 단순 나열한다.

18. 전통적인 여행 방식에서 벗어난 관광객층을 의미한다. 이들은 피상적인 기호(sign)나 사물의 외관(surface)을 장난스럽게 소비하는 새로운 시대의 관광객층이다.

제8장

1. 1999년 10월, 이탈리아 그레베 인 키안티(Greve in Chianti)의 파올로 사투르니니(Paolo Saturnini) 전 시장을 비롯한 몇몇 시장들이 모여 '치타슬로(cittaslow)', 즉 슬로시티(slow city) 운동을 출범시켰다. 이 운동은 슬로푸드 먹기와 느리게 살기(slow movement)로부터 시작되었는데 성장에서 성숙, 삶의 양에서 삶의 질, 속도에서 깊이와 품위를 존중하는 것을 표방한다. 2016년 7월까지 30개국 225개 도시가 슬로시티에 가입했고, 한국도 전주를 비롯해 전남 신안·완도·담양, 경남 하동, 경북 상주·청송, 경기 남양주, 강원 영월, 충남 예산, 충북 제천이 가입되어 있다.
2. 유네스코 창의도시는 각 도시의 문화적 자산과 창의력에 기초해 문화 산업을 육성하고, 도시들 간의 협력을 통해 경제적·사회적·문화적 발전을 장려하는 것을 목표로 한다. 문학·공예와 민속 예술·음식·디자인·음악·미디어아트·영화 등 7개 분야로 구성되어 있으며, 우리나라는 이천(공예와 민속 예술)·서울(디자인)·전주(음식) 등이 가입한 상태이다.
3. 이성계의 어진을 모신 곳으로, 전주·영흥(전주는 태조의 본향, 영흥은 태조가 태어난 곳) 등 태조와 관련이 있거나, 이전 국가들의 수도(고려 수도 개성, 고구려 수도 평양, 신라 수도 경주)에 세워졌다.
4. 태조 이성계가 잠시 머물렀던 곳이라는 뜻이다.
5. 전주와 군산을 잇는 도로로 일제가 호남에서 생산되는 쌀을 군산항으로 더 빨리 실어 나르기 위해 만든 우리나라 최초의 아스팔트 포장 도로이다.
6. 조선시대 말 외국의 간섭과 사회적 불안, 정치적 문란 등으로 농민들의 삶이 힘들어져 갈 때 제세구민(濟世救民), 인내천(人乃天)을 내세우며 1860년 최제우가 창시한 종교이다.
7. 전주 한옥마을은 다른 한옥마을들과는 달리, 한옥이 건축된 시기 중 절반 가까이가 일제강점기에 지어져, 전통 한옥에 일본식 가옥의 형태가 절충되거나 나무나 흙 대신 시멘트나 유리 등을 사용한 한옥들이 존재한다.
8. 2008년 708채이던 한옥은 2017년 7월 기준 625채밖에 남지 않았다.
9. 한옥마을 주거 지역 단독주택 가격은 2013년을 기준으로 2006년에 비해 4.5배 상승했고 토지 가격은 약 10배 정도 상승하였다.
10. 도시를 특정 상품으로 보고 다른 도시와 차별화한 독특한 특징을 의미한다. 도시명, 랜드마크, 디자인, 명소, 역사성, 무형 문화, 예술성까지도 포함한다.
11. 안동의 이름난 집에서 전수되던 증류식 소주로, 일반 백성들은 안동 소주를 상처, 배앓이, 식욕 부진, 소화불량 등에 구급 처방으로 활용하기도 하였다. 안동 소주의 직접적인 기원은 몽골군에 의한 것으로 전해지는데, 원 간섭기 고려와 원이 연합하여 일본 정벌을 하던 때인 1281년에 전래된 것으로 본다.
12. 하회마을 입구의 풍산읍에서 닥나무 껍질을 주원료로 만드는 종이로, 빼어난 흡수성과 발산성이 있어 세계적으로 우수한 재질을 자랑한다.
13. 궁중 진상품이었는데, 올이 가늘고 빛이 노란 수직 자연 섬유로 색깔이 아름답고 통풍이 잘되어 하절기 최고의 옷감으로 각광을 받고 있다.
14. 동해안 영덕항에서 잡힌 고등어를 소금에 절여 내륙에 위치한 안동으로 가져와 먹던 데에서 유래한다. 예전에 보부상들이 영덕항에서 안동까지 고등어를 운반하는 데 이틀 정도의 시간이 걸렸는데, 이는 유독 쉽게 부패하는 생선인 고등어를 제대로 운반하기에는 적합치 않았다. 이에 상인들은 고등어가 상하지 않도록 배를

가르고 소금으로 염장하여 부패를 막음으로써 안동까지 가져왔는데 이것을 안동 간고등어라고 지칭하였다.

15. 안동댐 건설로 안동호의 수온이 낮아지면서 안동호에 서식하는 고단백 물고기로 맛이 담백하여 식도락가의 구미를 자극한다.

16. 삶은 닭에 온갖 채소와 양념을 섞어 졸인 요리이다. 유래에 관한 설은 다양하다. 조선시대 안동의 부촌인 안(內) 동네에서 특별한 날 해먹던 닭찜을 바깥 동네 사람들이 보고 '안동 네 찜닭'이라 부르기 시작한 데에서 유래했다는 설과 1980년대 중반 안동 구시장 닭 골목에서 단골 손님들이 닭볶음탕에 이런저런 재료를 넣어 달라고 요청하면서 재료가 더해져 지금의 안동 찜닭으로 변모했다는 설이 있다. 특히 후자의 경우 서양식 프라이드 치킨섬의 확장에 위기를 느낀 안동 구시장 닭 골목의 상인들이 그에 대응하기 위해 새로운 맛을 찾던 중 생긴 퓨전 요리가 안동 찜닭이라는 설이 가장 설득력 있게 받아들여지고 있다.

17. 안동 지역의 대표적인 문화 관광 축제로 탈춤의 전통을 현대적 감각에 맞추어 우리나라 각 지역의 탈춤과 더불어 세계 각지의 탈춤 연희를 펼쳐 보이고 있다. 사실 이 페스티벌이 있기까지 안동 기층문화(基層文化, basic culture)를 대표하는 하회 별신굿 탈놀이가 큰 역할을 하였다. 하회 별신굿 탈놀이는 일부 보수적인 사람들에 의해 '아랫것들의 난장판'으로 인식되어 그 영향력이 제한적이었다. 그러나 엘리자베스 2세 여왕 방문을 계기로 이를 기반으로 한 국제탈춤페스티벌에 더욱 힘이 실렸고, 이 축제가 갖는 국제성과 개방성으로 인해 안동의 전통문화와 유산에 대한 의미 및 역할에 대해 재평가를 받을 수 있게 되었다.

18. 안동민속축제에서는 지역에 전승되고 있는 유서 깊은 민속 문화를 재현하고 있는데, 차전놀이, 놋다리밟기, 하회 선유 줄불놀이, 저전 논매기 소리 등이 공연된다.

19. 조선시대 왕으로부터 편액(扁額), 서적, 토지, 노비 등을 하사받아 그 권위를 인정받은 서원이다.

20. 영국의 사회학자 어리(Urry)는 관광객의 시선에 대해 "관광객의 흥미와 호기심을 유발하는 비일상적인 장소나 대상에 대한 시각적 소비"를 의미하는 것으로 설명하였다.

21. 폭 8.4m, 연장 688.5m이며, 옹벽 구간은 높이 8.4m, 연장 226m로서 총연장은 914.5m이다.

22. 서울역 고가도로를 '차량길'에서 '사람길'로 재생하고, 단절된 서울역 일대를 통합·재생하여 지역 활성화와 도심 활력 확산을 목표로 실시한 도시재생 사업명이다.

23. 미국의 초대형 모기지론(주택담보대출) 대부업체들이 파산하면서 시작된, 미국만이 아닌 국제 금융시장에 신용 경색을 불러온 연쇄적인 경제 위기이다.

24. 화물 수송 용도로 쓰이던 고가 철로를 공원화한 도시재생 전략의 하나로, 2009년 건설되었다. 이 공원은 뉴욕 맨해튼의 서쪽에 위치한 갠스부르가(Gansevoort Street)에서 시작하여, 34번가의 제비츠 컨벤션센터(Javits Convention Center)에서 끝난다. 하이라인 철도는 100여 년 전에 활용되었다가 30여 년 동안 폐쇄되었던 산업시대의 유물이다. 19세기 화물 기차와 말과의 잦은 사고가 발생하지 이를 해결하기 위해 1934년 2.4km의 공중 철로 하이라인을 개통하였다. 하이라인은 화물의 하역이 어려운 고가 철도의 단점을 피하기 위해 기차가 공장이나 창고와 직접 연결될 수 있도록 도심 내 블록을 통과하도록 계획되었다. 하이라인 덕분에 각종 식료품이나 원자재 가공품 등은 지상의 교통을 방해하지 않고 운송과 하역이 가능할 수 있었다. 그러나 20세기 후반에 화물차의 발달과 고속도로의 증가로 점차 수요가 줄어들면서 1980년을 끝으로 운행이 전면 중단되어 도심의 흉물로 방치되다가 2009년 공원으로 재조성 되었다.

25. 관광객의 잠재적인 이용의 대상이 되는 관광 매력물과 도시시설에 대한 접근성을 의미한다. 따라서 관광 목적지로서 도시의 매력성은 관광 매력물 자체도 중요하지만 매력물 간의 연계와 부가적인 도시 서비스의 제공

이 이루어질 때 더욱 확대된다는 개념으로 볼 수 있다.

제9장

1. 주로 개항장에 외국인이 자유로이 통상 거주하며 치외법권을 누릴 수 있도록 설정한 구역이다.
2. 동종 사업에 종사하는 사람들이 살던 동네인 방(坊)의 입구에 세웠던 문루인데, 화교들의 정신적 지주 역할을 하는 지표이자 차이나타운의 상징물이다. 인천뿐만 아니라 세계 곳곳의 차이나타운에 가면 패루가 서 있다.
3. 1981년 공화춘이 문을 닫았으나 화교 사회의 시작점이었던 공화춘의 명성을 잇기 위해, 2003년에 (주)공화춘 프랜차이즈가 발족되었다.
4. 우리나라에서는 화교 학교를 정규 중·고교로 인정하지 않아 이 학교를 나온 학생들이 우리나라의 대학에 진학하기 위해서는 별도의 검정고시를 치러야만 한다.
5. 일본 오사카(大阪)에 본점을 둔 58은행이 설치한 인천 지점으로 1892년에 개점하였다. 1946년에 조흥은행 인천 지점으로, 1958년 이후에는 신사옥을 지어 옮겨가면서 적십자 경기도지사로 사용되다가 현재는 인천 중구 요식업조합에서 사용하고 있다. 지상 2층의 프랑스식 르네상스 양식의 건축물이다.
6. 일본이 한국의 금융계를 지배하고자 하는 목적으로 1890년에 개점하였다. 1954년에는 한국흥업은행 지점으로 사용되었다. 단층으로 기둥과 기단 부분은 돌로 마감되어 있다. 출입구의 석주 양식은 아주 정교하게 시공되어 있으며 지붕은 일식 기와로 이국적인 분위기를 자아낸다.
7. 인천에 있던 외국인들의 사교장으로 쓰기 위해 1901년에 지은 것이다. 1913년 일본제국 재향군인회 인천연합회 소속의 정방각으로 불리다가, 1934년 일본부인회, 광복 직후에는 미군 장교 클럽, 1947년부터는 대한부인회 인천지회로 각각 활용되었다. 1952년부터 시의회, 교육청, 박물관으로 함께 사용하다가 이들이 이전한 후 2007년에 리모델링 작업을 거쳐 현재는 스토리텔링박물관으로 운영되고 있다. 2층 벽돌집으로 근대 개항 이후 복잡한 역사의 흔적을 간직하고 있는 호화스러운 건물이다.
8. 아름다운 정원을 끼고 있는 이곳은 원래 일제강점기에는 일본인 사업가의 저택이었는데, 광복 후 동양장이라는 서구식 레스토랑으로, 또 송학장이라는 사교 클럽으로 사용되다가 이후 인천시가 매입하여 1966년 한옥 건물로 개축, 시장 공관(市長公館)으로 변모하였다. 21세기에 들어와 인천이 역사문화도시로 구현하려는 계획을 발표하면서 2001년부터 역사자료관으로 재탄생하였다.
9. 한 국가 안에서 가장 많은 인구를 가지는 도시이다.
10. 주식을 사고 파는 증권시장처럼 쌀을 현물이 아닌 쌀표로 사고 팔던 곳으로, 군산항 근처 영화동에 있었다. 당시 군산에는 쌀 창고도 많았고 쌀 중매점도 많았는데, 그 주인들이 중개인이 되어 쌀표를 사고 팔았다. 소설 『아리랑』에서 미두장은 김제평야의 대지주 아들인 정재규가 재산을 탕진하는 현장으로 등장한다.
11. 2009년에서 2019년까지 약 1,000억 원을 투입하여 추진 중인 프로젝트로, 현재 군산에 남아 있는 건물 가운데 일부를 문화재로 지정하여 보존함으로써, 역사적 잘못을 다시 겪지 않기 위해 역사를 제대로 알도록 하고, 아픈 역사 속에서 무엇을 얻고 잃었는지에 대한 자각의 기회로 삼는 데 의의를 두고 있다. 이를 통해 쇠퇴했던 군산의 지역살리기를 가장 큰 목적으로 하고 있다.
12. 2009년 문화재청 근대문화재과의 연구 과제에 따르면, 구 조선은행 군산 지점의 상량문에는 1920년 길일

에 상량식을 거행한 것으로 나와 있어 일반적으로 알려진 1923년이라는 건축 연도는 확실하지 않다.

13. 당시 세워진 공장은 북선제지였고, 해방 후에는 고려제지에 이어 세풍제지 등 제지회사가 차례로 공장을 차지하였다. 현재는 페이퍼코리아가 들어서 있다. 제지회사의 원자재를 실어 나르던 철도여서 제지선 또는 종이 철도로 불렸다.

14. 이렇게 운행되던 열차는 2008년 6월까지 하루에 2번씩 다녔고, 이후 부정기적으로 운행되다가 지금은 중단되었다.

15. '놀며·쉬며·걸으며'라는 의미의 제주도 방언이다.

16. 각각의 분화구를 갖고 있는 소형 화산체이다.

17. '샘'이라는 뜻으로 빗물이 땅속으로 들어가 지하수가 된 후, 땅과 맞닿는 지점에서 흘러나오는 물이다.

18. 제주 올레의 상징인 조랑말의 이름으로 '간세다리'에서 따온 말이다. 갈림길이 있는 곳에 설치되어 있어 방향을 알려 준다.

19. 절리의 단면이 긴 기둥 모양의 4~6각형인 것을 특징으로 한다. 마그마가 화구로부터 흘러나와 급격히 식을 때 부피가 수축하면서 틈이 생기게 되는데, 이것이 오랜 시간 동안 풍화작용을 받으면 더욱 굵어지게 된다. 이 굵은 틈을 절리라고 한다.

20. 올레 한 코스를 완주할 때마다 스탬프를 찍어 완주했음을 인증해 주는 책자이다. 제주 올레 관광 안내소나 제주국제공항 등에 비치되어 있으며, 전 구간을 완주해 스탬프를 모두 찍으면 소정의 선물을 지급한다.

21. 사람이 있고 없음을 나타내주는 제주 특유의 대문으로, 기둥이 모두 내려져있으면 주인이 있음을, 두 개 걸쳐져 있으면 저녁 즈음에 돌아온다는 것을 알리는 표시이고, 모두 걸쳐 있으면 장기간 외출했음을 의미한다. 이것은 거지와 도둑이 없다는 제주였기에 가능한 독특한 풍습이다.

22. 사단법인 제주 올레가 자체적으로 집계한 코스별 관광객 현황에 따르면 올레 제10코스는 총 26코스 중 제7코스 다음으로 많은 관광객이 방문한 코스이다.

··부록 3

1. 지상 123층, 지하 6층 규모에 연면적은 42만 310m²이다. 총높이는 첨탑 구조물(40.3m)을 포함하여 555m이며, 개장일 기준으로 세계에서 현존하는 초고층 건물 가운데 아랍에미리트의 부르즈 할리파(828m), 중국의 상하이 타워(632m), 사우디아라비아의 아브라즈 알 바이트(601m), 중국의 핑안국제금융센터(600m)에 이어 5번째로 높다.

2. 포도밭처럼 홀 중심에 연주 무대가 있는 콘서트홀로서 객석이 무대를 둘러싸고 있어 관객과의 소통이 잘 이루어진다. 직사각형 모양의 전통적인 홀 디자인인 슈박스(shoebox) 스타일의 홀이 갖고 있는 정면성을 극복하여 더 많은 청중이 가깝게 시각적·음향적 특성을 체험할 수 있도록 고안된 것이다.

제4부

사회적 쟁점issue을 통한 국토읽기

제10장 다문화 사회에 대한 친근감: 수렴적 시선

1. 이국적인 펜션촌, 남해 '독일마을'과 '미국마을'

1) 다문화 사회에 대한 한국 사회의 두 가지 인식

한국에서 외국인이 본격적으로 증가하기 시작한 것은 1990년대의 일이다. 그 이전에도 상당수의 외국인들이 거주하였지만 이들은 대체로 주한 미군 혹은 해외 기업 및 정부의 한국 주재원과 그 가족이 대다수를 차지하였다. 이들은 일정 기간 한국에 체류하다 본국으로 돌아가는 임시 체류자였으며 한국 사회와의 접촉은 매우 제한적이었다. 그러나 1990년대 이후 한국에 거주하는 외국인은 급속히 증가하였으며 그 구성도 이주노동자, 결혼이민자, 외국인 유학생 등으로 세분화되었다. 또한 출신 국적도 다양화되는 추세이다. 이는 1970년과 1980년대 한국 경제의 고도성장, 1988년 서울올림픽 이후 국내 임금의 급격한 상승, 그리고 1990년대 이후의 점증하는 세계화 현상이 함께 맞물린 결과라고 볼 수 있다.

한국에 거주하는 외국인의 수는 2017년 약 205만 명으로, 이 숫자는 이제 우리나라도 다문화 사회로 진입하였음을 의미한다(표 10.1). 하지만 한국 사회는 민족 및 문화적 동질성을 지향해 왔고, 그러다 보니 이주민과의 교류 역시 제한적인 편이다. 그리고 이러한 측면은 외국인에 대한 편견의 감소라는 긍정적인 영향보다는 오히려 편견의 강화라는 부정적 영향을 보이고 있다(Pettigrew, 1998). 『외국인·이민자 유입에 대한 국민조사』(2011)에서 이주자 증가에 따른 사회

표 10.1. 체류 외국인 연도별 증감 추이

단위: 명

연도	총계	장기 체류			단기 체류
		소계	등록	기소 신고	
2006	910,149	660,607	631,219	29,388	249,542
2007	1,066,273	800,262	763,746	34,516	266,011
2008	1,158,866	895,464	854,007	41,457	263,402
2009	1,168,477	920,887	870,636	50,251	247,590
2010	1,261,415	1,002,742	918,917	83,825	258,673
2011	1,395,077	1,117,481	982,461	135,020	277,596
2012	1,445,103	1,120,599	932,938	187,616	324,504
2013	1,576,034	1,219,192	985,923	233,269	356,842
2014	1,767,618	1,377,945	4,091,531	286,414	419,673
2015	1,899,519	1,467,837	1,143,087	324,786	431,616
2016	2,049,441	1,530,539	1,161,677	368,862	518,902
21017년 6월	2,055,850	1,531,399	1,139,507	391,892	524,451

출처: 출입국·외국인정책본부, 통계월보(2017년 6월호)

경제적·문화적 갈등이 발생할 가능성에 대해 응답자의 약 50% 이상이 동의하고 있다는 것은 이러한 인식을 반영한 결과이다.

그런데 재미있는 것은 "외국인 밀집 지역에 대한 한국 사회의 인식은 거주 지역 및 거주 외국인의 유형에 따라 차별화와 양극화가 나타난다."는 점이다(민지선·김두섭, 2013, 77). 즉, 경상남도 남해 독일마을이나 서울 방배동 서래마을처럼 이주민과 지역사회가 공존하는 '긍정적인 경우'와 이와는 대조적으로 서울 가리봉동이나 안산 원곡동처럼 배타적인 공생 관계를 유지하는 '부정적인 경우'로 나뉜다는 것이다. 이주민이 한국 사회로 유입된 기간이 오래되지 않았다는 점에서 이러한 경향을 단언할 순 없으나 많은 연구들에서 한국 사회가 중국과 동남아시아 출신 이주자에 대해서는 부정적인 태도를, 반면 유럽인과 미국인에 대해서는 긍정적인 태도를 보인다는 지적에 대해서는 부인하기 어렵다.

2) 남해 독일마을

유럽인과 미국인에 대한 우호적인 태도는 이들 문화권에 대한 호기심과 서구 문화의 긍정적

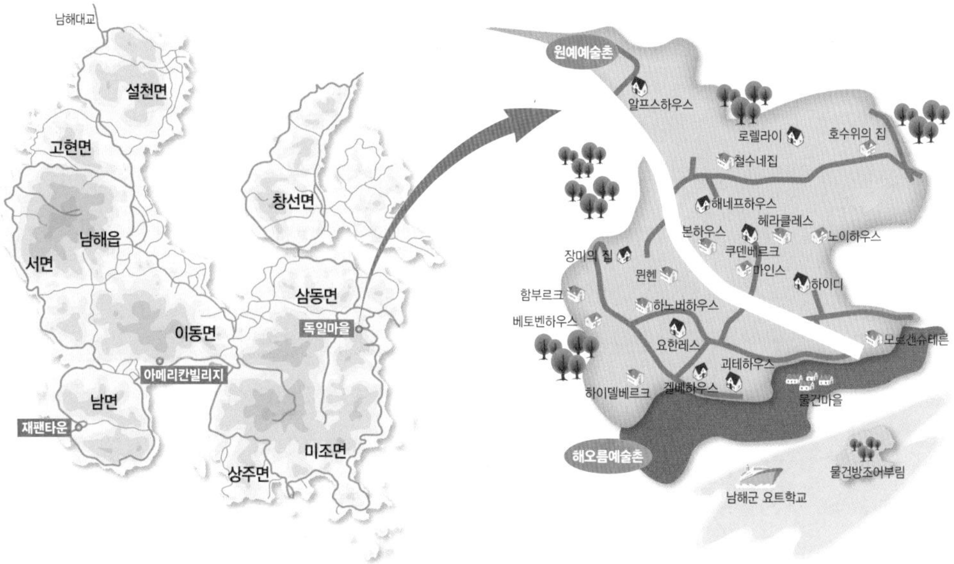

그림 10.1. 남해군 독일·미국·일본마을의 위치(좌), 독일마을 세부 지도(우)
출처: 남해군 관광지도 팸플릿

측면을 부각하는 미디어에의 잦은 노출도 그 이유가 될 수 있을 것이라고 본다. 그러한 의미에서 경상남도 남해군에 조성된 독일마을과 미국마을은 국내외 여러 언론의 적극적인 관심에 힘입어 마을의 지명도가 높아진 사례로 볼 수 있다. 여기에 더해 일본마을[1]도 조성하고자 하였으나 한일 관계가 냉각되면서 국민 정서의 반영, 지역주민들의 반대 등의 이유로 계획이 잠시 보류된 상태이다(그림 10.1).

독일마을은 2001년 남해군 삼동면 물건리에 조성되었다. 천연기념물 150호로 지정된 물건리 어부방조림과 남해 바다가 내려다보이는 천혜의 자연 조망을 확보하고 있는 이곳은 1960~1970년대 독일에 진출하여 광부와 간호사로 일하며 우리나라 산업화의 초석을 마련해 주었던 재독 교민들이 대부분 정년을 맞았거나 정년에 임박하였다는 데 착안하여, 이들이 행복한 노후를 설계하는 데 도움을 주고, 이를 남해의 관광 발전에 연계하려는 의도로 계획되었다.

마을 입구에는 태극기와 독일 국기가 나란히 걸려 있다. 한국이 맞는지 의심스러울 만큼 바닷가 언덕 위에는 빨간 지붕과 하얀 벽으로 만들어진 집들이 옹기종기 모여 있다. 집집마다 유럽풍 편지함이 걸려 있는 것도 아기자기하지만 독일풍 외관을 위해 지붕 사이의 각도마저도 90° 이하로 규제하고 있다고 하니, 독일마을 특유의 뾰족한 삼각 지붕이 그냥 유지되고 있는 것이 아니라는 생각이 들었다. 조성법 역시 자연환경을 최대한 살린 친환경 공법을 사용하였다(김서령, 2007). 축대와 도로, 하천 등은 자연석으로 마감했고, 단열 창호, 경량 콘크리트 시공법으로 단열성을 최대한 높였으며, 냉·온수 사용비 절감을 위해 심야 전기와 태양열 시스템을 도입함으로써 신재생에너지 활용을 도모하고 있다. 또 여름철 한낮의 복사열을 차단하도록 바람이 통하는 점토 소성 기와로 지붕을 덮었다. 또한 전깃줄을 지하에 매몰하는 공법을 사용하여 이곳에서는 전깃줄이나 전봇대를 볼 수 없기도 하다(그림 10.3).

이 마을 주민들은 가급적 독일식 생활 방식을 고수하고 싶다고 말한다. 벽난로를 비롯해 가구류와 식기, 장식품 등 독일에서 가져온 것들로 가정이 꾸며져 있고, 그들의 식탁에는 독일인들이 자주 먹는 치즈, 빵, 소시지가 놓여 있다. 물론 지금은 가정 방문이 아닌 축제를 통해 관광객들도 독일 맥주와 소시지를 즐길 수 있게 되었고, 펜션pension[2]을 통해 조금이나마 독일의 일상을 체험할 수 있게 되었지만 말이다. 한편 MBC 드라마 〈환상의 커플〉(2006)로 유명해진 주인공 '철수네 집'은 관광객의 발길이 끊이질 않는다고 하니 미디어의 힘에 새삼 놀란다.

무엇보다도 남해 독일마을은 외국인 거주 지역 중에서도 다음과 같은 점을 이유로 여타의 외국인 거주 지역과 구별되는 긍정적인 의미, 즉 수렴적 시선을 지닌다. 첫째, 남해 독일마을은 '제3의 공간[3]으로서 디아스포라diaspora[4]의 정체성을 안겨 주는 공간'이다(박지혜, 2012). 재독 교민들에게 있어 그들은 '아시아와 유럽이라는 서로 다른 두 세계의 중심에 놓여 있는 사람들'이다. 어찌 보면 진짜 한국인도, 진짜 독일인도 아닌 존재이지만 그 가운데에서 두 세계 사이의 균형을 찾아 온전히 하나가 된 그들 자신을 발견할 수 있는 곳을 원한다는 것이다. 결국 이는 제3의 공간을 찾아 한국인도 독일인도 아닌 양가성 사이에서 두 문화를 (어느 한 쪽도 버리지 않고) 수용함으로써 제3의 정체성을 찾고자 하는데, 남해에 형성된 독일마을은 이러한 디아스포라의 정체성 문제에 도움을 주는 공간이라고 볼 수 있다. 독일마을을 그대로 옮겨 오면서 그간의 국경선은 무의미해졌고, 제3의 고향으로서 그들만의 정체성대로 습득할 것과 버릴 것을 선택하며, 혼성화된 모습으로 살아가고 있으니 말이다.

그림 10.2. 독일마을 입구의 표석

그림 10.3. 독일마을 풍경

둘째, 이곳은 '농촌 마을·녹색 마을 체험 공간'으로서, 독일에 대해 향수를 가진 여행객을 위해 일상의 체험을 할 수 있는 펜션촌의 역할을 하고 있다. 특히 이 마을 조성의 시작은 잔디 기술 확보를 위한 교류 과정에서 자연스레 만들어진 정책이다(김정렬, 2010). 따라서 독일마을 조성은 인위적으로 이국적인 분위기를 만들어 내는 데 있는 것이 아니라 사람이 살면서 만들어 내는 이국적 분위기라는 점에서 차별화된다. 이러한 접근은 우리나라에서 거의 처음 시도되는 창의적인 사업이기도 하다. 이를 통한 독일마을 인근의 원예예술촌, 나비박물관과 수목원 등과의 연계성은 자연과 지역문화, 생태체험문화의 측면에서 긍정적인 평가를 받게 한다.

마지막으로 독일마을은 '전원과 휴양성을 바탕으로 한 실버타운 공간'으로서의 경쟁력을 가진다(고혜숙, 2009). 독일마을은 독일 교포 은퇴자를 대상으로 한다는 점에서 남해귀향마을로도 불린다. 특이하게도 남해는 '노인성老人星[5]이 비추고 있는 지역이라서 노인들이 건강하고 행복하게 장수한다'는 말이 전해지고 있다. 그래서인지는 몰라도 남해가 상대적으로 노인 인구가 많은 편이기도 하지만 노후에 전원생활을 하고픈 희망지이기도 하다(서울신문, 2006. 11. 20.). 그러한 의미에서 우리나라 남단의 청정 지역 남해라는 지역에 은퇴한 독일 교포를 위한 전원적이고도 유럽적인 실버타운을 조성하였다는 점은 독특한 발상이라고 생각된다. "막상 적응하며 사는 데에는 많은 어려움이 따르지만 이러한 청정 지역에서 자연과 벗하며 노년의 삶을 보낼 수 있다는 것은 어쩌면 축복"이라는 한 거주민의 인터뷰는 그래서 인상적이었다.

아무튼 이러한 남해의 긍정적인 이유들로 최근 미국마을까지 조성하는 데 영향을 미쳤고, 또 추후 일본마을도 조성하겠다는 계획까지 발표된 상태이다.

하지만 이들 미국마을과 아직 조성조차 안 된 일본마을에 대한 내용은 둘째치더라도, 이미 자리를 잡은 독일마을부터 몇 가지 해결해야 할 문제가 있다. 첫째, 이국적인 경관으로 많은 미디어에 소개된 이후 이곳이 예쁜 펜션촌으로 소문이 나면서 조용한 노후를 예상하고 온 지역주민들이 오히려 일상생활을 방해받고 있다는 점이다. 굳이 숙박을 하지 않더라도 드라이브 삼아 마을을 둘러보는 일도 유럽식 생활 문화(개인 생활의 존중과 보호)에 익숙한 주민들의 입장에서는 소음으로 간주될 수 있는 일이다. 그래서 다시 독일로 돌아가는 분들도 있다고 하니, 거주민들의 일상과 관광 사이의 조절은 시급한 문제이다. 둘째, 슈퍼마켓, 식당, 목욕탕, 의료시설 등 지역주민들을 위한 근린생활시설의 부족도 문제로 들 수 있다. 방문객의 입장에서도 독일식 맥주와 소시지를 파는 상점들 몇 곳을 제외하고는 이용할 만한 시설이 별로 없었는데 여기서 생활하시는 분들은 어떨까 싶기도 했다. 셋째, 지역주민들은 노년을 집안에서만 보내기 위해 온 것이 아니라고 말한다. 배운 기술로 사회봉사도 하고 병원 일도 거들고 아이들에게 독일어도 가르치고 싶은데, 그러한 기회가 제공되고 있지 않아 생활이 너무 단조롭다고 하였다.

이렇듯 외관상으로는 잘 조성되어 있지만 독일문화를 진정으로 체험하고 봉사할 수 있을 만한 장소로는 부적합하다는 지적은 향후 풀어 나가야 할 과제로 보인다. 실제로 독일마을을 방문했을 때 마을 내의 표지판을 보더라도 괴테, 베토벤 등 독일의 유명인과 하이델베르크, 함부르크 등 명승지의 이름을 붙인 집들이 널려 있었지만(그림 10.3 하중), 그것들은 다양한 독일문화를 체험할 수 있는 공간이 아닌 단순한 펜션으로서의 기능만 가지고 있었다. 개인적으로 이러한 부분이 매우 아쉬웠기에 위의 지적들이 더욱 체감되었다. 따라서 독일마을은 지역주민과 관광객 사이의 거리를 조율해 나가면서도 더욱 다양한 문화 콘텐츠를 가진 공간으로 다시 태어나야 하는 어려운 숙제가 남았다. 단지 독일식 건물과 경관이 아름답다고 해서 이국적인 펜션촌으로서만 알려져서는 안 된다. 독일문화와 한국문화 사이에 있는 이곳 거주민들을 배려하면서 보다 효율적인 문화 관광지로 나아가기 위해 정책적으로도 큰 관심을 기울여야 할 것이다.

3) 남해 미국마을

독일마을이 어느 정도 이름을 알리게 되자 남해군은 2003년 「지역특화발전특구법」을 제정한다. 그리고 독일마을의 취지를 미국과 일본까지 확대하였고, 이에 대한 결실로 2010년에 남해군 이동면 용소리에 미국마을(아메리칸빌리지)을 완공하게 되었다.

미국마을로 가는 길목에서 작은 자유의 여신상을 마주할 수 있다(그림 10.4 상좌). 뉴욕 자유의 여신상의 미니어처와도 같은 이 안내 표지판은 어설픈 모조품이어서 얼핏 웃음이 나기도 하지만 미국마을의 위치를 알려 주는 데에는 이만한 상징물도 없을 것이라는 생각도 든다. 이곳에서 3km 더 가면 미국마을에 도착한다. 미국마을임을 증명이라도 하듯, 입구에는 황금색으로 적힌 '아메리칸빌리지'라는 글자와 함께 독수리 모형과 오는 길에 보았던 자유의 여신상을 또 한 번 만나볼 수 있다(그림 10.4 상중·상우).

원래의 취지대로라면 이곳 미국마을에 입주하기 위해서는 재미 교포 가운데 미국 생활을 완전히 청산하고 대한민국 국적을 취득한 뒤 남해군으로 주민등록을 옮겨 완전한 남해인이 되어야 한다. 또한 스포츠 대회 참가와 영어 캠프 운영을 위해 원어민 선수나 교사 자격증을 취득한 사람이어야 하고, 입주자가 매입한 택지를 10년 내에 되팔 때에는 반드시 남해군에게 팔아야 한다는 조건을 수락한 사람이어야만 한다(부산일보사, 2005. 7. 28.; 경향신문, 2005. 11. 3.). 하지만 직접 가 보니 그러한 조건이 지켜지고 있는지는 확인하기 어려웠다. 다만 소유주가 거주하고 있는 가구를 거의 만나볼 수 없었다는 점에서 조건이 잘 지켜지지 않을 것이라고 유추만 할 수 있을 뿐이었다. 대체로 친척이나 세입자가 거주하거나 빈집인 채로 펜션 등의 용도로 사용하고 있고, 관리는 현재 입주자들이 맡고 있는 형태로 보였다.

미국마을의 경관 역시 독일마을과 크게 다를 바 없다. '이국적인 느낌의 고급 펜션촌'이랄까? 차이가 있다면, 독일마을이 자연적·건축적 특성을 반영하여 보다 통일감 있게 지어졌다면, 미국마을은 아메리칸드림을 상징하는 캘리포니아 거주지에 하와이 야자수를 심어 놓은 것 같다는 점이다. 거기에 영어 간판을 놓음으로써, 무언가 좀 더 미국적이고 자본적인 경관을 어필하고 있었

그림 10.4. 미국마을 안내표지판과 마을 입구(상), 미국마을 풍경(하)

그림 10.5. 미국마을의 미키마우스 버스 정류장과 주변 경관

다는 점 정도일 것이다(그림 10.4 하).

사실상 미국마을 그 자체보다도 더 어색했던 것은 바로 버스 정류장이다. 정류장 외관은 디즈니랜드의 미키마우스를 연상시킨다. '당연히 미국하면 미키마우스지! 뭐가 문제냐?'라고 한다면 무슨 할 말이 더 있겠냐마는 미키마우스 귀로 형상화된 정류장 안에 미키마우스와 디즈니랜드 성의 스티커까지 붙어 있는 걸 보면, 어지간해서는 당황하지 않을 수 없다. 특히 주변에 펼쳐진 논과 밭, 그리고 샛길과 바다와 같은 자연경관과는 전혀 어울리지 않는다(그림 10.5). 그래서일까? 남해 속 미국마을은 주변 마을의 주민 생활과는 완전히 분리되고 동떨어진 하나의 낯선 섬 같다는 생각을 떨쳐 버릴 수가 없다.

4) 남해 이주민 마을에 거는 기대

남해 독일마을은 우리나라 근대화 과정에서 독일에 광부나 간호사로 나가 일하던 교포들이 은퇴 후 조국에서 여생을 보낼 수 있도록 정착 마을로 조성한 곳이다. 국가를 위해 애써 일하던 분들의 노후와 바람을 실현시킨 것은 물론이고, 많은 언론을 통해 홍보되면서 관광 효과도 거두고 있다. 이러한 독일마을의 형성 의도와 과정에 대한 차별성은 미국마을을 조성하도록 만들었고, 재외 교포들이 한국으로 다시 돌아와 정착할 수 있도록 하는 데 일조하였다. 특히 독일, 미국 등의 이주민 마을은 우리나라 사람들의 서구 문화에 대한 동경 어린 호기심과 긍정적인 시선으로 상대적으로 어렵지 않게 조성될 수 있었다.

하지만 이주해 온 이곳 마을 주민들의 문화를 배려하지 않고 관광적·상업적 목적으로 경관을 활용하려는 정책은 수정될 여지가 있다. 더욱이 근린생활시설의 부족 문제, 주민들의 소일거리 부족 문제 등에 대한 부분도 조속히 바뀌어야 할 것으로 보인다. 애초의 좋은 의도로 지어진 이들 이주민 지역들이 단지 이국적인 느낌의 펜션촌으로만 활용되고, 이웃 마을과의 연계성도 배제된 채 동떨어진 섬으로만 간주되는 일은 점차 사라져야 할 것이다.

앞으로 남해군의 이들 마을이 보다 교류된 문화를 구축할 수 있을지, 그럼으로써 타국 생활에 지친 교포들의 제3의 고향으로 거듭날 수 있을지는 조금 더 지켜 보아야 할 일이다.

2. 강남의 쁘띠 파리Petit Paris, 서울 '서래마을'

1) 봉주르, 서래마을

서울특별시 서초구 방배본동, 방배4동과 반포4동 일대에 위치한 서래마을은 아직도 '마을village'이라는 꼬리표를 달고 있는 동네로, 마을 곳곳에 프랑스적인 정취가 배어 나오는 곳이다. 불어 혹은 영어 이름을 내걸고 맛있는 향을 풍기는 레스토랑, 베이커리, 와인바, 수입 마트, 고급스러운 빌라가 일상적인 풍경으로 존재하는 이곳은 프랑스인들이 많이 거주하는 곳으로 유명하다. 국내에 거주하는 프랑스인 1,550여 명 중 518명이 서래마을에 살고 있다(헤럴드경제, 2016. 2. 14.).

서래마을은 서애西涯마을 또는 서릿개마을로도 불렸는데, 서래마을이라는 명칭은 마을 앞의 개울이 서리서리 굽이쳐 흐른 것에서 유래했다고 한다. 1980년대 초 고급 빌라를 중심으로 한 부촌이 형성되기 시작했고, 1985년 용산구 한남동의 주한프랑스학교가 반포4동으로 이전해 오면서 자연스럽게 프랑스인 마을이 만들어지기 시작하였다(변미리 외, 2010). 아파트보다 단독주택이나 빌라를 선호하는 프랑스인들에게 반포4동과 방배동의 주택가는 서래마을이 탄생되는 데

그림 10.6. 서래마을 위치도

그림 10.7. 서래마을의 서울 프랑스 학교

큰 이점으로 작용하였다.

일반적으로 서래마을은 거주 지역이지만 최근 반포천에서 방배중학교까지의 경사진 언덕길인 서래로를 서울의 몽마르뜨 언덕으로 부르기 시작하면서 몽마르뜨 공원까지 조성되었고, 최근에는 이 길이 젊은 사람들의 핫 스팟hot spot으로 거듭나고 있다(그림 10.6). 그러다 보니 서래마을은 현재 서울 강남의 작은 파리, 즉 쁘띠 파리로 불린다. 특히 프랑스 국기를 상징하는 파란색, 하얀색, 빨간색의 삼색 보도블록으로 이루어진 서래로의 양측에는 프랑스풍의 상점 간판들이 이어지고, 이 거리의 끝자락에는 프랑스학교가 놓여 있다(그림 10.7).

2) 쁘띠 파리를 경험하다

서래마을의 주택가 사이사이에 자리 잡은 레스토랑, 프랑스 국기를 상징하는 보도블록, 골목에 퍼지는 바게트 굽는 향, 프랑스어로 된 상점 간판, 유럽풍의 낭만적인 분위기 등은 사람들이 서래마을을 찾는 가장 큰 이유일 것이다(그림 10.8). 그리고 이곳에서만 볼 수 있는 한글과 영어가 병기된 버스 안내판, 또 불어가 병기된 교통 표지판, 프랑스 지명을 딴 길들도 우리의 시각에서는 쁘띠 파리로 느껴질 수밖에(그림 10.9)! 물론 언론의 보도나 홍보가 이곳을 프랑스풍의 멋스러운 마을로 더욱 고정화시켰음은 두말할 것도 없다(이은별 외, 2017).

프랑스식 카페나 레스토랑 등을 흔히 볼 수 있는 풍경이라고 한다면, 와인바는 그렇지 않을 수 있다. 그러한 의미에서 서래마을 카페거리로 불리는 서래로의 많은 와인바들이 우리의 입장에서

그림 10.8. 서래마을 서래로의 프랑스적인 풍경

그림 10.9. 한글과 영어가 병기된 버스 안내도, 그리고 불어가 병기된 교통 표지판

그림 10.10. 서래마을의 와인바들(상), 파리크라상과 작은 철물점(하)

특별하게 여겨지는 것은 전혀 이상하지 않을 것이다. 은은한 간판 조명이 인상적인 프랑스풍 외관, 내부에 전시된 와인 저장고와 향긋한 와인향이 풍기는 와인바들은 프랑스 마을로서의 운치를 더한다. 그리고 서래로에서 빼놓을 수 없는 빵집인 '파리크라상Paris Croissant'은 체인점이기는 하지만 서래마을의 파리크라상은 좀 차별화된다. 1999년에 생겨 지금은 서래마을의 표식과도 같은 역할을 하는 이 빵집은 프랑스인 파티쉐가 정통 프랑스 방식으로 빵을 만드는 것으로 유명하다. 이곳에서는 부드럽고 촉촉한 맛을 선호하는 우리나라 사람들과는 달리 좀 더 딱딱한 식감을 선호하는 프랑스 주민들을 위해 빵을 만든다. 이곳에서 가장 인기 있는 품목은 바게트라고 하니 기왕 서래마을에 방문했다면 여기서 다양한 바게트도 구경하고 맛도 보면 좋겠다. 한편 이러한 프랑스적인 경관에도 불구하고 꿋꿋하게 자리를 지키는 한 작은 철물점도 인상적이다(그림 10.10).

앞서 말한 서래로의 와인바, 파리크라상 외에도 서래마을만의 분위기를 자아내는 또 다른 요소는 바로 프랑스 문화를 소개하고 있는 작은 알림판들이다. 천천히 길을 걷다 보면 벽의 중간중간에 프랑스 위인들의 이름, 명언, 명소 소개 등이 적혀 있는 작은 알림판이 붙어 있는 것을 볼 수 있다. 소소하게나마 이렇게 프랑스 문화를 배울 수 있으니 교육적 효과도 얻을 수 있다. 서래마을 안의 방배중학교 담벼락을 구경하는 재미도 빼놓을 수 없다. 세계의 유명한 랜드마크들이 그려져 있는 담벼락의 그림들은 이곳이 다문화 공간임을 보여 준다(그림 10.11).

이러한 경관 속에서도 한 가지 아쉬웠던 점은 서래마을의 서래로에 유독 일본 음식점이 많다는 것이었다(그림 10.12). 일본 음식점의 증가 자체가 문제는 아니다. 다만 한국과 프랑스 국기가 함께 걸려 있는 한불 문화 교류의 거리에 한국 음식점들보다 고급 일본 음식점들이 더 많아 보인다는 데에서 비롯되는 아이러니함일 것이다. 그리고 이러한 현상의 이유로 선진국형 마을을 지향하고픈 우리의 심리적 추세가 반영된 것으로도 볼 수 있어, (평상시 일본을 대하는 우리의 태도를 생각해 본다면, 그리고 프랑스인들의 동양 문화에 대한 선입견을 생각해 본다면) 조금은 씁쓸한 부분이기도 하다.

마지막으로 서래마을의 몽마르뜨 길을 따라 몽마르뜨 공원으로 가 본다. 공원 가는 길에는 고급 빌라, 라이브러리 겸 레스토랑, 작은 갤러리, 그리고 프랑스 거주민들의 일상적인 모습을 볼 수 있다(그림 10.13).

서리풀 공원과 맞닿아 있는 몽마르뜨 공원은 아카시아 나무가 우거진 야산에 조성되었다. 저

그림 10.11. 프랑스 문화를 소개하는 작은 알림판들(상), 방배중학교 담벼락 그림들(하)

그림 10.12. 서래로에서 흔히 볼 수 있는 일본 음식점들

그림 10.13. 몽마르뜨 길의 이국적인 고급 빌라들(상), 갤러리 · 프랑스 거주민들(하)

그림 10.14. 몽마르뜨 공원

멀리에는 조달청과 국립중앙도서관이, 또 다른 방향으로는 서래마을이 한눈에 내려다보인다. 이와는 대조적으로 공원 초입에 놓인 노숙자의 텐트형 집과 빨래가 보여 묘한 대조를 이룬다(그림 10.14 상). 공원은 쾌적하다. 여름 한낮인데도 주민들이 산책을 하거나 독서를 하는 모습이 보인다. 그리고 개와 함께 산책하는 사람들을 위한 배려인지 공원 내에 위생봉투함이 설치된 것을 보니 신기하면서도 마음이 훈훈해진다(그림 10.14 하).

3) 서울 속의 샹젤리제를 꿈꾸다

이러한 프랑스적인 풍경 때문일까? 프랑스인 거주민 입장에서는 서래마을이 낯설지 않다고 말한다. 그리고 서래마을이 한국인들이 사는 아파트촌보다는 덜 위협적이고 덜 우울한 것 같다는 말도 건넸다. 하지만 이들은 서래마을을 잠시 머물렀다 떠나는 것으로 생각하기 때문에 이 마을과 관련한 정체성이나 자부심은 크지 않았다. 그러면서도 프랑스인 거주민들은 거주 환경의 이유를 들어 서래마을이 카페거리로 입소문이 나고 관광지화되는 것에 대해서는 별로 달가워하지 않았다. 그리고 또 한 가지, 언어적 한계 때문에 한국인 거주민과 프랑스인 거주민 사이의 일상적인 소통은 거의 일어나지 않는다고 한다. 일 년에 한 번 서리풀축제로 한불 간 친목을 다지는 이벤트가 열리고는 있지만 축제에 참여하는 숫자도 적고 관심도도 높지 않다고 하니, 서래마을의 실상은 한불 양국의 국기가 함께 걸려 있던 거리의 모습과는 다소 차이가 있어 보인다.

그럼에도 불구하고 필자는 서래마을이 서울 안에서 제각기의 사연으로 우리나라와 인연을 맺게 된 프랑스인들의 '안전한 거주 공간'으로서 계속 유지되기를, 그리고 한불 간 자유로운 문화 교류가 이루어질 수 있는 '서울 속의 샹젤리제Champs-Elysees'로서 발전할 수 있기를 바란다. 샹젤리제는 '천국의 정원'이라는 뜻을 갖고 있는데, 이처럼 서래마을이 서울의 쁘띠 파리로서 천국처럼 조화롭고 아름다운 공간이 되었으면 한다.

참고로 서래마을로의 접근성은 별로 좋지 않다. 주변에 고속터미널, 가톨릭대학 성모병원, 국립중앙도서관 등이 있기는 하지만 정작 서래마을로 들어가는 대중교통편은 13번 마을버스가 유일하다. 그런데 재밌는 것은 불편한 교통 때문에 서래마을이 프랑스풍의 여유 있는 마을로 유지되고 있다는 사실이다. 그래서일까? '남들에게 보이는 것'에 예민한 우리나라 사람들에게 서래마을은 남들과는 다른 고급문화를 누릴 수 있는 장소로 여겨지고 있다. 그리고 서래마을과 관련된 여러 정보가 언론을 통해 긍정적인 이미지로 고정화되면서 실제의 서래마을 그 자체보다 더 고급스러운 프랑스 문화의 이미지로서 재창조되고 있다는 점도 부인하기는 어려울 것이다.

3. 샐러드 볼Salad Boul,[6] 서울 '이태원'

1) 왜 이태원인가?

이태원梨泰院이라는 지명은 어디에서 유래하였을까? 한글학회가 발간한 『한국지명총론』(1986)에 따르면 이태원이라는 지명에는 두 가지 유래가 전해진다. 먼저 '배나무 이梨'와 '역 원驛院'[7]의 원에서 따온 이름이라는 설로, 서울에서 영남로嶺南路로 향하는 첫 번째 원이었던 이곳에 배나무가 많다 하여 효종 때부터 이태원梨泰院으로 부르게 되었다는 것이다. 두 번째로는 '다를 이異'와 '태반 태胎'를 사용한 이태원異胎圓이라는 설이다. 원래 이 마을에는 여승들이 수도하는 운종사雲鐘寺라는 절이 있었는데 임진왜란 당시 왜적이 이곳에 머물면서 여승들을 겁탈하여 아기를 잉태했다고 해서 이태원異胎圓이라고 부르게 되었으며, 임진왜란 이후에는 조선군에 항복하고 조선에 귀화한 일본인들이 거주하였다고 하여 이타인異他人으로도 불렸다고 한다. 이와 같이 어원에 따라 의미의 차이가 있기는 하지만 이태원은 역사적으로 이방인들이 공동체를 이루고 모여 살았던 혼종 문화의 공간이었음을 알 수 있다.

이러한 이태원은 근현대로 오면서 외국 군대의 주둔지로서의 군사적 성격이 강하게 드러나게 된다. 1882년부터 1884년까지 임오군란을 진압하러 조선에 온 청나라 군대의 주둔지였고, 일제강점기부터는 일본군 사령부의 주둔지였으며, 광복 이후에는 주한 미군 기지가 들어서면서 미군 주둔지가 되었다(박경하, 2013; 최지현, 2001).

한편 광복 이후 급증한 서울 인구의 집단 거주 지역으로 바뀌어 문화촌, 해방촌 등으로 불리기도 하였다. 6·25전쟁 후에는 미군을 중심으로 이태원 상권이 형성되면서 이태원은 클럽과 같은 유흥업소들이 우후죽순 들어서게 되었고, 미국 현지 문화를 즐길 수 있는 대표적인 장소로 알려졌다. 1960년대 이후에는 한국에 들어온 각국의 대사관이 이태원에 대거 입주했고, 그 영향으로 1970년대까지 지속적으로 고급 주택단지가 조성되었을 뿐만 아니라 외국인을 대상으로 한 쇼핑 지구가 형성되었다. 1990년대 후반 이후, 일본, 홍콩, 중국, 동남아시아, 아프리카, 중동 지역 관광객과 이주노동자가 증가하면서 이태원은 '미군 중심의 거리'에서 '이슬람거리, 아프리카거리, 세계음식거리, 게이힐과 후커힐, 경리단길 등 다양한 문화적 색채가 있는 모자이크거리'로 변모하였다(그림 10.15). 즉, 이태원은 한국의 수도 서울이라는 일정한 도시 공간 내에 다양한 인종,

그림 10.15. 이태원의 문화 영토 구분

종교, 문화가 혼재되어 있으면서도 각각의 문화 영토들을 한 조각씩 확보·유지하고 있는 샐러드 볼과 같은 공간이라고 할 수 있을 것이다.

2) 다국적 문화의 공간 - 이슬람거리, 아프리카거리, 힌두교 사원

이태원을 구성하는 피부색은 다채롭다. 현재 이태원에는 미국인, 중국인이 아닌 제3세계 출신자들(필리핀, 인도, 방글라데시, 파키스탄, 인도네시아, 우즈베키스탄, 나이지리아 등)도 상대적으로 많이 거주하고 있다. 또한 단기 숙소에 머무는 일시적인 방문객부터 한국 국적을 취득한 이주자까지 각계각층의 외국인이 공존하는 곳이기도 하다. 이러한 이태원의 다문화적 특성은 '이슬람거리', '아프리카거리' 등 저마다의 이름으로 명명되면서 그에 걸맞는 문화가 형성되었다.

먼저 이슬람거리는 사우디아라비아 등의 이슬람 국가들과의 경제·문화적 교류로 인해 1976년 한국 최초로 이슬람 중앙성원이 건립되면서 조성되었다(박종수, 2013). 성원을 중심으로 이태원에는 모슬렘 공동 거주지의 초석이 마련되었고, 1980년대부터 동남아시아와 서남아시아 출신 모슬렘 이민자들이 모이면서 지금의 이슬람거리가 형성되었다. 모슬렘들에게 종교는 단순한 신앙이 아니라 생활 그 자체이다. 그래서인지 이슬람거리에는 할랄halal[8] 푸드 음식점들이 굉장히 많다. 그 외에도 이슬람 전통 복장을 파는 옷가게, 신발가게, 정육점, 여행사, 그리고 이슬람 전문 서점 등이 입점해 있다(그림 10.16). 이렇듯 이슬람 중앙성원을 축으로 한 이 거리는 모슬렘들의 신앙의 장소임과 동시에 다양한 문화를 이어 주고 전파하는 교두보로서의 기능을 가지고

그림 10.16. 이슬람 중앙성원(상), 이슬람거리(하)

있다.

아프리카 가나 출신의 방송인인 샘 오취리Samuel Okyere는 현재 용산구청 홍보대사로 임명되어 이태원을 알리는 많은 활동을 하고 있다(일간스포츠, 2017. 4. 13.). 하나의 사례이기는 하지만 그만큼 이태원에는 다른 지역에 비해 상대적으로 아프리카인들이 많이 모여 살고 있음을 보여 준다. 1990년대 초에 형성된 아프리카거리는 나이지리아인들과 가나인들이 원목 수송선 등을 통해 인천항으로 들어와 이태원에 모여들면서, 아프리카인들의 이태원 정착이 시작되었다(한건수, 2003). 아프리카거리로 명명되기 이전에는 미군들의 쇼핑 지역이었으나 용산 미군기지 이전이 확정되고 테러 위협으로 미군의 외출이 통제되면서 이곳에 아프리카 노동자와 상인이 대거 이주해 거리의 성격이 크게 바뀌었다. 아프리카인들은 일상생활에 쉽게 도움을 주고받을 수 있고, 문화생활을 함께 할 수 있다는 점 때문에 함께 모여 살려는 성향이 강한 편이다. 그러한 이유로 앞으로도 이태원 아프리카거리의 이색적인 풍경은 하나의 문화 영토로 유지될 것으로 보인다. 현재 이 거리에는 아프리카인을 위한 음식점, 미용실, 여행사가 성업 중이다. 특히 다루기 어려운 흑인의 곱슬머리를 전문적으로 다듬는 미용실은 이색적이다(그림 10.17).

한편 이태원에 아프리카인의 유입이 늘면서 현재는 낡은 공간과 대저택이 공존하는 독특한 경관이 연출되고 있다. 남산 기슭의 하얏트 호텔과 이태원동, 한남동 일대에는 외국 공관을 중심으

그림 10.17. 아프리카 거리의 풍경

그림 10.18. 해방촌 풍경(좌), 해방촌 내에 위치한 힌두교 사원(중·우)

로 부유한 외국인이, 이태원로 남쪽의 이태원동과 보광동 일대, 그리고 해방촌[9]에는 아프리카와 아시아(인도, 파키스탄, 필리핀, 베트남 등)에서 들어온 외국인과 국내 저소득층 주민이 주로 분포한다. 특히 해방촌에는 힌두교 사원인 '스리 라다 샤마순더르 사원Sri Radha Shymasundar Temple'이 있는데, 그 앞을 지날 때면 "Hare Krishna, Hare Rama크리슈나를 찬양합니다. 라마신이여!"라는 소리가 들리기도 한다. 이곳은 힌두교인들을 위한 문화 공간이자 쉼터이기도 해서 인도인들에게는 '베다 문화센터'로 불리고 있다(그림 10.18).

이처럼 이슬람거리, 아프리카거리, 외국 공관의 거리, 힌두교 사원에 이르기까지 이들 소수문화를 통해 이태원은 우리의 시각에서 매우 다문화적인 공간이 되고 있다.

3) 소수문화의 공간 – 화려한 조명이 켜진 게이힐 vs 화려한 조명이 꺼진 후커힐

성적인 의미에서 소외된 소수자들도 하나둘씩 이태원에 둥지를 틀면서 독특한 비주류 문화가 형성되었다. 이태원소방서 골목에 위치한 '게이힐gay hill과 후커힐hooker hill[10]'이 대표적이다(그림 10.19). 이들 공간이 형성된 이유는 아마도 미군을 중심으로 한 서구식 문화가 일찌감치 자리를 잡아 여타 지역에 비해 문화적 장벽이 낮았기 때문으로 보인다.

이곳은 예전에 양복점, 유기점, 신발가게, 구둣방, 보세점 등 외국인(특히 미군)을 대상으로 하는 쇼핑지구가 있던 곳이었다. 하지만 1990년대 후반 보세 상권의 불황으로 규모가 축소되었고, 대신 다양한 소수자 집단들이 그 자리를 채웠다. 현재 시점에서 가장 큰 변화로 볼 수 있는 것은 퀴어Queer[11] 문화가 이곳에 자리를 잡은 것이다. 1996년 이태원 최초로 게이바gay bar '터널'이 문을 연 이후, 게이힐에는 서구식의 게이바와 클럽이 점차 늘어나면서 화려한 조명을 밝히고 있다. 성적 소수자의 입장에서 게이힐에 밀집된 바와 클럽은 단순한 유흥 공간 이상의 의미를 갖는 사회적 네트워크의 형성 장소이다(한국여성연구원, 2004; 한유석, 2013).

반면, 후커힐은 화려한 조명들이 꺼지며 슬럼화가 진행 중이다. 이곳은 1945년 이후 미군이 용산 일대에 주둔하면서 형성된 유흥 거리로 1980~1990년대에 호황을 누렸다. 처음에는 미군을 대상으로 장사하던 술집들이 세를 넓히면서 상권이 형성되었다. 하지만 1990년대 초 범죄와의 전쟁 정책, 2000년대 서울시 퇴폐업소 단속 강화, 그리고 2012년부터 미군 부대 일부가 평택으로 이전하기 시작하면서 후커힐을 찾는 발길이 많이 줄어들었다(조선비즈, 2016. 1. 4.). 여기에 강남이나 신촌, 홍대 등 새로운 유흥 지역이 등장한 것도 이유가 될 수 있을 것이다. 지금은 '청소년 통행제한구역'이라는 낡은 간판과 함께 쇠락해 가는 모습으로 어두워진 밤거리에 뿌연 조명을 밝히고 있을 뿐이다.

여하튼 성에 대해 보수적인 관점이 지배적인 한국 사회에서 이태원 게이힐과 후커힐은 성에 대한 다양성과 개방성의 가능성을 가늠할 수 있는 장이다. 그리고 이들 공간은 역사적 과정에서 형성된 이태원의 개방성과 포용성에서 기인하는 것은 아닐까 하고 생각해 본다.

그림 10.19. 게이힐과 후커힐의 풍경

4) 문화주도적 젠트리피케이션의 공간 – 경리단길

퀴어페스티벌, 이태원지구촌축제를 통한 다문화적인 노력과 클럽 문화의 확산과 같은 사회·문화적 변화는 이태원을 이른바 '핫 플레이스hot place'로 만들었고, 그중에서도 경리단길은 '핫스팟'이 되었다. 경리단길은 국군재정관리단 정문으로 그랜드하얏트 호텔 방향으로 이어지는 길과 주변 골목길을 통칭하는데, 과거 육군중앙경리단[12]이 현 위치에 있어 경리단길로 불려 왔다.

경리단길이 유명해지기까지 다음과 같은 과정이 있었다. 2009년 무렵부터 시작된 상업화 물결은 이태원역에 대기업 프랜차이즈를 속속 들어서게 만들었고, 이러한 현상이 심화되면서 이태원 중심가에서 자리를 잃게 된 상인들은 이곳보다 권리금이나 보증금이 저렴한 경리단길로 이주하게 되었다. 여기에 젊은 예술가들도 유입되면서 현재 경리단길은 '문화주도적인 젠트리피케이션'[13]이 진행되고 있다(황준기·오동훈, 2015). 경리단길은 서울의 평범한 동네 같으면서도 세계 각국에서 온 외국인들이 주민들과 자연스럽게 어울려 지내면서 이국적이고 색다른 분위기를 연출한다. 젊은 예술가들의 활동을 통해 주말이면 거리에서 플리마켓flea market이나 버스킹busking 공연이 펼쳐지기도 하고, 소문난 추로스, 빵, 호떡 등 다양한 먹을거리를 먹기 위해 길게 줄을 선 진풍경을 볼 수 있다. 또한 특색 있는 다양한 가게들이 모여 있어 친구나 연인과 함께 주말을 즐기러 오는 젊은이들로 북새통을 이룬다(그림 10.20).

하지만 아쉽게도 이곳의 투자 가치를 눈치챈 대기업 프랜차이즈와 자본가들이 대거 몰리면서 경리단길은 강남 신사동 가로수길과 함께 '젠트리피케이션 1세대'라는 오명을 얻었다. 즉, 문화주도적 젠트리피케이션 현상이 심화됨에 따라 발생한 과도한 상업화는 기존 거주민을 다른 지역으로 이주하도록 만들고 있다. 한편으로는 이렇게 폭등하는 임대료 부담에도 불구하고 기대 심리 때문에 경리단길에서 영업을 지속하고자 하는 의지도 높게 나타나고 있다(허자연 외, 2015).

그림 10.20. 경리단길 풍경

따라서 경리단길의 기존 거주민과 자생적으로 형성된 개성 있는 상권을 보호하기 위한 절충적인 방안이 필요할 것으로 보인다.

5) 샐러드 볼, 이태원

앞서 언급한 이태원 지명에 관한 여러 가지 설 중 임진왜란 때 서울에 진주進駐한 일본군들이 인근 사찰에 들어가 여승들을 겁탈해 생긴 아이들이 결국 이 일대에 살게 된 데에서 이태원이라는 이름이 시작되었다는 것은, 외국인과 이태원이 연결되는 과정이 역사적 비극 및 슬픔과 함께 시작되었음을 암시한다. 이는 또한 우리나라 근현대사에서 이태원이 외국인의 공간으로 자리 잡는 과정이 순탄하지 않았음을 반영한다. 즉, 이태원은 기구했던 우리 역사가 남긴 유산으로, 임진왜란 때에는 일본군의 보급기지였고, 1882~1884년 임오군란 때에는 청의 주둔지였다가 일제강점기에는 일본군 사령부의 주둔지로 바뀌었다. 그러다가 광복 이후에는 주한 미군 기지가 들어섰고, 6·25전쟁 뒤에는 미군 기지를 중심으로 상권이 형성되면서 미군의 유흥가로 거듭나게 된 지역으로(그림 10.21), 제국주의와 냉전시대의 명암이 교차되는 특징이 새겨진 곳이다.

아울러 탈냉전과 다문화 시대의 도래로 외국인 근로자의 유입, 관광객의 증가, 재외국인의 귀환 등으로 이태원은 다양한 문화가 공존하고 융합되면서, '샐러드 볼'과 같은 문화 영토들이 형성된 가운데 다양한 종교적·인종적·민족적·성적·문화적 차이가 구분되어 나타나고 있다. 특히 이슬람거리, 아프리카거리, 외국 공관의 거리, 힌두교 사원, 게이힐과 후커힐, 경리단길 등을 통해 이태원의 대표적인 문화 영토들이 각각 터를 잡아 공존하고 있음을 살펴보았다.

이렇듯 이태원에서 나타나는 다양한 인종 및 문화에 대한 관용과 수렴, 다름에 대한 존중은 '이

그림 10.21 미군 기지(좌), 미군 주둔지 중심의 쇼핑 상가(중·우)

태원만이 가졌던 역사적 과정이 있었기에 가능한 것이 아닐까?' 생각되었다. 이태원은 온전히 한국적인 공간도 아니고, 외국을 고스란히 재현한 곳도 아니다. 따라서 이태원을 '다문화의 섬'으로 간주하여, 앞으로도 한국 어디에서도 찾아볼 수 없는 외래문화와 자생적인 문화의 융합이 이루어질 수 있는 공간으로 발전하기를 희망한다.

제11장 다문화 사회에 대한 거리감: 배타적 시선

1. 국경 없는 마을, 안산 '원곡동'

1) 현실적 집단갈등이론의 적용

전통적으로 한국 사회는 민족 및 문화적 동질성을 지향해 왔다. 이러한 한국인들에게 외국인의 급증과 다문화 사회로의 진입은 다소 새롭고 낯선 경험이다. 한국 사회에 외국인 유입이 증가하는 배경으로는 국내 인적자원만으로는 해결할 수 없는 사회문제가 지속적으로 발생하고 있다는 점을 들 수 있다. 한국의 인구정책은 저출산, 고령화, 노동인구 감소, 단순 노동직 기피 등의 사회적 현상을 완화하려는 목적에서 국제 이주노동자와 결혼이민자의 유입을 일부 장려하는 방향으로 추진되어 왔고, 이에 따라 한국 사회 내 인종 구성이 다양화되는 추세도 지속될 것으로 전망된다(김두섭, 2006). 현재 한국 사회의 외국인 거주 지역은 출신 국적이나 직업군을 중심으로 나뉘어 밀집되는 양상을 보이고 있다(박윤환, 2011). 또한 외국인이 한국인과 같은 거주 지역에서 거주한다고 하더라도 긍정적인 소통이 이루어지는 경우는 매우 미미하다(박세훈 외, 2009). 이렇듯 우리나라에서 발생하는 이주자와의 제한적인 교류는 편견의 감소라는 긍정적인 영향보다는 오히려 편견의 강화라는 부정적인 결과를 낳고 있다(Pettigrew, 1998; Baumeister·Bushman, 2008).

이처럼 국제 이주의 증가로 인한 토착민과 외국인의 갈등 관계를 설명하는 이론이 있다. 바로

'현실적 집단갈등이론realistic group conflict theory'이라는 것으로, 이 이론은 희소한 자원을 둘러싼 경쟁이 구성원 간에 발생하면 집단 간 갈등이 유발될 수 있다는 것을 내용으로 한다. 이러한 갈등으로 인해 토착민은 이주자에 대해 위협감threat을 느끼게 되고 이는 편견으로 이어진다는 것이다(Campbell, 1965). 이 이론을 우리나라에 적용시켜 보면, 이주노동자의 증가로 인한 노동시장에서의 한국인에 대한 역차별과 같은 현실적인 위협realistic threat, 혹은 이러한 일자리 위협이나 경쟁이 실재하지 않더라도 외국인 밀집 지역의 슬럼화 현상처럼 이주민의 존재 자체를 위협적으로 받아들이는 인지된 위협perceived threat이 우리 사회에 존재함을 알 수 있다.

이렇듯 이주자로 인해 촉발될 경제적 위협에 대한 인식은 토착민의 이주자에 대한 배타적 태도를 유발하거나 반감을 심화시킬 수 있다. 그리고 이주자에 대한 부정적인 태도는 외국인에 대한 편견, 제노포비아xenophobia,[1] 인종주의 등 다양한 형태로 발현될 가능성이 있다. 특히 우리나라의 안산시 단원구 원곡동처럼 다양한 문화적 배경을 가진 상이한 이주자들이 한 지역사회에 공존할 경우, 토착민과 이주자 간의 문화적 갈등이 발생할 가능성이 적지 않다. 실제로 원곡동은 외국인의 급증으로 인한 잦은 시비, 소음, 쓰레기 처리, 범죄 등의 문제가 발생하고 있고, 토착민은 불편함, 불안함, 위협감 등의 감정을 느끼고 있으며, 이 같은 감정은 외국인에 대한 배타적인 태도나 편견으로 이어지고 있다(민지선 · 김두섭, 2013).

2) 국경 없는 마을의 형성과 변화

안산에는 두 개의 원곡동이 존재한다(오경석, 2010). 하나는 '다문화 으뜸도시', '국경 없는 마을'로 알려져 공론장의 화려한 스포트라이트를 받는 원곡동이, 또 다른 하나는 '떠나고 싶지만 갈 곳이 없는 뜨내기들의 집합소'로서의 현실적인 원곡동이 있는 것이다. 이 지역에 대한 많은 논의와 관심에도 불구하고 아직까지 원곡동의 일상에서 경험할 수 있는 것은 문화 간 소통과 공존이 아닌 다양한 이해관계 집단들의 첨예한 대립과 갈등, 그리고 개방과 관용보다는 단절과 고립이다.

원곡동을 일컫는 옛 지명을 살펴보면 '백성말百姓洞'로 불렸다는 기록이 있는데, 백성말은 풍수적으로 장차 백여 가지 성씨를 가진 사람들이 모여 살 곳이라 하여 붙여진 지명이라고 한다(오경석, 2014). 그래서인지 현재 원곡동은 우리나라에서 외국인 밀집도가 가장 높은 지역으로, 약 60

여 개 국적의 다양한 사람들이 모여 국경 없는 마을을 일구고 있다(안산시청).

대부분 농·어업을 일구며 살던 원곡동 주민들은 1976년 개발 구역 내의 토지를 전면 매수하는 방법으로 추진된 '반월신공업도시 건설계획'의 발표로, 하루아침에 자신들의 삶의 터전을 떠나게 되었다. 토지 보상액만으로는 분양받은 택지에 주택을 신축할 수 없었고 또 새로운 생업을 찾기에도 어려움이 컸기 때문이다. 따라서 반월공단이 본격적으로 가동된 1980년대부터 원곡동은 원주민이 소수이고, 대부분의 사람들이 이방인인 공간으로 변모한다. 그러다가 1990년대 들어 한국의 산업구조 재편과 경기 침체로 국내의 노동자들이 빠져나간 자리에 이주노동자들이 채워지면서 현재의 모습이 형성되었고, 국내 최초로 '외국인 주민'이라는 용어를 쓰게 된 다문화 마을로 변화되었다.

이주노동자들의 입장에서 반월 및 시화공단으로의 접근성, 풍부한 일자리, 저렴한 주거 비용 등의 이유는 이곳으로 오게 하는 주요 매력 요인이다. 또한 이주노동자들에 의해 형성된 민족 공동체ethnic community와 네트워크, 이주노동자들의 지원 단체인 외국인 주민센터와 다문화글로벌 아동센터의 설립, 학교·은행 등과 같은 공공 서비스 인프라의 형성은 더욱 많은 이주자들을 원곡동으로 불러들이는 요인이다. 특히 원곡동의 외국인 주민센터는 24시간 여권 발급 서비스가

그림 11.1. 외국인 주민센터와 만남의 광장(상), 다문화글로벌 아동센터와 외국어 표기 은행(하)

이루어지는 유일한 곳이다. 주민센터 바로 옆에 마련된 만남의 광장 벽에 새겨진 각국의 인사말과 각국의 위치를 알려 주는 표지판은 원곡동이 다문화 공간이라는 것을 재확인시켜 준다. 또한 이곳 은행들은 주중 늦게까지 일하는 노동자들을 배려해 타 지역과는 달리 토요일에도 업무가 이루어지고 있으며, 은행 간판에 한글·영어·한자가 모두 표기된 것 역시 특징이다(그림 11.1).

3) 국경 없는 마을의 실상

원곡동은 외국인의 집단적 거주지이자 소비의 중심지로 기능한다. 이를 경관상 나타나는 특징으로 구분해 보면, 다음과 같이 7가지로 요약할 수 있다.

첫째, 다양한 국적의 이주노동자들이 거주하게 되면서 그만큼 '다양한 언어로 제작된 홍보물, 간판' 등으로 인해 이국적인 경관이 형성되어 있다. 실제로 원곡동을 걷다 보면 여러 국가의 음식점(하물며 메뉴판까지도)과 식품점 등의 간판이 한글 표기 없이 각국의 언어로만 표기되어 있는 경우를 볼 수 있다. 여기가 정말 우리나라가 맞나 싶을 정도이다(그림 11.2).

둘째, 여러 서비스업이 입점 되어 있지만 그중에서도 가장 눈에 띠는 것은 바로 '휴대전화 상점'이다. 거의 두 채 건너 휴대전화 상점이 있을 만큼 타 지역보다 매우 높은 분포율을 보이고 있다. 일자리를 구하기 위해서는 연락처가 필수일 것이다. 그러한 의미에서 이주노동자들이 원곡동에 오면 가장 먼저 하는 일이 휴대전화 개통이라고 하니, 휴대전화 상점이 이토록 많은 것이 한편으로는 이해가 된다. 꼭 구직의 목적이 아니라고 하더라도, 휴대전화 상점 유리창에 붙여 놓은 '국가 번호 안내표'를 보며 두 가지 생각이 들었다. 먼저 국제전화를 보다 편하게 이용할 수 있도록 하는 배려일 것이라는 생각이 들었으나 이내 휴대전화 판매 수익을 올리기 위한 향수鄕愁 마케팅일 것이라는 생각에 미치자 왠지 모를 이주노동자의 애달픈 삶이 전해져 왔다(그림 11.3).

셋째, '환전소, 여행사, 물류업'도 타 지역에 비해 높은 분포도를 보이고 있다. 특이한 점은 여행사의 경우 항공편 예약, 스케줄 관리와 같은 일반적인 관광 업무만 보는 것이 아니라는 점이다. 이혼 상담, 공증, 입양·귀화·국적·초청 서류 발급, 신분증 제작, 개명 신청, 유전자 검사, 출생증명서 발급, 취업 교류 업무 대행, 전화카드 판매에 이르기까지 상당히 광범위한 행정적·의료적(?) 업무를 아우르고 있다. 원곡동에 많은 불법 체류자가 있다는 것을 감안한다면 이는 법적으로도 상당한 문제가 아닐 수 없다(그림 11.4).

그림 11.2. 다양한 언어로 걸려 있는 간판들

그림 11.3. 휴대전화 상점들과 국가 번호 안내표

그림 11.4. 여행사

넷째, 이주노동자의 스트레스 해소 공간인 '노래방과 가라오케'도 많이 분포되어 있다. 특히 원곡동의 노래방에는 이들 이주자들을 고려하여 중국, 몽골, 베트남, 인도네시아, 러시아, 필리핀, 에스파냐, 말레이시아 등 다양한 국가의 노래들이 수록되어 있다. 그러다 보니, 이곳 노래방 안에 비치된 책(곡 목록이 적힌)은 내국인용과 외국인용으로 나뉘어 있다. 이 외에도 마을 곳곳에 저렴한 '미용실'도 많이 보이는데 미용실마다 특색이 있어 어떤 미용실은 중국인을 위한, 또 어떤 미용실은 모슬렘을 위한 곳이라고 한다. 국가마다 추구하는 헤어스타일의 취향이 다르기 때문이라고 한다(그림 11.5).

다섯째, 원곡동의 '대문'은 언제나 활짝 열려 있다. 답사자의 입장에서 대부분의 현관문이 열려 있거나 혹은 아예 문이 떨어져 나가 있어 대문 자체의 기능이 상실되고 있다는 점은 조금은 충격적이었다. 한국의 모든 이주노동자들이 한번은 거쳐 가야 한다는 중간 기착지 같은 곳이어서 일까? 사실상 이들은 코리안 드림을 안고 한국에 돈을 벌기 위해 온 사람들이다. 그 목적이 달성되

그림 11.5. 노래방과 미용실

그림 11.6. 열려 있는 대문들

면 언제든 자신의 고향으로 돌아가고자 하는 일시적인 체류자이기에 원곡동에 뼈를 묻고 살 것이라는 인식이 별로 없다. 그리고 직장이 바뀌거나 월세가 오르거나 혹은 동거인과 갈등이 생기면 또 이사를 해야 한다. 이러한 잦은 이사와 이주의 특성으로 인해, 주택을 지키고 영역성을 구분하는 상징적인 의미로서의 대문은 오히려 원곡동에서는 거추장스러울 뿐이다(그림 11.6).

여섯째, 방금 언급했듯이 이주민의 입장에서 원곡동은 경제적 목적에 의해 일시적으로 머무는 곳이다. 즉, 이주민들은 국가를 구성하는 책임감 있는 국민은 아니기에 원곡동을 예쁘게 가꾸거나 아끼려고 하지 않는다. 그러다 보니 '거리는 지저분하다'. 벽에는 지저분한 스탬프가 촘촘히 찍혀 있으며, 찢겨진 자리에 또 몇 겹으로 붙여 놓은 전단지가 여기저기 붙어 있다. 어디 그뿐이랴? 곳곳에 대량으로 방치된 쓰레기로 인해 골치를 앓고 있기도 하다(그림 11.7). 특히 쓰레기 불법 투기의 문제는 단순히 쓰레기로 동네가 더러워진다는 차원에서 그치는 것이 아니라 크게 보면 국가의 영토에 대한 국민의 의무와 그에 따른 권리, 다시 말해 주도권 문제와 연결될 수 있다.

그림 11.7. 지저분한 거리와 벽, 쓰레기 문제

그림 11.8. 구직에의 관심

쓰레기 불법 투기는 비국민에게 영역 주도권이 넘어 가서 생기는 문제라고 보는 시각이 있다(손은경, 2013). 쓰레기 문제가 지속될수록 그 실질적인 피해자는 이 나라의 국민인 한국인들이라고 인식하게 되고, 더 나아가 한국인에게 피해를 주는 이주자들을 모두 '공공의 적'으로 여겨 이들에 대한 차별과 배제를 더욱 강화시킬 가능성이 크다. 이러한 관점에서 지역과 거리가 지저분해지는 것은 절대 예사롭게 넘길 사안은 아니라고 생각된다.

마지막으로 볼 수 있는 원곡동의 특징으로는 '구직에의 관심'이다. 1990년대 들어 이주노동자들이 많이 유입되면서 직업소개소와 근로자 파견업체가 원곡동에서 급격히 증가하였다. 거리에는 구직과 관련된 전단지도 많이 붙어 있다(그림 11.8). 하지만 불법으로 알선된 취업자들의 경우는 법적 신분의 불안정성으로 인해 착취, 산업재해, 장시간 노동, 임금 체불 등의 문제에 쉽게 노출되고 있다. 이들 이주노동자들은 안산 지역의 노동집약적 산업의 지속적 성장에 핵심적 기여를 하는 생산 요소이지만, 법적·사회적 보호로부터 방치되고 잊혀진 노동자로 인식되고 있어 문제가 되고 있다(박배균, 2003).

4) 차별과 배제 대신 관용과 평등으로!

원곡동은 전형적인 농어촌 마을에서 이주민 단지로, 반월공단 노동자들의 배후 주거지로, 이주노동자들의 수도로, 한국의 다문화 중심도시로 숨 가쁘게 달려 왔다. 이러한 점에서 원곡동은 말 그대로 혼종의 공간이자, 토착성과 이방성을 구분하기 어려운 공간이다(그림 11.9). 그리고 질적으로 상이한 시간의 지평들이 중첩되어 있는 다시간적인 공간이기도 하다.

하지만 원곡동이 이주노동자와 내국인이 함께하는 지속가능한 지역공동체로서 성장하기에는 아직까지는 많은 제약과 문제점이 남아 있다. 특히 원곡동에 거주하는 많은 이주노동자들이 불법 체류자여서 법적 권리와 사회적 보호로부터 소외되어 있기에 원곡동은 안정적으로 성장하기 어렵다. 또한 문화적 차이와 인종주의적 편견은 다양한 소외와 배제를 낳고 있다.

이렇듯 원곡동은 다문화주의의 환상과 실상이 교차하는 곳이자, 한국 다문화주의의 이중성을 명증하는 모순의 공간이다. 앞선 사진을 통해 살펴보았듯이 국경 없는 마을이라는 아름답고 정의로운 이름은 현실 세계 및 일상 공간과 상당한 차이가 있는 것이 사실이고, 이에 원곡동이 긍정적인 평가를 받지 못하고 있는 것 또한 사실이다. 그럼에도 불구하고 그들의 일상에 변화가 일어

그림 11.9. 원곡동 외국인 주민들의 일상

그림 11.10. 이주노동자를 위한 포용 노력

나고 있다. 경제적 이해의 측면에서, 원곡동의 이주노동자들이 안산 지역 산업 생산에 필수적인 노동력이라는 인식이 늘고 있으며, 또한 인권 보호라는 의식적인 목적으로 원곡동의 이주노동자들을 도와주고 포용하려는 노력을 기울이는 사람들도 증가하고 있다(그림 11.10).

물론 다문화의 주체들을 배제하고, 다문화주의의 확산을 시민의식의 성숙으로 전환시키지 못하는 한 원곡동의 전망은 밝지 않을 수 있다. 하지만 관용과 평등의 인식을 통해 세간에 알려진 원곡동의 이미지와 원곡동의 현실 사이의 간극을 더욱 좁혀 나가야 한다. 이곳을 변화시켜야 하는 이유는 매우 간단하다. 안산시 원곡동은 이주자 당사자들에게는 여전히 매력적인 공간이기 때문이다. 다시 말하면, 원곡동은 단지 다문화특구나 국경 없는 마을이라는 이름 때문이 아니라 이주자들에게는 공장이 남아 있는 일터의 공간이요, 그들과 같은 이주노동자와 함께 하는 감정과 정보 공유의 공간이자 삶의 공간으로서 '대한민국 이주노동자들의 수도'이기 때문이다. 이제 우리는 '차이는 존재하지만 그럼에도 평등할 것!'이라는 말을 되새겨야 할 때이다. 그럼으로써 차별과 배제 대신 관용과 평등으로서 다문화특구 원곡동을 만들어 가야 할 것이다.

2. 옌벤 조선족 타운, 서울 '가리봉동'

1) 노동자들의 공간, 가리봉동의 역사

한강의 기적을 이루었던 1960~1970년대의 가리봉동은 구로공단 산업 인력들이 밀집 거주한 지역이었다. 소설가 신경숙 씨가 열여섯 살에 상경해 구로공단의 한 공장에서 일했던 경험이 밑거름된 소설 『외딴 방』(1999)에서는 1970년대 말의 가리봉동 '쪽방'[2]을 이렇게 묘사하고 있다. "서른일곱 개의 방 중의 하나, 우리들의 외딴 방. 그토록 많은 방을 가진 집들이 앞뒤로 서 있었건만, 창문만 열면 전철역에서 셀 수도 없는 많은 사람들이 쏟아져 나오는 게 보였다. 구멍가게나 시장으로 가는 입구, 육교 위 또한 늘 사람들이 번잡했었건만, 왜 내게는 그때나 지금이나 그 방을 생각하면 한없이 외졌다는 생각, 외로운 곳에, 우리들, 거기서 외따로이 살았다는 생각이 먼저 드는 것인지(신경숙, 1999, 47)." 작가가 살던 '외딴 방', 즉 가리봉동의 쪽방(붉은 벽돌집의 계단을 타고 구불구불 들어가 미로처럼 놓인 방들)은 여공들이 살던 애한哀恨의 방이자 노동자들의 꿈의 공간이었다. 당시에는 가리봉동이 발 디딜 틈도 없이 번화한 거리였지만, 1988년 서울올림픽을 앞두고 구로공단 내 공장들이 지방으로 이전하면서 공순이·공돌이로 불리던 노동자들은 이 쪽방을 떠났다. 대신 1990년대 중반 이후부터 이 쪽방은 조선족(중국동포)들로 채워지고 있다(그림 11.11).

가리봉동은 전체 인구 2만여 명 중 외국인 거주자가 30% 이상을 차지하고 있으며, 특히 외국인 중에서도 옌벤延邊[3]에서 온 조선족의 비율이 90%가 넘어 '옌벤 조선족 타운', '중국동포 타운'이라 불리고 있다(세정신문, 2016. 5. 30.). 현재 이곳은 조선족들의 코리안 드림을 이루기 위한 삶의 터전으로서 새로운 생활·문화적 특징이 나타나고 있다.

그림 11.11. 아직도 남아 있는 쪽방촌의 모습

2) 옌벤 조선족 타운의 특별한 풍경

지하철 7호선 남구로역 3번 출구를 나서면 여행사, 휴대전화 상점, 술집, 노래방, 부동산, 음식점 등이 중국어 간판과 함께 왕복 4차로 구로동길을 따라 쭉 펼쳐져 있다. 이 길을 따라 200m가량 내려가면 오른쪽으로는 남부순환로가, 왼쪽으로는 우마길로 연결되는 삼거리가 나오는데, 이 우마길이 이른바 옌벤거리이다. 길 초입부터 눈에 들어오는 것은 무단횡단금지 표지판과 늘어선 술집들, 그리고 간자체로 된 중국이 간판들이다(그림 11.12 상). 간판을 간자체로 표기하거나 상점명을 출신 지역을 따서 짓는 것은 상점의 주인이 조선족이거나 혹은 중국 관련 상품을 취급하고 있음을 알리려는 의도로 해석된다. 조선족은 이러한 간판을 통해 일차적으로 이곳이 중국어 문화권임을 알리고 있으며, 가리봉동 경관을 서울이 아닌 중국의 어느 공간처럼 탈영토화하는 동시에 재영토화된 장소로의 전환을 의미하는 기호로 사용하고 있다(이장섭·정소영, 2011). 이는 모국에서의 차별과 배제를 경험한 조선족들의 '디아스포라적 특수성'과 한국인이자 중국인이라는 '이중적 정체성'[4]이 공존하고 있는 것으로 볼 수 있다. 한편 단층 또는 높아야 3층짜리 건물로 이루어진 옌벤거리에는 두 개 건너 하나꼴로 노래방이 자리 잡고 있다(그림 11.12 하좌). 가무

그림 11.12. 가리봉동 옌벤거리 풍경

그림 11.13. 가리봉 종합시장(상), 길거리 음식점들(하)

를 즐기는 중국동포들은 모국이자 외국인 이곳에서 별다른 오락거리가 없어 노래방을 즐겨 찾는다고 한다. 대낮인데도 노래방에서 사람들의 노랫소리가 흘러나온다. 도로 공사, 농장 일, 모텔 청소, 도우미 등 구인 정보를 내건 직업소개소와 제법 큰 규모의 고시원도 흔하게 눈에 띄는 풍경이다.

옌볜거리 중간쯤에는 가리봉 종합시장이 위치해 있다. 영화 〈황해〉(2010), 〈신세계〉(2013), 〈청년경찰〉(2017) 등에도 등장하는 곳인데, 시장 천장에 놓인 아케이드를 쭉 따라 들어가면 다양한 중국식품 상점과 정육점, 반찬가게, 건강원 등이 있다. 역시나 중국어 간판이 많은 것으로 보아 주고객은 한국인들이라기보다는 중국인들인 것으로 보인다. 그나마 한국인이 이용할 수 있는 것은 시장 근처의 길거리 음식점들이다(그림 11.13).

시장 끝에 다다르면 골목이 나온다. 이 골목을 따라 올라가면 쪽방촌이 나오는 언덕길이 보이는데, 2~3층의 다가구 주택이 밀집된 이곳은 옌볜거리의 실질적 배후지이다. 보증금 100만 원에 월세 20만 원 내외의 저렴한 방값에 조선족들이 이곳에 모여들기 시작하면서 이들의 문화로 새롭게 채색된 것이다. 언덕길 너머로 보이는 고층 건물은 가산디지털단지로 옌볜거리의 쪽방촌과는 대조를 이루고 있다(그림 11.14).

그림 11.14. 가리봉동 쪽방촌 언덕길

3) 옌볜 조선족 타운의 공간적 분리와 사회적 고립

1990년대 중반부터 조선족이 가리봉동으로 유입되기 시작했지만 본격적으로 옌볜거리가 조성된 것은 2002년 정부가 자진 신고하는 미등록(불법 체류) 외국인 노동자들에게 6개월에서 1년의 출국 준비 기간을 부여했을 때부터이다. 이 같은 조치는 사실상 미등록 이주노동자에게 합법적으로 일할 수 있도록 기간을 준 것으로 이해돼 음지에 숨었던 조선족들이 거리로 나서게 된 배경이 되었다. 즉, 일단 자진 신고만 하면 1년간은 단속될 걱정이 없게 됨으로써 조선족을 상대로 하는 음식점과 노래방 등이 대로변에 생겨나기 시작했고, 한창 활기가 넘칠 때에는 주말 하루에만 풀린 돈이 10억 원 가까이 될 정도였다(연합뉴스, 2010. 11. 14.).

그런데 앞서 살펴보았던 원곡동이 지역주민과 외국인의 관계라면, 가리봉동은 이와는 달리 한국인과 조선족, 혹은 한민족과 교포의 관계라는 민족적 특징이 강하다(예동근, 2011). 예를 들면, 가리봉동에서의 '중국동포 타운'의 등장과 지역신문인 '중국동포타운신문'은 다문화의 정체성보

그림 11.15. 중국동포타운 신문사(좌), 낡고 쇠락한 옌볜 조선족 타운(우)

다 민족 관계에 초점을 맞추어, 행정 서류 대행 서비스 및 취업 비자 전환 등을 통해 중국동포의 업무를 돕고 있다. 이러한 조선족 커뮤니티의 구성(가족, 친척, 친구, 동향인 등 혈연과 지연에 기초한 연결망)은 가리봉동을 옌볜과 서울을 이어 주는 통로로 만들었다. 결국 경제적인 지위와 역사적인 배경으로 인해 한국인에게 냉대를 받아오던 조선족들의 터전이 된 가리봉동은 저렴한 집값과 교통의 편리 등의 이유로 조선족의 유입이 보다 쉽게 이루어질 수 있는 공간으로 바뀌었다. 그리고 대부분의 조선족들은 가리봉동을 통해 직업을 구하고 있을 정도이다(박세훈·이영아, 2010). 그러한 측면에서 가리봉동은 '옌볜에서 서울로의 인구·문화의 통로'로서, 옌볜 문화의 재현이 이루어지는 일상적 공간이 되었다. 다만, 요코하마 차이나타운이나 인천 차이나타운처럼 일반적으로 화교들이 세계 각국에 자신들의 문화를 이식하기 위해 이주한 곳의 경관을 중국 본토처럼 형성하는 것 대신, 가난한 가리봉동의 조선족들은 원래 있던 경관을 그대로 이용하고 있어 그들의 일상적 경관은 더욱 낡고 쇠락해 있다(그림 11.15). 아마도 이러한 측면은 옌볜 조선족 타운을 관광의 차원으로 접근하기 어려운 이유이기도 할 것이다.

한편, 원래 이곳에 사는 한국인과의 마찰도 적지 않다. 원주민의 입장에서 이주한 중국인은 시끄럽고 질서를 지키지 않으며 주변 환경 역시 잘 관리하지 않는 이웃일 뿐이다(박신영 외, 2012). 여기에 중국인을 무시하는 한국인 특유의 민족적 선입견이 겹치면서 양측 간 갈등의 골이 깊어졌다. 지난 2004년부터 한국인 상인과 조선족, 조선족 유학생들이 이곳을 화합과 공존의 거리로 선포하는 행사를 벌이고 있고 자정 활동을 통해 공생의 길을 모색하기 시작했으나[5] 대표적인 조선족 밀집 지역으로서의 가리봉동은 범죄 발생률의 증가, 주택 가격의 하락, 지역이미지의 악화 등으로 연계되면서 점차 황폐화되고 있다. 더욱이 한국 사회에서 성공적으로 정착한 조선족들이

그림 11.16. 옌벤 조선족 타운의 끝자락에 밀집된 불법 게임장들과 파출소 현수막

주거 환경이 좀 더 나은 곳(대림동, 신림동, 자양동 등)으로 속속 떠나고, 또 이곳이 재정비촉진지구로 지정돼 재개발된다는 소식에 조선족의 이탈이 더해지면서, 옌벤 조선족 타운은 '공간적 분리'와 '사회적 고립'이 동시에 진행되고 있다. 남부순환로 건너편으로 가산디지털3단지가, 동쪽으로 구로디지털1단지가 들어서 옛 구로공단 지역은 이미 IT 산업의 메카로 변신했고, 이곳만이 현재 슬럼처럼 덩그러니 남아 있는 상태이다.

이제 가리봉동은 빈곤과 연결된 게토 지역으로 황폐화되고 있다. 이곳의 물리적인 낙후성은 오히려 조선족을 밀집시키는 역할을 하면서 한국 사회와의 상대적 고립을 강화하고 있다. 결국 이곳에 사는 이들은 상점이나 월셋집 주인을 제외하고는 한국인이든 조선족이든 최하층민인 셈이다. 지금의 가리봉동은 좋아서 오기보다는 싼 맛에 와서 돈을 벌면 뜨는 정거장이 되었다. 그럼에도 불구하고, 혹은 그렇기 때문에 가리봉동은 가난한 조선족의 애한이 서린 곳이다. 어찌 보면 우리의 불행한 역사로 중국에 살게 된 그들이 아니던가? "고국이라고 찾아왔건만 결국 마음의 상처를 안은 채 살고 있다."라는 다큐 속 할아버지의 인터뷰는 그래서인지 마음 속 애잔함으로 남는다(KBS2, 2010. 8. 29.). 또한 차별과 배제 속에 옌벤 조선족 타운의 끄트머리에 밀집돼 있던 불법 게임장들은 이곳을 더 불안하고 황폐화된 곳으로 분리segregation시키고 있다(그림 11.16).

4) 옌벤 조선족 타운에 대한 정책적 제안

정리하자면, 가리봉동은 일종의 '외국인 밀집지ethnic cluster'이다. 즉, 파묵(Pamuk, 2004)이 정의한 외국인 밀집지에 근거한다면, 가리봉동은 거주국(한국)의 주류 사회에 편입되지 않고 조선족들이 상호 네트워크를 통해 형성·발전시킨 공간으로, 조선족들의 음식점, 상가 등 연관 인프라가 형성되고 사교 활동과 정보 교환의 중심지로 기능하는 지역임을 알 수 있다. 소수민족들은 '모여 있음'을 통해 외부에 대한 방어와 내부적 상호 지원 기능을 담당하고, 그들 고유의 문화를 지향함으로써 주류 사회에 편입되지 않고 오히려 분리되는 경향을 보이는데(Knox· Marston, 1999), 가리봉동 옌벤 조선족 타운의 경우 이에 적용되는 바 크다. 즉, 가리봉동은 다른 조선족 밀집 지역에 비해 상대적으로 소득이 낮고 일시적으로 머문다는 특징이 있어 도시 하위 계층적 성격이 강해 그들의 평범한 일상은 중국어 간판과 더불어 낡은 재래시장과 쪽방으로 대변되고 있다. 그리고 직업소개소와 여행사, 행정사 등은 조선족에 한정되어 있고, 또한 높은 분포를 보이는 노래방과 술집 역시 한국인의 접근이 심리적으로 제한되고 있다. 여기에 가리봉동이 지역균형발전지역으로 선정되어 철거의 위기에 놓인 과정에서 재개발 이슈는 개선에 대한 자발적인 의지를 감소시키고 있어, 지역에 대한 불안정성마저 증대된 상황에 놓여 있다. 그러한 의미에서 가리봉동의 다多문화는 우리에게 타他 문화로 여겨지는 공간이자 저低문화로 작동하고 있다.

이렇게 조선족과 한국인의 공간적 분리가 고착화되어 가는 가운데, 주변에 가산패션타운(마리오 아웃렛, 현대 아웃렛, W-Mall 아웃렛, 롯데 팩토리 아웃렛 등)과 구로디지털단지G-Valley가 인접한 지리적 이점에도 불구하고, 이색적인 문화거리로 성장하지 못하고 슬럼화되고 있다(그림 11.17, 11.18).

그림 11.17. 가리봉과 주변 지역 위치도

사실상 가리봉동은 다문화 자원으로서의 가치를 지니고 있지 못하다는 이유로 그동안 정책적 관심 밖에 있어 왔다. 즉, 조선족 밀집지라는 특수성으로 인해 한국 문화와 크게 차별화되지 않으며 단일민족으로 구성되어 있기 때문에 문화적으로도 다양하지 않다는 것이다. 이러한 사정으로 이 지역은 단순히 제거해야 할 불

그림 11.18. 아웃렛과 구로디지털단지

량 주거지라는 인식이 강화되었고, 정책적으로도 소외되어 왔다.

하지만 이제는 바뀌어야 한다. 첫째, 조선족 밀집지의 성장에 영향을 미치는 요인과 그 대처를 위한 보다 심층적인 분석과 정책적 논의가 다양하게 진행되어야 한다. 다시 말하면, 조선족 밀집지가 가진 도시 내 낙후·쇠퇴 지역 재생의 역할과 문화적·사회적 측면의 가능성에 대한 보다 발전적이고 면밀한 연구가 이루어져야 한다는 것이다. 둘째, 다른 한편으로 조선족이 아닌 원주민의 입장에서의 연구도 병행될 필요가 있다. 가리봉동은 원주민들의 주거 만족도가 떨어지고 조선족 이주민에 대한 차별과 편견이 유독 강한 지역이다. 이렇게 된 배경에 대해 고민해 봄으로써 보다 적극적으로 근린 환경에 대한 유지 및 관리를 정책적으로 도모할 필요가 있다. 그렇게 함으로써 한국인과 중국인 간 사회적 교류를 증대시킬 수 있도록 도와야 한다. 구체적으로는 이들의 노후한 주거지 및 거리 등을 효율적으로 정비하기 위해 쓰레기, 소음 등과 같은 부정적 외부 효과를 최소화하는 정책을 고려해야 할 것이다. 마지막으로, 조선족 이주자들을 노동자로서 또 소비자로서 지역산업, 주택시장 및 상업 활동에 적극적으로 통합시키려는 노력도 병행되어야 할 것이다. 이러한 정책들이 실현될 때에 비로소 가리봉동 조선족 밀집지의 긍정적인 역할이 발현될 수 있을 것이며, 이곳의 한국인 주민들 역시 중국동포로서 그들을 대하는 데 어색함이 없을 것이라고 생각한다.

제12장 소수사회를 향한 단편적 시선

1. 양재대로가 갈라놓은 빈부의 격차, '구룡마을과 타워팰리스'

1) 권리와 투자 사이, 주택의 양극화

전 세계가 제2차 세계대전의 참상을 경험한 직후인 1946년, 유엔총회United Nations General Assembly는 기본적 인권 존중을 원칙으로 하는 '세계인권선언Universal Declaration of Human Rights'을 채택하였다. 이 선언의 25조에는 "모든 사람은 먹을거리, 입을 옷, 주택, 의료, 사회 서비스 등을 포함해 가족의 건강과 행복에 적합한 생활수준을 누릴 권리"가 있다고 명시되어 있다(국가인권위원회, 2017). 한마디로 모든 사람들이 의식주를 보장받음으로써 적합한 생활수준을 누릴 권리가 있다는 것인데, 이는 주거를 인권을 지키기 위한 최소한의 권리 중 하나로 인식한 것이다. 주거가 인권의 한 부분이라는 것은 대한민국 헌법 제2장 국민의 권리와 의무에도 나와 있다(국가법령정보센터, 2017). 헌법에 있는 주거 관련 조항은 다음과 같다.

제14조 모든 국민은 거주 이전의 자유를 가진다.
제16조 모든 국민은 주거의 자유를 침해받지 아니한다. ….
제35조 ① 모든 국민은 건강하고 쾌적한 환경에서 생활할 권리를 가지며, ….
③ 국가는 주택개발정책 등을 통하여 모든 국민이 쾌적한 주거 생활을 할 수 있도록

노력하여야 한다.

이 중 제35조는 국민이 쾌적한 환경에서 생활할 권리가 국가의 책임임을 명확히 하고 있다. 하지만 현실은 법과 꽤 거리감이 있다. 2015년 기준 대한민국의 총 가구 수, 약 1,911만 1,000가구 중 56%인 1,069만 9,000가구만이 주택을 소유하고 있고, 44%인 약 841만 2,000가구는 무주택 가구인 것으로 밝혀졌기 때문이다. 특히 주택 자산 보유 금액은 상위 20% 가구에서 전체 자산의 51.7%를 소유하는 것으로 나타나 주택 소유에 따른 양극화도 심한 것을 알 수 있다(통계청, 2016).

주거 양극화 현상은 지역별 주택 가격에서도 나타난다. 2017년 기준 서울에서 가장 비싼 주거지는 한남동에 위치한 아파트로, 거래가가 무려 78억 원에 달한다. 그 뒤를 성수동(성동구), 도곡동(강남구), 삼성동(강남구), 서초동(서초구)이 잇고 있는데 각각 강남구, 서초구, 성동구에 위치해 있다. 이 중 우리가 앞으로 살펴볼 도곡동 타워팰리스의 매매가는 약 49억 원으로 가장 비싼 아파트 순위 3위에 올라 있다(부동산지인, 2017). 반면 전국에서 주택을 소유한 가구의 평균 주택 자산 가액은 2억 1,200만 원으로(통계청, 2016), 강남 일대의 주택들과 현격한 차이가 있는 것을 알 수 있다.

2) 구룡마을의 탄생

구룡마을은 이렇게 '억' 소리 나는 주변 주거지와는 전혀 다른 세계에 존재한다. 구룡마을은 서울시 강남구 개포동 567-1번지 일대에 위치한 '신흥 무허가 정착지'[1]이다. 구룡마을이 위치한 강남구 개포동도 처음부터 화려한 아파트촌이었던 것은 아니다. 개포동은 1970년대까지만 하더라도 논과 밭, 과수원 등이 펼쳐진 땅이었다. 그러나 1960년대부터 이루어진 '강남지역 개발사업'으로 인해, 1980년대부터 본격적인 개발에 들어가 불과 몇 년 사이에 논과 밭이었던 땅에 아파트들이 들어서며 세련된 도시 주거 지역으로 탈바꿈하였다. 하지만 양재대로를 기준으로 구룡산 방면은 그린벨트 지역으로 묶여 개발이 제한되었다. 그리고 바로 이곳에 신흥 무허가 정착지인 구룡마을이 들어서게 된다(송준규, 2012).

구룡마을이 본격적으로 조성된 때는 1988년에서 1990년 사이인데, 여기에는 몇 가지 요인들이 작용하였다. 첫째, 기존 무허가 정착지의 철거이다. 1970년대까지 정부는 저임금 노동력을 제공하는 무허가 정착지를 암묵적으로 인정했으나, 1980년대부터 서울시의 택지 부족 현상과 각종 국제 행사 유치에 따른 도시미화정책으로 무허가 정착지를 제거해야 할 대상으로 인식하게 된다. 따라서 서울과 경기도 일대의 무허가 정착지들이 하나둘 철거되었다. 이러한 상황에서 무허가 정착지에 거주하던 빈민층은 새로운 주거지, 즉 또 다른 무허가 정착지를 찾을 수밖에 없었고, 이들이 소문과 인맥 등을 통해 구룡마을을 알게 되면서 이곳으로 모여들었다. 둘째, 1988년 광명시 하안동의 비닐하우스촌 철거와 1989년 안양시 산본리 택지 개발의 영향으로 발생한 철거민들이 역시 인맥 등을 통해 얻은 정보로 구룡마을로 오게 된 것이다. 셋째, 1988년 서울올림픽 이후 서울의 주택 가격 급등[2]으로 인해 무허가 정착촌이 아닌 곳에 거주하던 저소득층이 치솟는 주거비를 감당하지 못해 무허가 정착지인 구룡마을로 이주한 것이다. 마지막으로, 구룡마을이 재개발될 시 지급되는 소위 '딱지'[3]를 얻기 위해 주거지를 구할 수 있는 사람들의 위장 전입이 이루어진 것도 이곳이 조성된 요인 중 하나로 볼 수 있다(지명인, 2012). 이렇게 다양한 이유들로 여러 지역의 사람들이 구룡마을로 모여들었고, 이렇게 모인 사람들로 인해 현재 구룡마을의 경관이 형성되었다.

3) 구룡마을에서의 삶

구룡마을의 주택 형태는 크게 '판자집'과 '변형된 비닐하우스 형태의 집'으로 구분할 수 있다. 판자집들은 대부분 판자와 합판을 뼈대 삼아 만든 집으로 불규칙하게 들어서 있는 반면, 변형된 비닐하우스들은 비교적 규칙적으로 배열되어 있다(그림 12.1).

기본적으로 이러한 무허가 정착지에 산다는 것은 행정적인 면에서 '유령 주민'으로 산다는 것을 의미한다. 그들은 그들의 주거지가 무허가 정착지라는 이유로 '없는 사람', 또는 '있어서는 안 될 사람'으로 취급받기 때문이다. 따라서 행정 서비스를 기대하기 힘들다. 대표적으로 상하수도 문제를 들 수 있다. 다행히 상수도는 초기에는 주민들이 공동으로 우물을 설치해 지하수를 사용했고, 현재는 수도관과 물탱크를 사용하여 큰 문제는 없다. 하지만 하수도가 설치되어 있지 않아 마을을 가로지르는 실개천이 하수도 기능을 하고 있어 심한 악취를 풍기고 있으며, 하천이 여름철 폭우로 범람할 때에는 일부 주거지가 침수 피해를 겪기도 한다. 가스는 대부분 가옥 외부에

그림 12.1. 구룡마을의 판자집(좌), 변형된 비닐하우스 형태의 집(우)

그림 12.2. 구룡마을에서의 삶

LPG 가스통을 설치해 사용하고 있으며, 다행히도 구룡마을 내 전신주가 몇 개 설치되어 있어 열악하게나마 전기가 공급되고 있다. 그러나 주택들이 대부분 가연성이 높은 재질로 만들어져 있고, 매우 밀집해 있기 때문에 가스나 전기로 인한 화재 사고에 노출되면 큰 화재로 이어질 수 있다. 실제로 2014년 11월, 구룡마을에 큰 화재가 발생해 63가구가 피해를 입고 한 명이 숨지는 사고가 발생하였다(아시아경제, 2017. 10. 3.). 또한 대부분의 가구가 연탄을 사용하고 있어 화재와 일산화탄소 중독 등의 사고 위험성이 있으며, 연탄재 등을 배출하며 발생하는 쓰레기들이 구룡마을의 생활 환경을 오염시키고 있다. 하지만 이렇게 열악한 환경에서도 남는 공터에 텃밭을 만들어 농작물을 재배해 식비를 줄이는 알뜰함도 엿볼 수 있다(그림 12.2).

4) 타워팰리스, 그들만의 삶

구룡마을에서 불과 2km 내에 위치한 타워팰리스(강남구 도곡동 467번지 일대)는 우리나라에서 가장 비싼 주거 지역에 속한다. 앞에서도 언급했듯이 타워팰리스는 매매가가 무려 49억 원에 달해, 그 자체로도 이미 그곳에 '거주할 수 있는 사람'과 '거주할 수 없는 사람'으로 구분 짓는다. 한마디로, 돈을 기준으로 삼아 타워팰리스에 진입 장벽을 만들어 놓은 것이다. 우리나라의 대표적인 부촌으로 꼽히는 평창동 주택가는 높은 담장과 신원 확인이 필요한 문을 통해, 거주지의 안과 밖을 명확히 구분한 '닫힌 공간' 형태를 띠며 확실한 진입 장벽을 만들어 놓았다. 이와는 달리 타워팰리스는 기본적으로 '열린 공간' 형식을 취하고 있기는 하다(조은진, 2007). 단지를 가로지르는 6차선 도로와 건물 1층, 그리고 단지 내 정원 등은 누구나 들어갈 수 있게 되어 있으니 말이다. 그럼에도 불구하고 타워팰리스라는 이름이 주는 강한 배제의 이미지로 인해, 관계자가 아닌 일반인들은 쉽게 그곳으로 발길을 향할 수 없다. 사실 타워팰리스는 주거 공간, 소비 공간, 사무 공간, 자연 공간 등이 어우러진 주상복합 건물이다. 때문에 주거 공간이나 사무 공간을 제외한 소비 공간과 자연 공간은 사실 누구나 들어갈 수 있음에도, 대부분의 사람들은 그 공간에 쉽게 접근할 수 없다. 아마도 도곡로에 (담 대신) 둘러싼 초고층의 타워팰리스의 위용과 위압감 때문일 것이다(그림 12.3). 또한 타워팰리스 단지에 전반적으로 사용된 밝은 색의 대리석과 금색의 타워팰리스 로고 logo, 외부의 시멘트 바닥과 극명히 대조되는 윤기 나는 바닥은 행인으로 하여금 그곳에 들어가지 못하도록 하는 또 다른 이유일 것이다. 이렇게 가시적으로 드러나는 명확한 차이는 타워팰리스가 열린 공간을 표방하지만 대부분의 사람들에게는 열린 공간이 될

그림 12.3. 외부인의 접근을 막는 타워팰리스의 화려한 외관

수 없음을 증명한다.

5) 구룡마을 vs 타워팰리스

앞서 언급한 바와 같이 구룡마을과 타워팰리스는 매우 가깝다. 타워팰리스에서 양재천을 건너 개포주공단지를 지나면 바로 구룡마을이 보이는데, 직선 거리로 따지면 약 1.3km 남짓이다(그림 12.4 좌). 그 때문에 구룡마을에서는 번쩍이는 유리와 황금색 외관의 타워팰리스가 아주 잘 보인다. 하지만 타워팰리스 인근에서는 구룡산 자락에 낮게 깔려 있는 구룡마을이 보이지 않는다. (물론 타워팰리스 고층에서는 구룡마을이 매우 잘 보이겠지만 말이다.)

이렇게 지척에 위치한 타워팰리스와 구룡마을의 가장 큰 차이점은 바로 공시지가, 즉 돈이다. 표 12.1을 보면, 타워팰리스 2차의 경우 2017년 공시지가가 $1m^2$당 2,459만 원인 반면, 지근 거리의 구룡마을은 약 163만 원인 것을 알 수 있다. 그리고 이 표에 나타난 2011년부터 2017년까지의 개별 공시지가 변화 추이는 두 장소의 간극 차를 반영한다. 즉, 타워팰리스 2차의 경우 같은 기간 동안 $1m^2$당 508만 원이 상승한 반면, 구룡마을은 61만 원이 올라 타워팰리스에 비해 약 12% 정도 상승했음을 알 수 있다. 이처럼 타워팰리스와 구룡마을은 거리상으로는 가깝지만, 현실적으

그림 12.4. 구룡마을과 타워팰리스의 거리(좌), 구룡마을(우)

표 12.1. 타워 팰리스와 구룡 마을의 개별 공시지가 차이

(단위: 천 원/m^2)

	2011	2012	2013	2014	2015	2016	2017
타워팰리스 2차	19,500	20,200	20,500	21,710	22,620	23,580	24,590
구룡마을	1,020	1,180	1,300	1,346	1,356	1,420	1,632

출처: 민원24 토지대장

로는 너무나도 멀기만 하다(그림 12.4 우).

타워팰리스와 구룡마을의 차이점은 이러한 공시지가 및 경관상의 문제뿐만이 아니다. 이 두 장소의 차이점은 크게 공공 서비스와 민간 서비스의 차이로도 나타난다. 먼저 공공 서비스는 앞서 밝힌 상하수도, 전기, 가스 외 치안, 소방 등의 서비스가 있다. 상하수도, 전기, 가스 등의 서비스는 앞의 설명으로 갈음하고, 치안과 소방 서비스를 살펴보자. 구룡마을은 치안센터로부터 약 600m, 소방서로부터 약 1km 떨어져 있어 거리상으로는 비교적 양호한 편이다. 하지만 마을에 빈집이 많고, 구조상 경찰차가 진입하기 어려운 점 등의 이유로 치안이 열악하며, 소방 서비스 또한 같은 이유로 좋지 못하다. 반면 타워팰리스는 자체 민간 경비 시스템으로 높은 치안 서비스를 받고 있으며, 소방시설 또한 우수한 연계 시스템으로 인해 유사시 더 효율적인 서비스를 받을 수 있어 구룡마을과는 차별된다.

그다음으로 병원, 부동산, 학원, 편의점 등의 민간 서비스를 살펴보자. 병원의 경우, 타워팰리스가 위치한 블록 안에만 20여 개의 병원 및 의원이 있으며, 약 500m 떨어진 곳에 대형 병원인 연세대학교 강남세브란스병원이 위치해 있다. 반면 구룡마을은 마을 내 의원이 단 한 곳도 없으며, 가장 가까운 의원도 양재대로를 지나 상대적으로 부촌富村인 개포주공아파트 단지로 가야 한다. 부동산은 더욱 심각하다. 타워팰리스가 있는 남부순환로 일대에만 무려 200개가 넘는 부동산이 있는 반면, 구룡마을에는 단 하나의 부동산도 없다. 부동산을 통한 부의 대물림 현상이 심각한 요즘, 부동산이 밀집한 타워팰리스는 그만큼 물려줄 재산이 많다는 것을 시사한다. 부의 대물림 수단 중 하나로 꼽히는 높은 학벌은 학원의 개수를 통해서나마 짐작할 수 있는데, 소위 대치동 학원가로 불리는 타워팰리스 일대의 학원들은 부동산마다 언급하는 개수가 모두 다를 만큼 빠르게 생겼다 사라지고, 그 수도 셀 수 없을 정도이다. 예상대로 구룡마을 안에는 학원이 한 곳도 없다. 우후죽순처럼 늘어나는 편의점 또한 마찬가지이다. 편의점의 밀집 현상은 모여 있어도 장사가 될 만큼 소비 능력이 있는 사람들이 많음을 의미하는데, 타워팰리스와 가까운 도곡역 주

변에만 25개의 편의점이 있으며 그중 6개가 타워팰리스 블록 안에 위치해 있다. 반면 구룡마을에는 편의점 대신 작은 슈퍼마켓만이 입지해 있다.

6) 주거 양극화가 낳은 경관

이상으로 양재대로를 사이에 두고 주거 양극화가 극명하게 드러나는 타워팰리스와 구룡마을을 비교해 보았다. 모든 국민이 건강하고 쾌적한 환경에서 살 권리는 헌법에도 나와 있는 국민의 기본권이다. 하지만 자본주의 사회에서 주택은 단순히 삶을 영위하는 주거의 개념뿐만 아니라 투자의 대상으로서 이용되기도 하는데, 대표적인 곳들로 개발 사업이 이루어진 강남 일대의 주상복합단지들을 들 수 있다.

강남의 투자와 개발이라는 상황 속에서 기존 철거민의 이주, 급격히 치솟은 주거 비용, 위장 전입 등의 이유와 목적은 구룡마을이라는 장소를 탄생시켰다. 그리고 이러한 구룡마을에서의 삶은 녹록치 않아 보인다. 이곳 주민들은 무허가 정착촌에 거주한다는 이유로 '없는 사람' 또는 '있어서는 안 될 사람'으로 간주되며 각종 행정 서비스로부터 외면당하고 있다. 반면 대표적인 부유층 거주지인 타워팰리스는 부동산 가격의 상승으로 끊임없이 부를 창출하며, 그들만의 커뮤니티를 견고히 다지고 있다. 타워팰리스라는 이름이 가진 심리적 장벽과 화려한 외관으로 타인의 접근을 은근히 제한한 채 말이다.

2km도 떨어지지 않은 곳에 '빈곤'과 '부'의 상징이 존재한다는 것은 자본주의 공간의 아이러니이다. 그 부의 차이로 인해 이 두 개의 공간은 공공 서비스와 민간 서비스에서 극명한 차이를 보이며 가깝고도 먼 동거를 하고 있다. 하지만 이 동거도 그리 길지 않을 것으로 보인다. 구룡마을이 2020년 주상복합, 분양·임대 아파트로 이루어진 2,700여 가구의 주거단지로 개발될 것이기 때문이다(한국경제, 2017. 10. 6.). 이것이 갈 곳이 없어 구룡마을로 흘러들어 온 주민들을 다시 다른 무허가 정착촌으로 내쫓는 개발이 될 것인지, 아니면 상생의 개발이 될 것인지는 조금 더 지켜봐야 할 것이다. 그 이전에 국가는 주택이 투자의 대상이 아닌 주거 공간이 될 수 있도록, 주택의 공공성을 높여야 한다. 그래야 부동산의 대물림을 통한 빈부 격차의 문제를 어느 정도 해소할 수 있을 것이다.

2. 젊음과 대조를 이루는 노인의 공간, '탑골공원 및 종묘공원 주변'

1) 종로의 외딴 섬, 탑골공원 및 종묘공원과 그 주변

> "2020년쯤이면 경제활동인구 대비 노인인구가 많아지면서 세계경제는 '인구지진(Age-quake, 고령화로 인한 지진)'의 영향을 받아 뿌리째 흔들릴 것이고 그 충격으로 인해 세계경제가 큰 타격을 입게 될 것이다. 또한 가장 먼저 피해를 볼 나라는 한국이다(Wallace, 2001)."

영국의 인구학자 폴 월리스Paul Wallace가 예상했듯이 한국 사회는 2000년에 이미 전체 인구 중 노인인구 비중이 7.2%가 되어 고령화 사회에 접어들었고, 2017년에는 14%를 넘어 유엔이 정한 고령 사회에 진입하였으며, 2026년에는 초고령 사회로 진입하게 되어 노인인구만 1,000만 명에 달할 것으로 전망하고 있다(김지민·강철희, 2014; 매일경제, 2017. 11. 15.). 이러한 평균수명의 연장과 초고령 사회로의 진입으로 노인의 여가 및 복지에 대한 관심과 지원책을 모색할 필요성이 요구된다. 그럼에도 불구하고 여전히 종로의 탑골공원과 종묘공원 주변에 모여드는 노인인구의 높은 집중도는 우리 사회의 소수자인 노인의 삶을 대변하고 있다.

종로는 오랜 시간 동안 서울의 중심부를 형성해 온 곳이다. 또한 여전히 상업 중심지이자 종묘를 비롯한 유적이 보존되어 있고, 인사동과 혜화동처럼 특별한 관광·문화거리로 조성된 곳이기도 하며, 세운상가 재생을 비롯한 서울시의 정책적 관심도 수행되는 곳이다. 그러나 여기서는 빠른 속도로 변화를 겪고 있는 종로의 일반적인 모습과는 달리 여전히 일반 시민들의 관심에서 배제되어 느리게 걸어온 노인의 공간, 즉 탑골공원 및 종묘공원과 그 주변지로 관심의 초점을 두고자 한다. 이들 장소는 미디어를 통해 주로 '종로의 외딴 섬', '도심 속의 섬', '노인들의 구역' 등으로 표현되어 왔다. 이러한 특성은 이곳을 정책적 지원과 정부 주도의 정화 및 보호가 요구되는 공간으로 여겨지도록 하였으나, 이곳에서의 노인들은 나름대로 변화하는 사회에 대응하면서 그들만의 다양한 삶의 영역을 구축하며 자율적인 개인으로 생활하고 있다.

2) 젊은이의 공간과 대조를 이루는 노인의 공간

종로대로는 크게 두 부분으로 나눌 수 있다. 특히 종로대로 중 종로2~3가로 한정한다면, 한쪽은 탑골공원과 종묘공원이 있는 '노인의 공간'으로, 다른 한쪽은 종각이 있는 관철동의 '젊은이의 공간'으로 구분할 수 있다(그림 12.5). 현재 관철동 젊음의 거리는 다양한 식당과 유흥업소, 외국어학원 등 교육과 소비문화가 밀집된 지역으로 젊은층의 만남의 장소로 이용되고 있다(그림 12.6). 반면 피맛골에서 인사동을 거쳐 탑골공원과 종묘공원으로 이어지는 노인의 공간에는 젊은이의 공간과는 대조적으로 할아버지들의 만남의 장소이자 여가 공간으로 이용되고 있다.

먼저 탑골공원과 그 주변으로 가 보자. 최근 이곳에 어르신들의 홍대로 불리는 '락희樂喜거리'

그림 12.5. 종로대로로 구분되는 노인의 공간과 젊은이의 공간

그림 12.6. 관철동 젊음의 거리

가 조성되었다고 해서 새롭게 답사를 가 본 지역이기도 하다. 락희거리는 서울시가 2015년 3월부터 2016년 연말까지 2억 6,000만 원의 예산을 들여 만든 새로운 노인의 거리로 일본 도쿄 도시마구의 스가모巣鴨거리를 벤치마킹 한 것이라고 한다(헤럴드경제, 2017. 7. 25.). 스가모거리는 노인들의 하라주쿠로 불리며 200여 개의 노인 친화적 상점들이 성업 중이고 고령층뿐만 아니라 전 세대를 아우르는 관광객들로 북적이는 곳이다. 스가모거리는 보도의 턱을 모두 없애고 길을 평탄하게 만들었으며, 거리는 벤치와 쉼터 중심으로 동선을 구성하였다. 또 공간을 구성하는 상점들의 색과 디자인, 마감재, 하물며 활자체와 크기마저도 노인들이 선호하는 것으로 구성하여 노인들의 시각적 편의를 도운 곳이다. 게다가 주변 지하철역의 에스컬레이터 운행 속도도 늦추어 노인들의 사용성이 도시 공간에 그대로 녹아들어 있다.

그에 비해 우리의 락희거리는 어떠할까? 락희거리는 낙원상가[4]에서 탑골공원 북문에 이르는 약 100m 구간의 골목에 만들어졌다. 스가모거리처럼 몇몇 상점들의 간판은 복고적이면서도 큰 활자체로 깔끔하게 바뀌어져 있었다. 또한 노인들에게 생수와 화장실을 무료로 제공하는 상냥한 가게들을 지정했을 뿐만 아니라 거리 곳곳에 심장 응급소와 지팡이 거치대 등을 설치하여 나름 구색을 갖추고자 하였다. 하지만 오래된 거리를 지붕 없는 복지관으로 조성하겠다는 발표가 무

그림 12.7. 탑골공원 주변에 조성된 락희거리, 그리고 탑골공원의 노숙인

색할 만큼 하나의 사업으로서만 접근한 락희거리는 탑골공원 주변의 고질적인 문제인 노숙인과 쓰레기 무단 투기 문제를 여전히 해결하지 못하고 있고, 상냥한 가게들은 예산 부족으로 더 이상 생수와 화장실을 공급하지 못하고 있어 노인들마저 외면하는 공간이 되고 있다(그림 12.7).

어르신들의 주름에는 포용의 편안함과 깊이를 알 수 없는 지혜가 담겨 있다. 이는 삶이 갖는 시간의 힘일 것이다. 이러한 측면에서 락희거리는 멋스럽고 편안하게 나이 들어가는 도시에 끊임없는 성형 수술을 권한 결과로 여겨진다. 다시 말해, 표면의 시각적 변화만을 추구했을 뿐이다. 따라서 락희거리는 탑골공원이 갖는 시간·경험·기억의 축적이 갖는 장소성, 역사에 대한 진한 향기, 그리고 그곳의 주이용자인 노인들의 편의와 이해를 모두 찾아내지 못했다는 비판에서 자유로울 수 없을 듯하다.

여전히 노인들은 (락희거리가 아닌) 기존에 이용하던 탑골공원 안과 그 주변을 더 익숙하게 이용하고 있다. 그들은 사시사철 이곳에서 무료 급식소, 패스트푸드점, 200원짜리 길거리 자판기 커피를 이용하거나 공원에 홀로 앉아 시간을 때우거나 삼삼오오 모여 담소를 나눈다. 그리고 노점상이나 장기판을 구경하는 모습은 탑골공원의 노인에게서 흔히 볼 수 있는 일상적 경관이다(그림 12.8).

그림 12.8. 탑골공원과 그 주변에서의 노인들 일상

한편 락희거리 옆에 새로 명명된 '송해길'[5]은 기원이나 콜라텍, 양복점, 그리고 상대적으로 값이 비싼 찻집이나 식당들이 몰려 있다(그림 12.9). 송해길은 탑골공원 바로 옆 골목에서 한 번 더 나가야 만날 수 있는 길로, 송해길로 지정되기 이전에도 한껏 멋을 낸 남녀 노인들이 함께 취미 활동을 즐기며 데이트를 하는 곳이었다. 탑골공원이 주로 남성 노인에 국한된 것과는 다른 풍경이다. 송해길로 명칭이 변경된 후에도 이러한 풍경은 여전히 지속 중이다. 아마도 어르신들의 홍대라는 문구는 억지스럽게 조성돼 노인들에게 외면받는 락희거리를 말하는 것이 아니라 송해길을 의미하는 게 아닐까 한다.

다음으로 종묘공원과 그 주변으로 가 본다. 이곳 노인들의 모습은 탑골공원보다 조금 역동적이다. 노인들이 멍하니 앉아 있거나 혹은 모여서 담소를 나누고 장기를 두는 모습은 탑골공원과 큰 차이가 없지만, 이곳에서 종종 열리는 집회로 인해 노인들은 참가자로서의 면모를 보이고 있다(그림 12.10). 종묘공원의 노인들은 스스로를 우익보수 성향이라고 밝히며, 정치적 성향이 다른 정부를 비판하는 데 망설이지 않는다. 또한 자신들이 젊었을 적 겪었던 일들이 오늘날 국가 성장에 얼마나 큰 공을 세운 것인지를 말하는 데에도 열성적이다. 집회 참가자로서 노인들은 등산

그림 12.9. 락희거리 옆길에 만들어진 송해길

그림 12.10. 종묘공원과 그 주변에서의 노인들 일상

복과 같은 편안한 복장을 하고서 선동적인 구호를 외치거나 박수를 치거나 큰 목소리로 눈앞에 없는 상대를 향해 비난하는 언행을 보이기도 한다. 그래서 이곳을 지나는 젊은이들은 다소 과격한 노인들(최근 대학로 마로니에 공원과 종로 청계광장까지 이들의 영역이 확장되었다)의 모습에 눈살을 찌푸리기도 한다. 하지만 우리는 기억할 필요가 있다. 이들은 젊은 시절 산업 역군으로서 그들의 노동이 가족과 국가의 번영에 이바지한 바가 크다는 사실을 말이다. 그러므로 우리는 집회에 참가하는 종묘공원 노인들을 배제하는 방식이 아닌 그들이 살아온 삶의 정당성과 자부심을 표현하는 이해의 방식으로 바라볼 필요가 있어 보인다.

3) 노인의 공간이 주는 의미

탑골공원과 종묘공원의 노인들은 자신들만의 하루를 보내고 날이 저물면 젊은층들에게 그 공간을 내어 주고 각자의 집으로 돌아간다. 미디어는 이곳에서의 노인들의 부정적인 단면—극단적 정치 성향이나 이해관계에 따른 정치 파벌화 및 불법 집회, 불법 노점상 문제, 무분별한 성매매, 문란한 유기 행위 등—만을 부각하고 있고(오현주·옥은실, 2016), 관련 기관에서는 그 실제를 제대로 살피지 않은 채 노인들에 대한 잘못된 편견과 부정적 인식을 확대시키며, 그들에 대한 감시와 통제의 시선으로 경관을 변화시키려 하고 있다. 그럼에도 불구하고, 나름대로 노인들의 능동적인 하루를 담아내는 종로 탑골공원과 종묘공원은 젊은층 못지않게 이곳에서 삶의 의미를 찾아내고자 하는 노인의 공간이다.

이러한 의미에서 탑골공원과 종묘공원 주변에 형성된 노인의 공간은 첫째, '공유의 공간'이다. 현재의 노인들은 전쟁과 빈곤이라는 유년기와 산업화로 인한 노동이라는 청장년기를 보내며 공동의 역사적 시대를 거쳐 온 사람들이다. 그러한 시대적 공감이 노년기로 들어와 다시금 외로움과 고독감이라는 공통된 분모로 이어지면서 그들에게는 제법 익숙한 종로라는 공간에 집약하도록 만든 것이 아닐까 한다. 또한 상대적으로 편리한 교통과 접근성은 종로로 모이게 한 현실적인 원인이기도 할 것이다. 거기에 마땅한 여가 공간이 없는 대한민국의 노인에게 탑골공원과 종묘공원은 하루의 시간을 보낼 수 있는 공간으로도 적합했을 것이다. "여기에 오면 마음이 편해져. 나같이 아무 것도 안 하고 시간을 보내는 사람이 많구나 싶은 생각에 그러한 거겠지."라는 한 노인의 인터뷰는 탑골공원과 종묘공원에 대한 시·공간적 공유성, 즉 함께 보내 온 역사적 시간들에 대한 공유와 현재 이곳에 모여 있음으로 인해 나타나는 심리적 안정감을 모두 확인시켜 준다.

그림 12.11. 종묘공원의 박카스 아줌마

둘째, 이들 노인의 공간은 '외로움 해소의 공간'이라는 점이다. 대체적으로 노인들은 이곳에서 담소를 나누거나 장기를 두거나 하면서 친구를 만들고 있었다. 이곳에서 친구라는 개념은 꼭 연락처를 주고 받고, 통화를 하고, 함께 식사를 하는 사이를 의미하는 것이 아니다. 그냥 아는 사람, 매일 혹은 자주 보는 사람인 것이다. "이름은 몰라도 여기 오는 사람들 얼굴은 대충 알지. 그러다가 오랫동안 얼굴이 안 보이면 그 사람 아픈가 싶고, 죽었나 싶고 … 그러한 거지."라며 허허 웃는 한 노인의 모습에서 여유와 고독이 묻어난다. 이곳은 그냥 자주 보는 사람이 친구요, 어느 날 옆에서 함께 장기를 구경하는 사람이 친구요, 함께 자판기 커피를 나누어 먹는 사람이 친구가 되는 공간이다. 그리고 홀로 시간을 보내는 노인들 역시 단지 자신과 같은 사람들이 모여 있다는 것만으로 친구가 있는 것 같은 심리적 안정을 느끼는 공간인 것이다. 물론 '박카스 아줌마(박카스 할머니)'[6]에 의해 노인들의 불법 성매매[7]가 이루어져 사회적 이슈가 되고 있기도 하지만, 한편으로는 그녀들의 등장이 노인들의 극단적인 외로움을 대변하고 있다는 점에서 아이러니하다(그림 12.11).

셋째, 탑골공원과 종묘공원 주변의 노인 공간은 '질서와 규칙이 존재하는 공간'이다. 좀 더 나아가면 '구별 짓기'라는 표현도 가능한 공간일 것이다. 일단 이들 공간은 남성으로 젠더화되어 있다. 송해길에서 데이트를 하거나 극히 일부에서 보이는 박카스 아줌마를 제외하면 대부분 할아버지가 절대 다수를 이루는 곳이다. 따라서 탑골공원의 문은 활짝 열려 있지만 할머니들이 할아버지와 함께 중심 쉼터인 팔각정까지 들어가서 쉬는 풍경은 거의 볼 수 없다. 그리고 노인들은 가급적 탑골공원과 종묘공원이 있는 노인의 공간에서 시간을 보내고 관철동 젊은이의 공간으로 이동하지 않으려는 경향이 있는데, 이러한 성향 역시 구별 짓기라는 의미가 적용될 수 있는 부분일 것이다. 이 외에도 공원 내에는 몇 가지 규칙이 있다. 장기를 구경하는 자리에도 돈을 내는 곳과 안 내도 되는 곳이 있다는 것, 바둑판 앞에 일렬로 서 있는 줄은 대국 신청자를 위한 줄이라는 것, 자신의 차례가 돌아와야만 바둑을 둘 수 있다는 것, 지면 곧바로 자리에서 일어나야 한다는 것 등 공원 내에는 노인들의 경험을 통해 정해진 암묵적인 규칙이 존재하고 있다.

이렇듯 탑골공원 및 종묘공원 주변은 공유의 공간이자, 외로움 해소의 공간이며, 노인들의 놀이 문화에 대한 질서와 규칙이 존재하고 구별 짓기가 이루어지는 '삶의 능동적인 의미가 주어지는 공간'이지만, 여전히 '비밀의 공간'으로 감추어져 있다. 이미 노인들은 탑골공원과 종묘공원이 외부로부터 차가운 시선을 받는 장소라는 사실을 알고 있다. 그러한 이유로 노인들은 늘 오는 장소임에도 불구하고 오늘 처음 와 본 것이라는 이야기를 한다. 여담이지만, 필자의 아버지가 "탑골공원에 한번 놀러 가 봤다."라는 말씀을 하신 적이 있다. 그 말을 듣자마자 "거기에는 왜요?"라며 반문했던 기억이 난다. 그 누구라도 갈 수 있는 공간이지만, '왜 우리 아버지가 탑골공원의 노인이 되었는가?'라는 사실은 적잖은 충격으로 다가왔다. 이 같은 반응 때문일까? 가족에게 노인으로서, 외로운 아버지로서 그들만의 공간이 들추어진다는 것이 어떤 기분인지, 이미 할아버지가 된 아버지들은 예감하고 있는 것인지도 모른다.

4) 노인의 공간에 관한 작은 제언提言

최근 고령화 현상으로 인해 노인은 모든 정책에서 주목받는 대상이 되었지만, 과거지향적이며 생산성이 떨어진다는 부정적 인식으로 인해 노인들의 활동은 비생산적이며 비능률적이라는 편견에 놓여 있다. 종로는 그러한 그들의 편견을 집약해 놓은 곳으로 '종로의 외딴 섬'으로 불리며 빈곤과 낙후성이 존재하는 장소, 사회에서 더 이상 환영받는 존재가 아닌 노인들이 모여 있는 공간이라는 이미지로 고정화되었다. 하지만 노인의 공간에서 노인들이 소통하는 방식과 그들이 갖추어 놓은 암묵적 질서와 규칙 등을 통해 현재 우리 사회가 마주하고 있는 노인 현실과 문제점에 대해 재발견해 볼 수 있었다.

이제는 더 이상 종로의 외딴 섬을 간과하지 말아야 할 것으로 보인다. 노인을 사회와 분리된 존재로 바라보지 말고 주체적인 구성원으로 인식하여 그들이 모여 있는 공간에 대한 관심이 필요한 때이다. 노인들의 현존적 삶을 투영하고 있는 이 공간은 노인들이 지금껏 쌓아 온 지혜와 건전한 생활양식을 발현할 수 있는 공간으로 바꾸어 나가야 할 것이다. 그리고 그 기반에는 노인 문화란 사회에서 규정지어 교육함으로써 이루어지는 것이 아니라 노인들 스스로 문화를 만들어 낼 수 있고, 자생력을 가지고 있다고 보는 관점으로부터 시작해야 할 것이다.

3. 밝게 빛나는 붉은 불빛 아래, '청량리와 영등포 사창가'

1) 누구나 알지만 어디에도 없는 곳

여성가족부가 2016년 조사한 '성매매 행위에 대한 견해'에 따르면 연령과 성별에 따라 성매매에 대해 어느 정도의 의견 차이가 있는 것으로 나타났다. 우선 여성의 경우 성매매에 대해 '용인될 수 없고, 어떤 경우라도 법에 따라 처벌되어야 한다'는 의견이 86.2%인 반면, 남성은 70.6%로 상대적으로 성매매 처벌에 대해 부정적인 것으로 나타났다. 반대로 성매매에 대해 '상황에 따라 용인될 수 있다'는 의견은 여성이 2.2%, 남성은 8.0%로 남성이 좀 더 너그러운 것으로 나타났다(표 12.2).

여성과 남성의 의견 차이가 어찌 되었든, 결국 성매매가 범죄임에도 불구하고 지금 이 순간에도 '어느 곳'에서는 이루어지고 있다는 것은 대부분 알고 있다. 비록 그 행위에 대해 법에 의한 처벌이 이루어져야 하는가에 대해서는 이견이 있지만 말이다. 이렇게 성매매는 누구나 '인지'하고 있지만 대부분의 사람들이 '인정'하고 싶지 않은, 그래서 법으로라도 규제하고 싶은 행위이다. 하지만 성매매의 역사가 인류의 역사와 함께 해 왔음을 볼 때, 단순히 법으로 규제될 문제는 아닌 듯하다.

표 12.2. 성매매 행위에 대한 견해

의견	평균(%)	여성(%)	남성(%)
용인될 수 없고, 어떤 경우라도 법에 따라 처벌되어야 한다.	78.4	86.2	70.6
용인될 수는 없으나, 반드시 법에 의해서 처벌되어야 하는 것은 아니다.	16.5	11.6	21.4
상황에 따라 용인 될 수 있다.	5.1	2.2	8.0
합계	100	100	100

출처: 여성가족부, 2016

2) 한국 사창가의 기록

우리나라의 성매매 역사가 언제 시작되었는지는 정확하지 않다. 결국 의미 있는 조사는 성매매가 집단적으로 이루어지는 지역, 즉 사창가가 언제 어디에 생겼느냐에 관한 것인데, 이에 대한 기록을 보면, 우리나라 최초의 사창가는 1902년 7월 24일 부산에서 시작한다. 조선 말까지 우리나라는 성매매에 대한 공인된 직업이 없었다. 그러나 우에노 야스타로上野安太郎라는 일본인이 부산 부평정 1정목(현 부평동)에 요리를 팔며 성매매를 겸하는 요리집들을 모아 '야미산하安樂亭'라 불리는 유곽[8]을 만들면서 한국 유곽이 시작되었다. 이곳에서 일하던 여성들은 무려 280명에 달했으며, 장소가 협소해져 1908년 8월에 현재의 완월동 지역으로 이전했다는 기록까지 있을 정도로 장사가 잘 되었다고 한다. 서울에도 유곽이 생겨났는데 쌍림동과 용산 등지가 기록으로 남아 있다. 1909년 경시청[9] 조사에 따르면 서울의 성매매 여성은 약 2,500여 명에 달했을 정도였다(동아일보, 2009. 10. 30.). 이후 이러한 공간들이 우후죽순처럼 늘어나 공창公娼[10]도 생겨났다. 그러나 해방 후 미군정[11]의 '공창 폐지령'에 따라 공창은 공식적으로 불법이 되었으나 일제가 남긴 사창가는 사라지지 않았다. 6·25전쟁 이후 남편을 먼저 보낸 미망인들이 마땅한 생계 수단이 없자 성매매를 통해 호구 대책을 마련했던 것이다. 전쟁의 상흔이 어느 정도 지나간 1961년, 박정희 정부가 정부 존립의 정통성을 부여하기 위해 「윤락 행위 등 방지법」을 제정해 성매매에 대한 제재가 다시 한 번 가해졌지만 이번에도 사창가는 사라지지 않았다(오유석, 2009). 이처럼 정부는 성매매 지역에 대해서는 끊임없이 단속하며 없애려 했지만 정작 그 안에서 일하고 있는 성매매 여성들을 방치하였다. 하지만 다행스럽게도, 최근에 제정된 「성매매방지 및 피해자보호 등에 관한 법률」을 통해 성매매 피해자 및 성을 파는 행위를 한 사람의 보호, 피해 회복 및 자립·자활을 지원하는 방향으로 법이 바뀌었다(법제처, 2017).

3) 철도역 주변의 사창가

앞서 언급한 박정희 정부의 강력한 성매매 제재로 인해 당시 서울시 전체 성매매 여성 2,827명 중 1,368명이 일하고 있던 종로 골목에 대한 대대적인 정비가 실시되었다(홍성철, 2007). 이 사건은 성매매업에 대한 정부의 단속과 성매매 여성들의 대처를 극명하게 보여 주었다. 단속의 주체인 정부는 성매매가 이루어지는 '장소'를 제거해 성매매를 그 자리에서 없애려 했지만, 성매매 여성들은 자리만 옮겨 갔을 뿐 사라지지 않은 것이다. 계속해서 정부는 이렇게 '장소 없애기'를 통한 성매매 단속을 실시하였지만, 장소가 사라진다고 해서 성매매업 자체가 사라지지는 않았다.

표 12.3. 서울 내 주요 역사 및 근거리에 위치한 사창가

	승강 인원 (2015)	전국 순위	성매매 지역	성매매 영업 여부	KTX 유무	복합 쇼핑몰	재래시장
서울역	35,224,066	1	종로3가	x	o	롯데	x
용산역	11,039,411	6	용산역 앞	x	o	아이파크몰	x
영등포역	10,050,659	7	영등포역 앞	o	o	롯데	o
청량리역	3,744,464	20	청량리역 옆	△	x	롯데	o

출처: 코레일, 2016

오히려 성매매가 이루어지는 장소는 우리 주변 아주 가까운 곳에 있었다. 대표적으로 철도역 주변을 들 수 있는데, 서울 내 4대 역사驛舍인 서울역, 용산역, 영등포역, 청량리역 근처에는 모두 이름난 사창가들이 있었다. 서울역은 (거리상 조금 멀어도 도로를 통한 접근성이 좋았던) 종로 3가에, 용산역과 영등포역은 역사 바로 앞에, 청량리역은 역사 옆에 사창가가 위치해 있었다(표 12.3).

4개 역을 합치면 연 승강 인원이 약 6,000만 명으로 전국 총 승강 인원인 약 2억 7,000만 명의 약 22%를 차지한다. 이렇게 많은 사람들이 오가는 철도역에 보란 듯이 사창가가 있었음에도 처벌당한 사람들은 극소수에 불과하다. 결국 이 장소에 대한 사회적 묵인으로 인해 사창가는 도시의 한 부분을 차지하며 끈질긴 생명력을 이어 가고 있었던 것이다. 하지만 이들 사창가도 이제 영등포역 주변만 남기고 모두 사라졌다. 여러 가지 이유들이 있겠지만, 가장 큰 이유는 경제적인 이유 때문이다. 역 주변은 뜨내기들이 많이 오가는 점 때문에 성매매업소들에게도 도움이 되었지만, 자본주의 사회에서 돈이 되는 소위 노른자 땅을 가만히 둘 리가 없다. 결국 역 주변의 사창가들은 재개발이라는 이름으로 하나둘 철거되었고, 이제는 영등포역 앞, 타임스퀘어 건물 뒤편의 약 30여 개 업소만이 남아 있는 상태이다. 최근까지 영업을 했던 청량리역 옆 청량리 588의 붉은 불빛은 사그라지는 중이고, 아직 영업 중인 영등포 사창가는 여전히 붉은 불빛이 탁하게 켜져 있다.

4) 내쫓긴 '자기', 청량리 588

우리가 쉽게 번지수로, 또는 버스 번호로 잘못 이해하는 청량리 588은 실질적으로 동대문구 전

농2동 620, 622, 623, 624번지에 위치한다. 과거 588번 버스의 종점이라고 해서 그렇게 불렀다고는 하나, 서울의 대중교통 재편이 이루어지면서 현재 588번 버스는 청량리를 지나지 않는다. 하지만 청량리 588은 청량리역이 전농동 588-1번지에 들어섰기에 붙여진 별칭이다. 청량리역은 일제강점기에도 중앙선과 경원선, 경춘선의 종점이어서 사람들이 많이 오갔던 곳이다. 사정은 해방 후에도 다르지 않았다. 청량리역은 강원도 지역 부대로 향하는 군인들과 그들이 휴가를 위해 서울로 들어오는 첫 관문이었다. 자연스레 이들을 상대하는 각종 산업들이 청량리역 주변에 생겨났으며 성매매 여성들도 자연스레 이곳으로 모이게 되었다. 이후 서울의 사창가들이 하나둘 철거당하면서 오히려 청량리로 성매매 여성들이 유입돼, 청량리 588은 전성기를 맞게 된다.

하지만 이러한 청량리 588은 현재 거의 사라졌다. 2015년 청량리 뉴타운이라는 이름으로 재개발이 확정되었고, 이곳에 65층 높이의 주상복합 아파트가 들어서기로 한 것이다. 그리고 현재 청량리역사는 과거의 사창가 이미지가 전혀 떠오르지 않을 정도로 말끔히 정리된 복합 쇼핑몰이 입점해 있다(그림 12.12).

2017년 현재 청량리 588 지역은 대부분 철거가 이루어진 상태였다. 하지만 이 구역을 벗어난 곳까지 영업 중인 업소가 3군데 정도 남아 있었다. 3곳 모두 후미진 골목 끝자락에 제각기 떨어져 있었고, 곧 철거당할 것처럼 보였다. (주변 건물들의 '철거 예정'이라는 붉은 스프레이가 이를 증명한다.) 그리고 이곳에서 일했을 누군가의 낙서('오빠, 삼촌들, 고마웠어요.'라는 문구)는 쓸쓸함과 씁쓸함을 더하고 있었다(그림 12.13).

그림 12.12. 청량리 588과 청량리역사의 아이러니
출처: 네이버 지도 재구성(좌)

그림 12.13. 청량리 588. 철거 중에도 여전히 영업 중인 업소들(상), 내쫓긴 '자기'의 메모(하)

5) 아직 내쫓기지 않은 '자기', 영등포 사창가

종로3가와 청량리 588이 너무 유명했던 탓인지, 아니면 영업하는 곳이 적어서 그런지, 영등포 사창가는 특별한 별칭이 없다. 하지만 이곳은 서울 내 역사 근처에 있는 사창가들이 대부분 사라져갈 때, 끝까지 살아남은 사창가가 되었다. 영등포역 앞, 화려한 도심 속 경관과 타임스퀘어(복합 쇼핑몰)와는 대조적으로 그 바로 뒤편에 위치한 사창가의 붉은 불빛은 희미하고 탁하다(그림 12.14).

영등포 사창가 골목은 현재 서울 내 남아 있는 가장 번화한 사창가이다. 그리고 '8시 이후 영업합니다.'라는 표지판에도 드러나듯, 이곳은 밤 8시 이후부터 운영되는 청소년 출입제한구역이다. 따라서 8시 이전의 이 구역은 그야말로 '길', 단순한 통로로서의 공간이다. 사람들은 양옆으로 늘어선(일부는 한쪽만 있다.) 성매매업소를 의식하지 않고 지나다닌다. 이 시간대의 이 길은 그냥 타임스퀘어와 영등포역을 잇는 도로일 뿐이다. 하지만 8시가 다 되어 가면 상황이 달라진다. 이들 업소들 앞은 승합차 등의 차량과 가려진 커튼 사이로 하나둘 붉은 빛이 새어 나오기 시작한다. 이때부터 점점 사람들의 발길이 뜸해지고 골목에는 무거운 침묵이 찾아온다. 평상시의 길은 곧 영업장으로 변하고 8시 이후 팔랑거리던 커튼이 걷히는 순간 이 길은 성매매 여성 이외의 여성과 노인, 아이를 거의 찾아볼 수 없는 '백색거리'가 된다. 성매수를 하러 온 남성들만이 주변을 서성이며 힐끗힐끗 업소들을 살펴보고 성매매 여성들은 마치 상품처럼 전면 유리로 된 공간 안에 인형처럼 앉아서 손님을 기다린다. 종종 순찰차가 지나가기는 하지만, 말 그대로 지나갈 뿐이다.

하지만 이마저도 곧 사라질 것이다. 주변 경관과 너무도 어울리지 않는 이곳을, 더욱이 이렇게 '비싼' 거리를 자본주의 사회에서 내버려 두지 않을 것이기 때문이다. 극명한 경관상의 차이에서 드러나듯, 양쪽의 높은 마천루들과 주차장에 즐비한 외제차들은 더 이상 이 골목을 내버려 두지 않

그림 12.14. 영등포 사창가 위치

그림 12.15. 멀리 보이는 사창가 골목(상), 타임스퀘어와 사창가 시작점의 프랜차이즈 상점들(하)

을 것임을 예측하게 한다. 이미 사창가의 시작점에는 프랜차이즈 상점들이 줄지어 들어서 있는 것을 확인할 수 있다(그림 12.15).

6) 노이로제의 공간, 사창가

사창가는 도시 내 노이로제를 일으키는 공간이다. 아무도 인정하고 싶지 않고, 인정하려 들지도 않지만 버젓이 존재한다.

도시는 도시 내 보기 싫은 곳, 자본과 어울리지 않는 사람들이 있는 곳을 '장소 없애기'를 통해 도려내고 그 자리에 높은 마천루를 세워 자본의 승리를 알린다. 사창가의 경우도 이렇게 철거되고 있다. 그렇지만 사창가의 철거 문제는 그리 단순하지가 않다. 왜냐하면 이 공간은 합법적인 제재와 비합법적인 사회적 묵인이라는 틀 사이에서 어느 정도 그 존재성이 인정되기도 하는 성매매 여성들의 생활 공간이자 일터이기 때문이다.

그런 의미에서 그녀들의 일이 법의 테두리 밖에 있다는 이유로 무조건 그녀들의 공간을 철거해 버린다는 것은 문제가 있어 보인다. 물론 성을 사고파는 행위가 '도덕적'일 수 없는 일임을 잘 알고 있기에 이 공간이 절대적으로 유지되어서는 안 된다고 주장하는 바이다. 다만 우리나라의 성매매 현실이 도덕적이지 않기에, 법적인 단속과는 별개로 이러한 공간에 대한 제재가 큰 실효성을 거두지 못하고 있다는 점은 상기할 필요가 있다. 이 같은 사실을 감안한다면 이곳 성매매 여성들의 인권 문제와 장소 없애기 정책 사이의 간극 문제는 (무척이나 조심스러운 이야기지만) 쉽게 해결될 수 있는 주제로 보이지 않는다. 특히 OECD 국가 중 한국과 슬로베니아만이 성매매를 불법으로 간주하고 있는 상황에서(이데일리, 2016. 8. 4.), 지금의 철거정책 및 재개발정책과 관련해 이들 공간의 사후 처리에 대해서는 조금 더 깊고 신중한 논의가 필요하다. 그리고 아직까지는 사창가라는 공간이 존재한다는 점에서 이들 제한구역 내의 성매매 여성들을 인간의 존엄 차원에서 관리·보호하는 등과 같은 현실적인 대안도 동시에 고려될 필요가 있어 보인다.

오늘도 이들 사창가는 밤이 되면 그 탁하고 희미한 붉은색 전등을 켠다. 그리고 이 공간이 주는 이미지는 미학적인 사유의 침침한 불빛 속에서, 분명 존재하는 불가지적인 육체에 의해 노이로제가 증후화하듯 도시라는 이성적 담론 경계 너머의 노이로제로 증후처럼 존재하고 있다.

부록 4 어두운 극장에서 확 트인 광장으로, '성소수자들의 공간'

국내의 퀴어문화축제

최근 퀴어문화축제KQCF, Korea Queer Culture Festival로 인한 갈등이 뜨겁다. 퀴어문화축제는 2000년 9월 8일 성소수자 단체 및 커뮤니티들이 연세대학교에서 이틀간 축제를 벌이며 시작되었다. 이후 매년 서울에서 축제가 열리고 있는데, 2000년 축제 당시 약 2,000여 명이던 참가자가 점차 늘어나 2017년에는 약 8만여 명에 달할 정도로 큰 축제가 되었다(머니투데이, 2017. 8. 16.). 하지만 이 축제에 반대하는 목소리도 만만치 않다. 제주시의 경우, 2017년 10월 28일 제주도 신산공원에서 열릴 예정이었던 제주퀴어문화축제에 반대하는 사람들이 시청 앞 1인 시위, 진정서 제출, 제주시청 항의 방문 등의 문제가 발생하자 이곳의 장소 사용 허락을 철회하였다(뉴시스, 2017. 10. 20.). 그러자 다시 제주퀴어문화축제 조직위원회와 축제를 지지하는 사람들 및 단체들이 제주시장 공개 면담 요청을 하는 등 갈등이 있었으나 결국 예정대로 개최되었다. 그렇다면 퀴어문화축제가 대체 무엇이기에 사람들의 찬성과 반대가 극명하게 엇갈리는 것일까?

퀴어문화축제란 국내뿐만 아니라 아시아에서 열리는 가장 큰 성소수자 축제 중 하나로, 매년 특정한 슬로건을 가지고 공연, 파티, 퀴어영화제, 전시회, 토론회, 사진전 등을 진행한다. 그리고 메인 행사로 '퀴어 퍼레이드'라는 대규모 거리 행진을 벌이는데,[1] 이 퍼레이드는 동성애자, 양성애자, 트랜스젠더 등 사회적으로 차별받는 성소수자들이 도심을 당당하게 행진하는 것이다. 이는 자신들의 성 정체성을 숨기지 않고 도로라는 장소를 점유하며 단체로 커밍아웃coming-out[2]을 하는 것을 볼 수 있다(그림 1). 여기에는 성소수자는 물론 성소수자들의 권리를 지지하는 사람이라면 누구든 참여할 수 있다.

그림 1. 서울에서 열린 퀴어 퍼레이드 모습

게이들의 공간, 종로에서 이태원으로의 이동

사실상 대부분의 성소수자들은 거리를 행진하는 것처럼, 자신의 성 정체성을 많은 사람 앞에서 드러내는 일이 쉽지 않다. 우리나라에서 해방 후 생겨난 '게이게토'[3] 역시 어두컴컴해 익명성이 어느 정도 보장되는 명동의 동명극장에서 시작되었다. 이후 1970년대로 들어서면서, 게이게토는 종로로 옮겨 가는데 종로 역시 파고다극장이 중심이 되었다. 종로, 특히 종로3가로 게이게토가 옮겨 간 까닭은 1960년대의 성매매 제재 정책으로 사창가가 몰락하면서 도심 공동화 현상[4]이 나타났기 때문이다. 사회에서 인정받지 못하거나 때로는 비난을 받는 그들로서는 익명성이 최대한 보장되는 곳이 자신들의 공간을 만들어 가는 데 선결 조건이었을 것이다. 종로3가의 게이거리는 이렇게 탄생하였다. 이후 인터넷의 발달로 인해 오프라인 활동을 해 오던 게이들이 쉽게 소통이 가능하며 익명성이 보장되는 온라인상의 커뮤니티에 모여들게 되었고, 이는 게이들을 어두컴컴한 장소들에서 나와 양지에서 활동할 수 있는 기반을 만들어 주었다(진보평론 편집부, 2011). 물론 인터넷이 발달하지 않았을 때, 게이들은 공원 화장실이나 재개봉 극장 등 위생상 좋지 못한 곳에서 만남을 가졌다. 이는 한국 사회가 동성애를 사회적 터부로 인식해 동성애자 스스로에게 익명성과 은밀성을 내재하도록 강요한 측면이 있기 때문이다. 게이들은 사회 전체를 자신들의 장소로 사용하지 못했으며, 그로 인해 특정 장소들만을 자신들이 점유하고 만남을 가질 수 있는 장소로 인식하였다. 그러한 특정 장소들 또한 은밀성이 필요했기 때문에 인적이 드문 곳이 최적의 장소로 선택되었던 것이다(이서진, 2007).
그리고 온라인상의 커뮤니티가 활성화되면서 게이커뮤니티가 양적으로 성장하게 되었고, 더 이상 익명성을 유지하기 위해 어두운 극장이나 공원 화장실에 갈 필요성이 줄어들었다. 새로운 온라인 커뮤니티에서 만난 사람들은 상대적으로 성소수자들에게 너그러운 문화를 가지고 있었던 이태원으로 모여들면서 이태원의 게이클럽 문화가 새롭게 생겨났다.

여전한 위치 점유, 종로의 게이바

인터넷의 발달로 이태원이 새로운 게이들의 공간으로 부상하면서, 사라질 줄 알았던 종로 게이거리는 오히려 장소성이 재강화되었다. 물론 인터넷을 이용한 온라인 커뮤니티가 게이들의 만남을 기존의 '나가서 만나기'에서 '만난 후 나가기'로 바꾸어 놓았고, 이를 통해 게이들은 이제 서로를 만나기 위해 상대적으로 위험했던 공간들에서 벗어나 안전하면서도 익명성이 보장되는 장소로 향하게 되었음은 부인할 수 없다. 그러나 인터넷을 이용할 줄 모르는 구세대들은 여전히 종로에 남게 된다. 이렇듯 인터넷을 통해 구세대와 신세대의 공간이 분리되었지만, 온라인상에서 만난 사람들도 더 이상 어두운 화장실이나 극장 등에 가지 않아도 종로에 위치한 게이바에 대한 정보를 얻을 수 있었기 때문에 종로 일대의 게이커뮤니티는 쉽게 사라지지 않았다. 그러한 이유로 종로의 게이바는 여전히 그 자리에서 위치를 점유하고 있다(그림 2).
종로의 게이바들은 개방성과 배타성이라는 이중적 구조를 취한다. 게이들에게 게이바는 자신의 성 정체성을 마음껏 표출할 수 있는 '열린 공간'이다. 그들은 일반 사회라는 이성애자들의 공간에서는 느끼기 힘든 자유와 안락함을 게이바에서는 느낄 수 있다. 반면 게이업소 자체는 손님들의 특성 때문에 외부적으로 노출되지 않기를 원하기에 '닫힌 공간'이기도 하다. 따라서 게이바들은 일반 상점들처럼 사람들의 이목을 집중시키기 위해 화려한 간판을 사용하지 않는다. 손님들이 게이바를 찾아오는 계기가 간판을 통한 정보의 획득이 아니라 온라인 커뮤니티나 오프라인의 만남 등을 통해 정보를 얻고 찾아가기 때문이다. 오히려 화려한 간판은 이성애자들의 유입을 불러일으킬 수 있기에 보통은 자제하거나, 아니면 아예 간판을 걸지 않기도 한다. 이는 일반적으로 가게들이 밀집해 있는 거리와 전혀 반대되는 경관을 연출한다. 마치 아무것도 없는 골목같이 보이지만 그곳에는 수많은 게이업소들이 내재하고 있는 것이다.

그림 2. 종로3가 일대의 게이바들

다양성의 상징, 여섯 빛깔 무지개

전 세계적으로 무지개 깃발은 성소수자 운동을 상징한다. 무지개 깃발의 유래는 성소수자 커뮤니티의 상징을 만들어 달라는 샌프란시스코 시의원 하비 밀크Harvey Bernard Milk의 의뢰로 인권 운동가이자 예술가인 길버트 베이커Gilbert Baker가 디자인한 것이다. 길버트 베이커가 1978년 무지개 깃발을 만들었을 때에는 빨간색(삶), 주황색(치유), 노랑색(햇빛), 초록색(자연), 청록색(예술), 남색(화합), 보라색(정신), 분홍색(성 지향)으로 구성된 8가지 색상의 무지개 깃발이었다. 이후 분홍색과 청록색이 빠져 현재의 6가지 색의 무지개 깃발이 되었다(이데일리, 2017. 6. 4.).[5] 이후 이 6가지 색의 무지개는 성소수자뿐 아니라 다양성과 평화를 지지하는 집회에 주로 등장하는 세계적 상징이 되었다(그림 3).

퀴어아웃에서 차별아웃으로

게이를 포함한 성소수자들은 주위의 좋지 않은 시선들을 의식해 대부분 자신의 성 정체성을 숨기며 살고 있다. 하지만 최근 들어 연예인들의 커밍아웃과 동성애 지지 선언, 정치권의 차별 금지

그림 3. 성소수자의 상징인 무지개 깃발
출처: 퀴어문화축제 홈페이지

법 제정 활동 등으로 인해 사회적으로 성소수자에 대해 가졌던 부정적인 시선이 조금씩 누그러지고 있다. 그렇지만 앞서 언급했듯이 성소수자들을 인정하지 않는 시선은 여전히 존재하고, 퀴어문화축제를 반대하는 목소리도 큰 실정이다. 그러나 이미 전 세계 23개 국가가 동성애자 결혼을 합법화하고 있는 만큼(YTN, 2017. 6. 30.), 세계적인 추세는 동성애를 인정하고 이에 대한 차별을 반대하는 입장이라는 것을 견지할 필요가 있어 보인다. 즉, 동성애는 더 이상 질병이 아니며 그들을 '틀린 것'이 아닌 '다른 것'으로 인정하고 있는 것이다. 아직 국내의 실정은 동성애자를 인정하기까지 넘어야 할 산이 많아 보이지만, 그럼에도 불구하고 그들은 엄연히 종로와 이태원의 게이거리과 게이클럽 등에서 장소를 점유하며 그들이 실재함을 증명하고 있다. 이제 우리도 그들의 다름을 인정하기 위한 노력이 필요할 때이다. 그들의 공간을 더 이상 어둡고 위험한 곳이 아닌, 사회가 포용할 수 있는 밝은 곳으로 나아갈 수 있도록 만들어 나가야 하지 않을까 한다.

제4부 주석

제10장

1. 일본마을(재팬타운)은 남해군 남면 항촌리에 만들겠다는 구체적 계획까지 밝혔으나 독도 문제 등으로 한일 관계가 안 좋아지면서 계획이 중단된 상태이다.
2. 민박의 가정적 분위기와 호텔의 편의성을 갖춘 소규모의 고급 숙박 시설이다.
3. 인종, 계급, 성과 같은 이슈들을 어떤 것에 특권화시키지 않은 채 동시에 거론할 수 있는 공간이다. 보다 구체적으로 말하면 장소와 역사의 중첩, 그리고 실재와 상상의 장소의 표현주의적 전략의 복잡한 중첩이 이루어지는 공간을 말한다.
4. 원래 디아스포라는 팔레스타인을 떠나 전 세계에 흩어져 살면서 유대교의 규범과 생활 습관을 유지하는 유대인의 의미를 가졌지만 오늘날에는 고국을 떠나는 사람, 집단의 이동을 하는 이민자, 추방자, 외국인 노동자, 교민 집단 등을 말한다. 그들은 정치적으로는 국가에 대한 저항적 지점에 있기도 하고 전통적 조국의 개념을 지지하는 민족주의 지점에 놓인 국가의 동맹군이기도 하다.
5. 남쪽 하늘에 있는 카노푸스(Canopus)를 중국에서 부르는 별 이름인데, 인간의 수명을 관장한다고 믿는다. 우리나라에서는 잘 보이지 않아 '이 별을 보면 행복하게 오래 살 수 있다'는 전설이 있어 옛날에는 이 별을 보기 위해 새벽녘에 남해 금산에 올랐다는 이야기가 전해진다.
6. 다문화주의를 일컫는 용어로 모자이크 사회(mosaic society)라는 단어와 함께 쓰인다. 서로 다른 인종과 언어, 종교 등 다양한 문화적 배경을 가진 사람들이 모여 한 사회를 이루면서 조화롭게 살아 간다는 개념이다. 이민자들을 기존 문화에 통합 · 흡수하려는 미국의 '인종의 용광로(melting pot)'와 달리, 대표적인 이민 국가인 캐나다는 자국 사회를 '문화적 모자이크'로 부르며, 다양한 문화들이 갖는 독립성을 중시한다. 한편 한국의 외국인 체류자가 2016년 6월 30일자로 200만 명을 넘어서면서 새로운 형태의 가족이 자리를 잡는 등 질적인 변화가 나타나고 있다. 이러한 상황에서 한국도 샐러드 볼로 부를 수 있는 시대가 되었고, 그 중심에 이태원이 있다.
7. 조선시대에 일반 길손이 머물던 공영 숙소이다.
8. 과일, 야채, 곡류 등 모든 식물성 음식과 어류, 어패류 등의 모든 해산물과 같이 이슬람 율법하에서 모슬렘이 먹고 쓸 수 있도록 허용된 제품을 총칭하는 용어이다. 육류 중에서는 이슬람식 알라의 이름으로 도축된 고기(주로 염소고기, 닭고기, 쇠고기 등), 이를 원료로 한 화장품 등이 할랄 제품에 해당한다. 반면 술과 마약류처럼 정신을 흐리게 하는 것, 돼지고기, 개, 고양이 등의 동물, 자연사했거나 잔인하게 도살된 짐승의 고기 등과 같이 모슬렘에게 금지된 음식을 하람(haram) 푸드라고 한다.
9. 용산동2가를 흔히 해방촌으로 부른다. 해방 이후부터 6·25전쟁 전까지 북녘에서 내려온 사람들이 일군 마을로, 함경도식 집과 평안도식 집이 모여 있어 북녘 문화의 축소판을 보여 주던 곳이다. 현재는 언덕에 많은 다세대 주택들이 밀집되어 있다(그림 10.18).
10. 흔히 미국에서 쓰는 비격식적인 말로, 매춘 여성을 지칭한다. 이태원의 후커힐은 '매춘 여성(hooker) + 언덕(hill)'의 합성어로, 일반적으로 '기지촌'으로 번역하고 있다.

11. 원래 '이상한, 기묘한'이란 뜻으로 이성애자들이 동성애자들을 비하하고 모욕할 쓰던 말이었으나, 1980년대 동성애자 인권 운동에 새로운 경향이 생기면서 현재는 성소수자(레즈비언, 게이, 양성애자, 트랜스젠더 등)를 포괄하는 단어로 사용되고 있다.
12. 1957년 3월 창설되었으며, 이후 2012년 2월 해군중앙경리단, 공군중앙관리단과 통합되어 현재의 국군재정관리단으로 창설되었다.
13. 저소득 노동자와 그들이 살던 주거지가 중산층 사람들의 이입으로 대체되어 가는 현상이다. 일반적으로 중산층 계급의 낙후 도심 지역 유입으로 인해 주거 및 가로 환경이 개선되고, 이로 인한 부동산 상승으로 원거주자인 도심 저소득층이 밀려나게 되는 현상이다. 이 중에서도 '문화주도적 젠트리피케이션'은 SNS의 폭발적인 성장으로 문화예술인이 낮은 지가와 문화적 잠재력이 있는 공간으로 이주함으로써 독특한 문화를 형성하고, 장소성에 기반한 예술·문화적 가치를 재발견함으로써 발생하는 젠트리피케이션을 의미한다.

··제11장

1. '낯선 사람'이라는 '제노스(xenos)'와 '싫어하다'를 의미하는 '포보스(phobos)'를 합친 그리스어로, '이방인에 대한 혐오 현상'을 뜻한다. "이민자는 범죄자"라는 도널드 트럼프 미국 대통령 당선자의 발언이 대표적이다. 국내에서도 중국동포나 이슬람 문화권에서 온 외국인에 대한 혐오증이 퍼지고 있다.
2. 쪽방은 건축적으로 일실병렬형 주거라고도 불리는데, 주택의 가장 단순한 구성인 '방과 부엌'이라는 거주 공간 단위가 병렬적으로 결합되어 있는 형태를 말한다. 외관상으로는 단독주택, 연립주택이지만, 호당 10~50세대가 거주할 수 있도록 설계를 변경한 것이다. 내부 구조는 마치 비둘기 집같이 구분되어 있어 벌집이라고도 불린다.
3. '옌볜조선족자치주(延邊朝鮮族自治州)'를 일컫는데, 중화인민공화국 지린성(吉林省)의 자치주이다. 지린성은 랴오닝성(遼寧省)·헤이룽장성(黑龍江省)과 함께 동북 3성(東北三省) 혹은 만주(滿洲)로 불리는데, 이들 동북 3성은 중국의 대표적인 낙후 지역이지만 한국과 역사·문화적으로 밀접해 조선족의 밀집 지역이기도 하다. 특히 지린성의 옌볜은 약 80만 명의 재중 동포가 거주하는 중국 최대의 조선족 거주지이다. 자치주 전체 인구 가운데 조선족 인구 비율은 약 40%정도이다.
4. 조선족들은 개인적으로는 매우 적극적으로 삶을 개척하려는 의지를 가지고 있는 사람들이다. 많은 경우 가족들을 위해 자신을 희생하면서 어려운 생활을 감당하고 있는 사람들이다. 그러나 공동체로서의 조선족은 한국 사회에서는 매우 주변적이고 통합성도 결여되어 있다. 그리고 결집된 목소리를 낼 만큼 경제적으로도 여유롭지 못하여 경관을 바꿀 의지도 빈약한 편이다. 이러한 특성은 공간에도 반영되어 가리봉동 옌볜거리는 재개발 계획에도 불구하고 획기적인 변모를 거듭하지 못하고 여전히 낙후되고 주변화되어 있다.
5. 이러한 공존의 모색은 사실상 가리봉동에서 조선족 없이 경제가 돌아갈 수 없다는 현실적 판단도 작용한 것으로 보인다. 그러한 의미에서 가리봉동의 한국인과 조선족의 관계는 '어쩔 수 없는 공생 관계'로 파악된다는 주장도 있다.

˙˙제12장

1. 1982년 이후 형성된 무허가 정착지를 칭하는 행정상의 용어로, 주로 비닐하우스촌의 형태이며 강남 지역 외곽의 미개발지에 분포한다.
2. 1989년에서 1991년 사이 서울의 매매가와 전세가는 약 43% 폭등하였다.
3. 재개발 조합원 입주권으로 지자체가 공공개발 사업으로 집이 헐리는 사람들에게 나누어 주는 공영아파트의 특별 분양분에 입주할 수 있는 권리를 증명하는 문서이다. 이주민에게 공급되는 특별 분양분의 가격은 일반인 대상의 분양가보다 훨씬 낮으므로, 딱지를 받아 아파트를 분양받은 뒤에 되팔면 높은 시세 차익을 남길 수 있다.
4. 서울특별시 종로구 삼일대로, 낙원동 일대에 있는 상가이다. 악기 전문 상가로 '음악인의 성지'와도 같은 곳이었다. 그러나 1990년대 이후 반주 장치가 대중화됨에 따라 악사와 밴드를 찾는 수요가 줄어들면서 낙원상가는 점점 쇠퇴하여 2007년에는 철거 및 재개발의 대상이기도 하였다. 하지만 가치를 인정받아, 2013년 서울시 미래유산으로 등재되었으며, 2015년 초에는 도시재생 선도지역으로 지정되었다. 2010년대 중반에 들어서는 다양한 세대가 어울리는 공간으로 탈바꿈하여 이 안에 위치하던 옛 허리우드 극장이 노인의 공간으로 변화하면서 '실버 영화관'으로 재단장되었다.

5. 송해길은 종로2가 수표로의 한 구간으로, 2016년 5월 23일 송해의 공식명예도로로 지정되었다. 황해도 재령 출신 실향민인 송해는 종로구 낙원동에 '연예인 상록회'라는 사무실을 열고 수십 년간 원로 연예인의 마당발 역할을 해 왔으며, 1984년 이후 30년이 넘도록 KBS 1TV 〈전국노래자랑〉을 진행하고 있다. 이 프로그램을 통해 송해는 서민층과 노인층을 대표하는 대한민국의 MC의 대명사가 되었고, 한국 연예사의 산 증인으로서 이를 예우하는 차원에서 노인들의 공간인 이곳에 송해길이 지정되었다.
6. 탑골공원과 종묘공원 사이에서 박카스 등 자양 강장제나 발기 부전 치료제를 노인에게 판매하며 성매매를 하는 여성을 일컫는 말이다.
7. 노인의 성매매 문제는 영화 〈죽여주는 여자〉(2016)에서도 다루어졌는데, 특히 박카스 할머니가 종로의 공원에서 만난 한 노인을 그의 요청으로 정말로 살해한다는 충격적이고도 슬픈 내용은 노인의 외로움을 극대화하기에 충분하다.
8. 많은 창녀를 두고 매음 영업을 하는 집, 또는 그러한 집이 모여 있는 곳이다.
9. 1907년 발족한 대한제국의 경찰 사무를 맡아 보던 관청이다.
10. 성매매 여성들을 일정한 구획 안에 모아 영업할 수 있도록 국가가 성매매를 공인한 지역으로, 이곳에서의 성매매 행위는 처벌받지 않는다.
11. 1945년 일본의 항복으로 38°선 이남 지역에 미군이 진주하여 9월 8일부터 1948년 8월 15일 대한민국 정부가 수립되기까지 3년 동안 통치한 군사통치기구를 뜻한다.

**부록 4

1. 이 거리 행진의 공식 명칭은 '자긍심 행진'인데, 차별받는 성소수자들이 '자긍심'을 담아 도심을 당당하게 행진하기 때문이다.
2. 남들에게 밝히기 힘든 사실(성소수자들의 성 정체성) 등을 언론, 사회 등에 알리는 행동이다.
3. 유럽에서 전통적으로 유대인들을 격리해 거주하게 하던 구역으로, 주류 기독교 사회에 의한 배제와 탄압의 상징이었다. 그러나 이 용어는 현대에 한층 광범위하게 사용되어 강제성 여부를 막론하고 발생하는 소수 집단의 물리적·정신적 고립 상태 또는 집단 거주지를 뜻한다.
4. 도심의 지가 급등 및 각종 공해로 인해 주택들이 도시 외곽으로 이전하여 인구의 교외 유출, 도심 인구의 감소라는 결과를 초래하면서, 주간에는 인파가 집중하면서도 야간 거주자가 감소하는 현상이다.
5. 8가지 색상의 무지개에서 분홍색이 빠진 이유는 깃발이 최초로 사용될 당시(1979년) 분홍색 원단 값이 비싸서였고, 청록색이 빠진 이유는 1979년 게이 프리덤데이 퍼레이드 때, 퍼레이드 조직위가 깃발을 반으로 나누어, 길 양쪽에서 휘날리기를 원했기 때문에 절반으로 똑같이 나뉘도록 6색을 만들기 위해 청록색을 없앴기 때문이다.

참고문헌

고민정·김은주, 2015, "2015 부천국제애니메이션페스티벌," 대한지리학회 학술대회논문집, 172-172.

고혜숙, 2009, "실버타운의 활성화 방안에 관한 연구," 한양대학교 산업경영디자인대학원 석사학위 논문.

공자원·노시학, 1999, "장소마케팅의 등장배경, 개념 및 유형에 관한 고찰," 관광연구저널, 11, 119-137.

구철모, 2016, "4차 산업혁명과 스마트관광도시," 한국관광정책, 65, 65-72.

김광수, 2001, "지역에서 온 편지: 유구한 역사 속에 21세기를 준비하는 안동," 국토, 236, 71-75.

김군수·이외희·송제룡·김홍식·신기동·이기영·이현기·하혜수·노춘희, 2000, "가평지역연구: 경기개발연구원 편," 지역연구시리즈, 8, 1-7.

김규운·양숙자, 2016, "부여 능산리고분군 성격에 대한 재고," 문화재, 49(2), 104-121.

김기홍·정에릭, 2012, "부산국제영화제의 정체성과 미래비전," 글로벌 창의 문화연구, 1, 73-76.

김길수, 2001, "地域이벤트가 地域社會에 미치는 影響에 관한 硏究: 제1회 全州國際映畵祭를 中心으로," 관광학연구, 25(2), 177-195.

김두섭, 2006, "한국인 국제결혼의 설명틀과 혼인 및 이혼신고자료의 분석," 한국인구학, 29(1), 25-26.

김삼웅, 2000, 『서대문형무소 근현대사』, 나남출판.

김서령, 2007, "바닷가 언덕 위에 내린 이국의 붉은 지붕마을: 경남 김해 독일마을," 흙사랑물사랑.

김선희, 2013, "근대도시문화의 재생과 새로운 커뮤니케이션의 창출," 동북아 문화연구, 36, 5-19.

김성용, 2011, 『사라진 도시 서라벌』, 눌와.

김성환, 2013, "고구려 건국신화에서 보이는 고조선 인식의 검토," 한국고대사탐구, 13, 59-97.

______, 2015, "고조선 건국신화의 계승과 고조선 인식," 동북아역사논총, 47, 11-56.

김수자, 1999, "자연과 정신의 어루어짐을 찾아서: 안동 하회마을과 도산서원, 병산서원," 새가정, 6-10.

김원동, 2010, "강원도 폐광지역의 쟁점과 미래 전망 그리고 대응전략," 사회과학연구, 49(2), 133-181.

김영하, 2004, "평양 속의 고구려를 찾아," 내일을 여는 역사, 16, 243-252.

김은영, 2016, "해오름동맹을 통한 국방산업 클러스터 조성방안에 관한 연구: 포항의 산업적 특성 및 R&D역량을 중심으로," 한국지역개발학회 학술대회, 3-23.

김일수, 2000, "군산, 근대사의 빛과 어둠이 교차하는 도시," 국토, 222, 74-79.

김정렬, 2010, "지방자치단체 녹색성장정책의 추진과정의 성공요인: 남해군의 선도적 경험과 교훈을 중심으로," 지방정부연구, 14(2), 83-103.

김정호, 2017, 『바보 농부 바보 노무현』, 생각의 길.

김정호·박문호·김태연, 2004, "지역농업 클러스터의 형성과 발전 방향," 한국농촌경제연구원 연구보고서, 47-56.

김지민·강철희, 2014, "종로 탑골공원 이용 노인복지문화 활성화 방안에 관한 연구," 대한건축학회 학술발표대회 논문집, 34(2), 185-186.

김진령, 2015, "한국을 휩쓰는 평화의 소녀상 설립 열기," 내일을 여는 역사, 61, 174-191.

김창환, 2007, "DMZ의 공간적 범위에 관한 연구," 한국지역지리학회지, 13(4), 454-460.

김창현·장철순, 2007, "FTA시대의 국토전략: 지역산업 및 농촌정주 기반에 미치는 영향과 대응 전략," 국토, 310, 14-22.

김화진, 2005, "고흥 항공·우주 산업 테마관광과 연계한 스포츠관광 개발전략," 전남대학교 박사학위논문.

김형태·김희원, 2008, "인터넷 지도와 백과사전을 통해 바라본 우리나라 국토지리정보," 국토지리학회, 42(3), 377-390.

노무현, 2010, 『운명이다』, 돌베개.

동북아역사재단, 2010, 『독도 · 울릉도 연구』, 동북아역사재단.
류경수, 2012, 『우리 옛 건축에 담긴 표정들』, 대원사.
류정주, 2005, "우리가 만든 위성을 우리 땅에서 쏜다," 과학과 기술, 2월호, 80-83.
류주현, 2008, "부정적 장소자산을 활용한 관광 개발의 필요성," 한국도시지리학회지, 11(3), 67-79.
문화재청 근대문화재과, 2003, 『구 서울구치소』, 문화재청.
문화재청 근대문화재과, 2009, 『구 조선은행 군산 지점 기록화조사보고서』, 문화재청.
미즈노 나오키 · 정근식 · 고마고메 다케시 · 마쓰다 요시로, 2007, 『생활 속의 식민지주의』, 산처럼.
민지선 · 김두섭, 2013, "거주 지역의 외국인 비중이 외국인에 대한 사회적 거리감에 미치는 영향," 한국인구학, 36(4), 71-94.
박경목, 2016, "일제강점기 서대문형무소 수감자 현황과 특징," 한국근현대사연구, 78, 75-114.
박경하, 2013, "이태원의 다문화적 성격에 대한 역사적 접근," 중앙사론, 38, 159-186.
박규택, 2011, "국가권력에 의한 로컬의 탈장소성과 갈등: 울산공업지구를 사례로," 한국도시지리학회지, 14(2), 101-112.
박배균, 2003, "세계화와 잊어버림의 정치: 안산시 원곡동의 외국인 노동자 거주 지역에 대한 연구," 대한지리학회 학술대회 논문집, 173-176.
박삼옥, 2012, "기술혁신은 어떤 지역에서 일어나는가," 지식정보사회의 지리학 탐색(제2개정판), 217-243, 한울.
박성봉, 2009, "고구려 남진정책의 성격과 그 영향," 대구사학, 96, 25-57.
박세훈 · 이영아, 2010, "조선족의 공간집적과 지역정체성의 정치: 구로구 가리봉동 사례연구," 다문화사회연구, 3(2), 71-101.
박세훈 · 이영아 · 김은란 · 정소영, 2009, 『다문화사회에 대응하는 도시정책 연구(Ⅰ): 외국인 밀집 지역의 현황과 정책과제』, 국토연구원.
박신영 · 김준형 · 최막중, 2012, "외국인 노동자 밀집거주에 의한 근린효과: 서울 가리봉동 · 대림동을 대상으로," 국토계획, 47(5), 217-230.
박영순, 2015, "안동 하회마을과 병산서원," 국토, 401, 64.
박윤환, 2011, "빈곤층과 외국인 주민 거주지분리에 대한 연구: 서울시 사례연구," 서울도시연구, 12(4), 103-122.
박은진 · 심숙경 · 이상대 · 최용환 · 황금회, 2012, "분단 · 대립 접경지역의 해외사례와 한반도 DMZ의 시사점: 경기연구원 편," 이슈&진단, 44, 1-25.
박조원, 2006, "우리나라 국제영화제의 성공 요인 분석을 위한 탐색적 연구," 문화경제연구, 9(1), 51-69.
박종수, 2013, "이태원지역의 종교공간적 특성과 다문화공간으로의 이해," 서울학연구, 41, 155-179.
박지혜, 2012, "제3공간에 대한 탐구," 경기대학교 건축대학원 석사학위 논문.
변미리 · 장원호 · Terry Clark · 이종열, 2010, "서울시 씬(Scenes) 지도 작성을 통한 서울 공간특성화 전략 연구," 서울연구원 정책과제연구보고서, 1-193.
부산발전연구원, 2007, "유교문화의 도시 안동시," 낙동강연구, 2007, 38-41.
서동혁, 2015, "우리나라 주력산업의 경쟁력 평가와 성장전략," 국토, 402, 6-13.
서명숙, 2008, 『제주올레여행: 놀멍 쉬멍 걸으멍』, 북하우스.
서울역사편찬원, 2016, 『서울 2천년사: 1 총설』, 서울역사편찬원.
서정욱, 2006, "지리적 표시제 도입이 지역 문화산업 진흥에 미치는 영향," 한국지역지리학회지, 12(2), 229-244.
손명원, 2016, "영남지역 내 하위지역 구분," 한국지역지리학회지, 22(1), 25-35.
손은경, 2013, "한국의 다문화 공간(2011, 정병호 외, 현암사) 서평," 현대사회와 다문화, 3(1), 200-205.
손지연(역), 2014, 『일본군 '위안부'가 된 소녀들』, 삼천리(石川逸子, 1993, 日本軍'慰安婦'になった少女たち, いわなみしょてん, Tokyo).
송준규, 2012, "도시 빈민촌 공동체의 형성과 갈등," 도시인문학연구, 4(2), 63-90.
신경숙, 1999, 『외딴 방』, 문학동네.

신선경, 2008, "바다와 계곡, 동물탐험을 한 번에 할 수 있는 곳 울진: 태고의 신비와 천혜의 자연을 만나다," Electric Power, 2(3), 68-74.
심정보·장동희·주성재·신승혜, 2011, "동해 표기 문제의 현황과 전망," 영토해양연구, 2, 150-159.
안길원·서학조, 2002, "건축가의 사회적 역할: 소록도 자원봉사센터," 대한건축사협회지, 2002(3), 68-75.
안동시, 2003, 안동시 문화콘텐츠산업 육성방안(1월, 세미나 자료), 안동권 발전 연구소.
안해룡·이은(역), 2017, 『기억하겠습니다』, 알마(伊藤孝司, 2014, ムクゲの悲しみ, FUVAISHA, Japan).
양성수·박시사·조성진, 2009, "녹차인식, 지각된 가치와 관광만족간의 관계," 관광학연구, 33(1), 95-112.
양시은, 2016, "최근 북한 고고학계의 고구려 연구 동향," 고구려발해연구, 56, 85-105.
양은우, 2015, 『주식회사 고구려』, 을유문화사.
원도연, 2016, "근대 식민지 경험의 탈각과 변용: 군산의 사례," 지역사회연구, 24(4), 151-173.
예동근, 2011, "한국의 지역 다문화공간에 대한 비판적 접근," 동북아 문화연구, 27, 5-14.
오경석, 2010, "다문화 중심도시의 이상과 현실: 안산시 원곡동의 경험," 국토, 342, 39-45.
_____, 2014, "안산시 원곡동 '국경 없는 다문화 마을'의 형성과 변화," 로컬리티의 인문학, 38, 2-3.
오유석, 2009, "동대문 밖 유곽: '청량리 588' 공간 구성의 역사와 변화," 서울학연구, 36, 101-135.
오현주·옥은실, 2016, "종로3가, 우리가 몰랐던 서울의 섬: 노인들의 아지트 만들기," 문화과학, 86, 405-434.
유연태, 1998, "가고 싶은 그 곳으로: 드라마 〈그대 그리고 나〉의 무대로 잘 알려진 영덕 강구항의 바다내음," 새가정, 6-10.
유영준·이성각, 2014, "울산의 도시 이미지 변화를 위한 도시마케팅 전략 연구," 한국도시지리학회지, 17(3), 99-110.
_____, 2016, "생태관광자원으로서 울산 태화강 활용 방안 연구," 한국도시지리학회지, 19(1), 71-83.
유우익, 2004, 『유우익의 국토기행: 장소의 의미 I』, 삶과 꿈.
유홍준, 1997, 『나의 문화유산답사기 3』, 창작과 비평.
_____, 2016, 『나의문화유산답사기 3(개정판)』, 창작과 비평.
윤명철, 2008, "고구려 수도의 해륙적 성격 검토," 백산학보, 80, 51-95.
윤영희, 2017, 『경주로 떠나는 천년여행』, 인문산책.
이기석, 2005, "동해 및 독도의 지명표기와 향후 과제," 대한지리학회 컨퍼런스 자료집, 93-119.
이남석, 2010, "고학자료를 통한 백제 사비천도의 재인식", 백제문화, 43, 61-85.
이병천·채병선·최상철, 2013, 『전주한옥마을』, 대원사.
이서진, 2007, "게이 남성의 장소 형성: 종로구 낙원동을 사례로," 지리학논총, 49, 23-44.
이완건·박언곤, 2005, "도심지 근대건축물의 보존방법에 관한 연구: 서울시 등록문화재를 중심으로," 대한건축학회논문집 - 계획계, 21(3), 63-72.
이영희, 2009, 『무쇠를 가진 자 권력을 잡다』, 현암사.
이옥동·최정일·방극택, 2015, "강원도 카지노산업의 입지 효과에 대한 인식 평가," 한국콘텐츠학회논문지, 15(5), 523-536.
이은별·전진오·백지선, 2017, "서울의 다문화 공간 연구: 뉴스 데이터 분석 시스템 '빅카인즈'를 이용한 국내 언론의 외국인 마을 보도(1990~2016) 분석," 미디어 경제와 문화, 15(2), 7-43.
이인혜, 2005, "카지노 유치지역 주민의 도박참여 및 도박중독 실태와 삶의 만족도: 강원도 폐광지역을 중심으로," 한국심리학회지: 문화 및 사회문제, 11(4), 67-82.
이장섭·정소영, 2011, "재한조선족의 이주와 집거지 형성: 서울시 가리봉동을 중심으로," 전남대학교 세계한상문화연구단 국내학술회의, 3-20.
이준선 외, 2011, 『한국역사지리』, 푸른길.
이현석, 2016, "4차 산업혁명시대, 테헤란로의 도시창생방안," 한국도시행정학회 학술발표대회논문집, 153-184.
이혜은·최재헌, 2009, "도시 내 녹지공간의 창조와 활용: 도시재생의 관점에서," 한국도시지리학회지, 12(1), 1-10.
이혜주·서리인, 2014, "뉴욕 하이라인 공원에 나타난 지속가능한 도시재생에 관한 연구," 지속가능연구, 5(3), 1-21.

이희진 · 유재우, 2016, “개항지 군산의 역사자원 활용과 도시재생 현황의 특성,” 대한건축학회 학술발표대회 논문집, 403-404.
인천 중구청, 2008, 2008년 월미도 관광특구 현황보고, 인천시.
임기환, 2000, “왜 고구려는 평양으로 천도하였나,” 내일을 여는 역사, 1, 5-18.
임덕순, 1972, “韓國 休戰線에 대한 政治地理學的 硏究,” 대한지리학회지, 7(1), 1-11.
임동윤, 2008, “속칭 부평의 지명변동에 대한 지리적 해석: 부평구와 계양구를 중심으로”, 한국교원대학교 석사학위논문.
임상선, 2007, “고구려 · 발해 역사의 공동연구를 통한 남북한 동질성 회복 방안,” 국학연구, 10, 229-260.
임종엽, 2006, “인천을 그리는 도시지형과 정책,” 건축과 사회, 82-85.
임학순, 2013, “부천국제학생애니메이션페스티벌의 방문객 인식에 관한 연구,” 애니메이션연구, 9(3), 35-54.
장세훈, 2010, “지방자치 이후 지역엘리트의 재생산과정: 철강도시 포항 사례를 중심으로,” 경제와 사회, 86, 162-198.
장양례 · 박정욱, 2004, “한류가 한국관광이미지에 미치는 영향에 관한 연구: 중국인들을 내상으로 한 인지적, 정서적 평가,” 관광경영연구, 20, 319-336.
장유리, 2015, “고구려의 다종족 질서체제 성립과정과 운용,” 한국전통문화연구, 15, 223-259.
장준도 · 윤은호, 2016, “공공 만화축제 참여자의 사용자 경험에 대한 연구: 부천국제만화축제의 코스프레 부문을 중심으로,” 만화애니메이션 연구, 263-291.
장지연, 2015, 『고려 · 조선 국도풍수론과 정치이념』, 신구문화사.
장철순, 2017, “제4차 산업혁명시대의 신산업입지 공급방안,” 국토, 424, 31-35.
장철순 · 이윤석, 2015, “산업도시의 진단 및 경쟁력 강화방안,” 국토정책 Brief, 506, 1-8.
전상인, 2011, “외생적 기업도시에서 협력적 기업도시로: 포철과 포항의 관계를 중심으로,” 한국지역개발학회지, 23(2), 1-17.
전상인 · 김미옥 · 김민영 · 최민정 · 김민희, 2010, “한국 도시재생의 연성적 잠재역량,” 한국도시지리학회지, 13(2), 59-72.
전종한, 2009, “도시 뒷골목의 장소기억: 종로 피맛골의 사례,” 대한지리학회지, 44(6), 779-796.
정우식 · 여홍구, 2010, “지역관광개발의 효율적인 추진방안에 관한 연구,” 한국도시행정학회 도시행정학보, 23(3), 143-166.
정은혜, 2011, “지역이벤트로 인한 도시문화경관 연구: 부산국제영화제 지역을 사례로,” 한국도시지리학회지, 14(2), 113-124.
______, 2015, “나로 우주센터를 통한 고흥의 지역관광 활성화 방안 연구,” 한국도시지리학회지, 18(1), 57-69.
______, 2016, “식민권력이 반영된 경관의 다크투어리즘적 고찰: 소록도와 삼릉마을을 사례로,” 대한지리학회 학술대회논문집, 31-32.
______, 2016, “식민권력이 반영된 경관의 보존 가치에 대한 연구: 일제 하 형성된 전남 소록도와 인천 삼릉(三菱) 마을을 사례로,” 한국도시지리학회지, 19(1), 85-103.
정환영 · 정석호, 2012, “공주와 부여의 성곽과 도시발달”, 한국도시지리학회지, 15(3), 13-22.
조관연, 2011, “문화콘텐츠산업의 전략적 수용과 안동 문화정체성의 재구성,” 한국지역지리학회지, 17(5), 568-581.
조은진, 2007, “상류층 주거지에서 나타나는 새로운 배제의 방식,” 경제와사회, 76, 122-163.
조정래, 2007, 『아리랑 제1권』(제3판), 해냄.
조형제, 2009, 『산업과 도시: 내생적 지역발전은 가능한가』, 후마니타스.
주성재, 2000, “폐광지역 카지노개발의 과제,” 국토, 230, 55-60.
지명인, 2012, “신자유주의적 공간재편의 맥락에서 본 구룡마을 경관에 대한 비판적 해석,” 문화역사지리, 24(2), 186-207.
진보평론 편집부, 2011, “‘친구사이’와 한국의 게이 인권운동,” 진보평론, 49, 60-99.
진양명숙 · 문보람, 2014, “주거지에서 관광지로: 전주한옥마을 관광지화의 명암,” 지방사와 지방문화, 17(1), 177-208.
철원군청 관광문화과, 2017, 『철원관광 100선』, 철원군청.
최병두, 2012, “역사적 경관의 복원과 장소 정체성의 재구성,” 공간과 사회, 42, 92-135.

최승훈, 2005, "절망의 섬에서 희망을 보다," 중등우리교육, 181, 130-136.
최완기, 1998, "조선시대 종로에서의 생산활동과 그 의미," 사학연구, 55·56, 295-320.
최용주, 2005, 『역사의 땅 경주 아름다운 전설과 함께 하다』, 학연문화사.
최윤상·김종수·홍성현, 2012, "지역산업 활성화를 위한 지방정부의 행정지원방안 연구: 춘천시 닭갈비사업을 중심으로," 한국정책연구, 12(3), 305-322.
최준식, 2010, 『신라가 빚은 예술 경주』, 한울아카데미.
최지현, 2001, "용산전망도: 이방인들의 중심지대," 국토, 234, 81-85.
최창조, 1984, 『한국의 풍수사상』, 민음사.
최호근·이영석·신규환·민유기·김승욱·박진한·김수환·김백영, 2011, 『도시는 역사다』, 서해문집.
탁경백, 2016, "정림사지 창건시기 재고", 건축역사연구, 25(4), 57-64.
포항로타리클럽, 1983, 『포항로타리 20년사』, 삼양문화사.
포항지역사회연구소, 2003, 『한 권으로 보는 포항의 역사』, 나루.
한건수, 2003, "국내 아프리카 이주노동자의 유입과정과 실태," 아프리카학회지, 21, 215-239.
한국대학박물관협회, 2010, "군산지역 근대역사문화유산 답사," 한국대학박물관협회 학술대회, 85-90.
한국문화유산답사회, 2001, 『답사여행의 길잡이 10: 경북북부』, 돌베개.
한국보건사회연구원, 2011, 외국인·이민자 유입에 대한 국민인식조사, 한국보건사회연구원.
한국여성연구원, 2004, 『변화하는 여성문화 움직이는 지구촌』, 푸른사상.
한글학회, 1986, 『한국지명총람(韓國地名總覽)』, 한글학회.
한순미, 2010, "나환과 소문, 소록도의 기억," 역사문화학회 - 지방사와 지방문화, 13(1), 441-476.
한유석, 2013, "성소수자들의 공간 전유와 커뮤니티 만들기: 이태원 소방서 골목 사례 연구," 서울도시연구, 14(1), 253-269.
한홍구, 2009, "외래 문물이 상륙하던 관문 인천: 차이나타운과 자유공원," 초등우리교육, 86-91.
황성환·남궁승필, 2017, "한국의 DMZ일원에 대한 체계적인 개발 및 보존을 위한 마스터플랜의 필요성과 기본개념," 대한지리학회지, 52(2), 211-223.
황주성, 2002, "인터넷 비즈니스와 벤처의 산실, 테헤란밸리," 첨단산업과 도시, 206-234, 한울.
황준기·오동훈, 2015, "문화주도적 젠트리피케이션 현상에 의한 장소성 변화 연구: 홍대, 이태원, 신사동 지역에 대한 소셜미디어 빅데이터 분석을 중심으로," 한국도시행정학회 학술발표대회논문집, 197-213.
허우긍, 2012, "교통과 정보통신기술은 도시의 모습을 어떻게 바꾸어나가는가?," 지식정보사회의 지리학 탐색(제2개정판), 244-268, 한울.
허자연·정연주·정창무, 2015, "상업공간의 젠트리피케이션 과정 및 사업자 변화에 관한 연구: 경리단길 사례," 서울도시연구, 16(2), 19-33.
형기주, 2005, "독도 영유권 시비와 지정학," 대한지리학회 컨퍼런스 자료집, 17-34.
홍성덕, 2015, "전주시 역사문화자원의 활용과 도시재생," 열상고전연구, 48, 29-61.
______, 2015, "전주의 역사문화 정체성과 전주학 연구," 역사와 실학, 56, 199-200.
홍성철, 2007, 『유곽의 역사』, 페이퍼로드.
행정자치부, 2014, 『2014년도 지방자치단체 통합재정 개요』, 행정자치부.

瀧尾英二, 2004, 小鹿島更生園强制收容患者의 被害事實과 그 責任所在, 人權圖書館·廣島青丘文庫.
Altheide, D. L., 1997, The news media, the problem frame, and the production of fear, *The Sociological Quarterly*, 38(4), 647-668.
Anholt, S., 2005, Nation Brands Index : how does the world see America? *Journal of Advertising Research*, 45(3), 296-304.
Audirac, I., 2002, Information technology and urban form, *Journal of Planning Literature*, 17(2), 212-226.

Baumeister, R. F. & Bushman, B. J., 2008, Social psychology and human nature, Thomson Wadsworth, Belmont.

Buliung, R., 2011, Wired people in wired places: Stories about machines and the geography of activity, *Annals of the Association of American Geographers*, 101(6), 1365-1381.

Campbell, D. T., 1965, Ethnocentric and other altruistic motives, *Nebraska symposium on motivation*, 13, 283–311.

Cohen, E., 1988, Authenticity & Commoditization in Tourism, *Annals of Tourism Research*, 15(3), 371-386.

Cresswell, T., 2004, *Place: A Short Introduction*, Blackwell, Oxford.

Crompton, J. L., 1979, Motivations for pleasure vacation, *Annals of Tourism Research*, 6, 408-424.

Curry, M. R., 1991, Postmodernism, Language, and the Strains of Modernism, *AAAG*, 81(2), 210-228.

Dolnicar, S., Yanamandram, V. & Cliff, K., 2012, The contribution of vacations to quality of life, *Annals of Tourism Research*, 39(1), 59-83.

Duncan, J., 1992, Re-presenting the landscape: problems of reading the intertextual, in Söderström, O., Mondada, L., & Panese, F. (ed.), 1992, *Paysage et crise de la lisibilité*, Université de Lausanne, Institut de Geographie, 81-93.

_____, 2002, Embodying colonialism?: Domination and resistance in 19th century Ceylonese coffee plantations, *Journal of Historical Geography*, 28(3), 317-338.

Gartner, W. C., 1993, Image Formation Process, *Journal of Travel & Tourism marketing*, 2(2&3), 191-216.

Goodman, R., 1995, *The lack business: the devastating consequences and broken promises of America's gambling explosion*, The Free Press, New York.

Grunwell, S. & Ha, I., 2008, Film Festivals: An Empirical Study of Factors for Sucess, *Event Management*, 11(4), 201-210.

Harvey, D., 1989, *The Condition of Postmodernity: An Enquiry into Origins of Cutural Change*, Basil Blackwell, London.

Jameson, F., 1991, *Postmodernism, or the Cultural Logic of Late Capitalism*, London Verso, London.

Jencks, C., 1984, *The language of Post-Modern Architecture: Fourth Ed.*, Rizzoli, New York.

Jokilehto, J., 1999, *A History of Architectural Conservation*, Butterworth-Heinemann, Oxford.

Jones, S. B., 1954, A Unified Field Theory of Political Geography, *Annals of the Association of American Geographers*, 44(2), 111-123.

Karski, A., 1990, Urban Tourism, A key to Urban Regeneration?, *The Planner*, 6, 15-17.

Kearns, G. & Philo, C., 1993, *Selling Places: the City as Cultural Capital, Past and Present*, Pergamon Press, Oxford.

Knox, P. L., & Marston, S. A., 1999, *Places and Regions in Global Context: Human Geography*, Prentice-Hall, New Jersey.

Kotler, P., Haider, D. & Rein, I., 1993, *Marketing Places*, The Free Press, New York.

Lefebvre, H., 1991, *The Production of Space*, Blackwell, Oxford.

Lennon, J. & Foley, M., 2000, *Dark Tourism: The attraction of death and disaster*, Continuum, London.

McGrath, R., 2013, Transient advantage, *Harvard Business Review*, 6, 21-32.

Minghi, J. V., 1963, Boundary Studies in Political Geography, *Annals of the Association of American Geographers*, 53(3), 407–428.

Morgan, N. & Pritchard, A., 2004, *Destination Branding – creating the unique destination proposition*, Routledge, London.

Novelli, M., 2004, *Niche Tourism: contemporary issues, trends and cases*, Elsevier, Oxford.

Pamuk, A., 2004, Geography of Immigrant Clusters in Global Cities: A Case Study of San Francisco, *International Journal of Urban and Regional Research*, 28(2), 287-307.

Pearson, I., 2002, *Nature-based Tourism in Special Interest Tourism*, Belhaven Press, London.

Pettigrew, T. F., 1998, Reactions toward the New Minorities of Western Europe, *Annual Review of Sociology*, 24, 77-103.

Relph, E., 1976, *Place and Placelessness*, Pion, London.

_____, 1987, *The Modern Urban Landscape*, Croom Helm, London.

Rimmer, P., 1977, A Conceptual Framework for Examining Urban and Regional Transport Needs in South-East Asia, *Pacific Viewpoint*, 18, 133-148.

Rossi, A., 1984, *The Architecture of the city*, The MIT Press, Cambridge.
Schuman., M., Nov 24, 2009, Authentic Asian Experience, Time Magazine.
Sohn, J., 2004, Information technology in the 1990s: More footloose or more location-bound? *Papers in Regional Science*, 83(2), 467-485.
Stephen, W., 2009, *Tourism Geography: A New Synthesis*, Routledge, London.
Trauer, B., 2006, Conceptualizing special interest tourism frameworks for analysis, *Tourism Management*, 27(2), 183-200.
Urry, J., 1990, *The tourist gaze: Leisure and travel in contemporary societies*, Sage, London.
Wallace, P., 2001, *Age-quake: Riding the Demographic Rollercoaster Shaking Business, Finance and our World*, Nicholas Brealey Publishing, London.
Yeoh, B., 1996, *Contesting Space: Power Relations and the Urban Built Environment in Colonial Singapore*, Oxford Univ. Press, Oxford.

경향신문, 2005년 11월 3일, "남해군, 미국식 고급주택으로 오세요."
______, 2017년 3월 28일, "강원 폐광지 단체: '폐특법 연장'을."
국민일보, 2018년 1월 24일, "아베, 평창 개회식 참석: 文 대통령 만나 소녀상·위안부 문제 따질 것."
뉴시스, 2017년 10월 20일, "제주퀴어문화축제 조직위, 장소 허가취소에 시장 규탄".
동아일보, 2009년 10월 30일, "동아일보 속의 근대 100景: 유곽의 탄생과 그늘."
머니투데이, 2017년 8월 16일, "동성애 전쟁 불붙나: 사상 첫 대규모 '반대 집회'."
매거진 군산, 2017년 4월 1일, "군산 '히로쓰 가옥', 이걸 알면 더 잘 보인다: 김옥분 군산시 문화관광해설사가 전하는 일본식 가옥구조와 기능."
매일경제, 1970년 8월 15일, "서울역 고가도로 완전 개통."
______, 2017년 11월 15일, "한국도 올해 고령화 사회 진입."
부산일보사, 2005년 7월 28일, "남해군 아메리칸 빌리지 조성 추진."
서울신문, 2006년 11월 20일, "지금 남해에선 실버·귀향의 땅: 건강·휴양도시 꿈꾼다."
세정신문, 2016년 5월 30일, "가리봉동·대림동, 늘어나는 조선족: 관할署는?"
아시아경제, 2017년 4월 22일, "둘리의 생년월일은 1983년 4월 22일."
______, 2017년 10월 3일, "판자촌이 달라진다: 구룡마을, 2700여 가구 주거단지로 탈바꿈."
이데일리, 2016년 8월 4일, "끊이지 않는 성매매 의혹 보도에, 또다시 합법화 '갑론을박'."
______, 2017년 6월 4일, "성소수자를 상징하는 '무지개 깃발' 탄생과 의미."
연합뉴스, 2010년 11월 14일, "서울 속의 다문화거리: ① 가리봉동 연변거리."
______, 2012년 9월 16일, "日 불교종단, 군산 동국사에 '참회비' 제막."
______, 2014년 1월 27일, "나로 우주센터 우주과학관 관람객 100만 명 돌파."
______, 2016년 4월 14일, "보성녹차 올해 첫 우전차(茶) 수확."
______, 2016년 5월 1일, "노무현 前 대통령 사저 8년 만에 일반 공개: 서재엔 1천 여 권의 책이."
오마이뉴스, 2003년 8월 18일, "잊을 수 없는 역사 현장 '일본군 위안부 역사관'을 찾아."
인천in, 2015년 3월 30일, "부평 삼릉, 미쯔비시 사택지에 대한 학술조사 필요: 주거취약 개조사업 앞서 부평 근대산업유산 조사해야."
일간스포츠, 2017년 4월 13일, "라디오쇼: 샘 오취리, 용산구청 홍보대사: 즐길 거리 多."
전남일보, 2016년 12월 29일, "보성녹차 한국대표 명차로 육성된다."
조선비즈, 2016년 1월 4일, "후커힐 환락가 불 꺼진 이태원: 新상권 형성에 젠트리피케이션 1세대 오명도."
중부일보, 2010년 1월 11일, "고구려의 첫 서울 오녀산성."
중앙일보, 2017년 3월 15일, "'귀향' 보면서 일본관객들 눈물바다: 광복절엔 위안부 다큐 선보일 겁니다."

표준방송FMTV, 2016년 7월 5일, "구국교육운동의 물길을 트다: 교육도시 안동과 예천의 근대 교육사."
한겨레, 2017년 2월 20일, "전주한옥마을 꼬치구이 제한 다시 추진한다."
한국경제, 2017년 3월 23일, "새롭게 도약하는 울산·경주·포항, 95조원 규모 경제권 묶은 '해오름 동맹': 4차 산업 거점 만든다."
______, 2017년 10월 6일, "개포 구룡마을 개발 시동."
환경일보, 2016년 5월 12일, "제주도, 여행만족도, 재방문 의향 등 1위."
헤럴드경제, 2016년 2월 14일, "프랑스인 가장 많이 사는 곳 '서래마을' 아니다?"
______, 2017년 7월 25일, "어르신들의 홍대 만든다더니, 노숙인·쓰레기 더미가 점령한 락희거리."

KBS, 2017년 3월 3일, "소녀상 보셨습니까? ③ 우리 동네에도 소녀상이?: 지도로 찾아보세요."
______, 2017년 3월 9일, "소녀상 보셨습니까? ⑤ 한 눈에 보는 세계의 소녀상: 어디에 있나?"
______, 2017년 7월 10일, "故 노무현 전 대통령, 봉하마을서 영원한 안식."
______, 2010년 8월 29일, "다큐3일: 환잉라이(歡迎來) 가리봉."
______, 2015년 9월 20일, "역사저널 그날: 고구려 장수왕, 평양 천도하던 날."
MBC, 2017년 8월 14일, "스페셜 다큐멘터리: 독도, 지도의 증언."
SBS, 2016년 2월 18일, "지옥의 섬은 한국에도 있었다."
tvN, 2017년 7월 21일, "알쓸신잡: 전주편."
YTN, 2017년 6월 30일, "독일, 동성애자 결혼 합법화: 세계 23번째."

강원랜드, http://kangwonland.high1.com
강원통계정보, http://stat.gwd.go.kr
관광지식정보시스템, http://www.tour.go.kr
경기연구원, http://www.gri.re.kr
국가법령정보센터, http://www.law.go.kr
국가인권위원회, http://www.humanrights.go.kr
국가통계포털, http://kosis.kr
국토지리정보원, http://www.ngii.go.kr/kor
노무현사료관, http://archives.knowhow.or.kr
대한민국 구석구석, 한국관광공사, http://www.visitkorea.or.kr
롯데월드타워, http://www.lwt.co.kr
민원24, http://www.gov.kr
법제처, http://www.moleg.go.kr
병산서원, http://www.byeongsan.net
보성군청, http://www.boseong.go.kr
부동산지인, http://aptgin.com
부여군 문화재사업소, http://tour.buyeo.go.kr
부여군청, http://www.buyeo.go.kr
부평역사박물관, http://www.bphm.or.kr
북한지역정보넷, http://www.cybernk.net
비지트제주, http://www.visitjeju.net
서대문구도시관리공단, http://www.sscmc.or.kr/newhistory
서울씨 네이버 포스트, http://post.naver.com/my.nhn?memberNo=183099

슬로시티, http://www.cittaslow.kr
안동시청,https:// www.andong.go.kr
안산시청, https://www.iansan.net
여성가족부, http://www.mogef.go.kr
우리역사넷, http://contents.history.go.kr
울릉군청, http://www.ulleung.go.kr
유네스코한국위원회, http://unesco.or.kr
외교부 독도, http://dokdo.mofa.go.kr
일본외무성, http://www.mofa.go.jp
전주 남부시장 2층 청년몰 페이스북, https://www.facebook.com/2Fchungnyunmall
전주시청, http://www.jeonju.go.kr
제주4·3연구소, http://www.jeju43.org
제주올레, https://www.jejuolle.org
제주특별자치도관광협회, http://www.visitjeju.or.kr
출입국·외국인정책본부, http://www.immigration.go.kr
코레일, http://info.korail.com
퀴어문화축제, http://www.kqcf.org
통계청, http://kostat.go.kr
포항공과대학교, http://www.postech.ac.kr
한국관광공사, http://www.visitkorea.or.kr
한국관광지식정보시스템, https://www.tour.go.kr
한국정신대문제대책협의회, http://www.womenandwar.net
한국콘텐츠진흥원, http://www.kocca.kr
한국학중앙연구원, http://www.aks.ac.kr
행정안전부 주민등록인구통계, http://mois.go.kr
Space Tourism Society, http://www.space-tourism-society.org

찾아보기

ㄴ

ㄷ

ㅇ

ㅎ

기타